计算机辅助设计与制造（CAD/CAM）工程范例系列教材
国家职业技能培训系列教材

UG 三维数字化设计工程案例教程

（配动画演示光盘）

常州数控技术研究所　　　袁　钢　编著
常州轻工职业技术学院　　　袁　锋　主审

机械工业出版社

本书结合了作者多年从事 UG CAD/CAM/CAE 的工程案例设计的经验，精心汇编了 8 个工程案例，全书采用 UG NX6-UG NX7 作为设计软件，以文字和图形相结合的形式，详细介绍了案例的造型设计过程和 UG 软件的操作步骤，并配有操作过程的动画演示光盘，帮助参赛者迅速掌握 UG 三维数字化设计技术。

本教程可作为 CAD、CAM、CAE 专业课程教材，特别适用于 UG 软件的中高级用户，各大中专院校机械、模具、机电及相关专业的师生教学、培训、竞赛和自学使用，也可作为研究生和各工厂企业从事产品设计、CAD 应用的广大工程技术人员的参考用书。

图书在版编目（CIP）数据

UG 三维数字化设计工程案例教程/袁钢编著. —北京：机械工业出版社，2011.5

计算机辅助设计与制造（CAD/CAM）工程范例系列教材. 国家职业技能培训系列教材

ISBN 978-7-111-34945-7

Ⅰ. ①U… Ⅱ. ①袁… Ⅲ. ①计算机辅助设计 – 应用软件，UG – 技术培训 – 教材 Ⅳ. ①TP391.72

中国版本图书馆 CIP 数据核字（2011）第 107036 号

机械工业出版社（北京市百万庄大街 22 号 邮政编码 100037）
策划编辑：汪光灿 责任编辑：汪光灿 版式设计：霍永明
责任校对：陈立辉 封面设计：王伟光 责任印制：李 妍
北京振兴源印务有限公司印刷
2011 年 9 月第 1 版第 1 次印刷
184mm×260mm·23印张·565千字
0001 – 3000 册
标准书号：ISBN 978-7-111-34945-7
        ISBN 978-7-89433-072-7（光盘）
定价：48.00 元（含 1CD）

前　　言

　　Unigraphics，简称 UG，是美国 EDS 公司推出的功能强大的 CAD/CAE/CAM 一体化软件，内容涉及平面工程制图、三维造型（CAD）、装配、制造加工（CAM）、逆向工程、工业造型设计、注塑模具设计（Moldwizard）、注射模流道分析（Moldflow）、钣金设计、机构运动分析、有限元分析、渲染和动画仿真、工业标准交互传输、数控模拟加工等十几个模块，它不仅造型功能强大，其他功能更是无与伦比，是全球应用最广泛、最优秀的大型 CAD/CAE/CAM 软件。UG 自 1990 年进入中国市场以来，发展迅速，已成为中国航天航空、汽车、家用电器、机械、模具等领域首选软件。

　　本书结合了作者多年从事工程案例设计的经验，精心汇编了 8 个工程案例，全书采用 UG NX7 作为设计软件，以文字和图形相结合的形式，详细介绍了大赛试题的造型设计过程和 UG 软件的操作步骤，并配有操作过程的动画演示光盘，帮助参赛者迅速掌握 UG 三维数字化设计技术。

　　本教程可作为 CAD、CAM、CAE 专业课程教材。特别适用于 UG 软件的中高级用户，各大中专院校机械、模具、机电及相关专业的师生教学、培训、竞赛和自学使用，也可作为研究生和各工厂企业从事产品设计、CAD 应用的广大工程技术人员的参考用书。

　　本书由常州数控技术研究所袁钢编著，常州轻工职业技术学院袁锋教授主审。

　　由于编者水平有限，谬误欠妥之处，恳请读者指正并提宝贵意见，编者 E- mail：87749941@ qq. com。

编　者

2011 年 2 月

目　　录

第1章 UG 三维数字化设计工程案例一

📖 案例说明

案例建模思路为：首先分析图形的组成，创建圆柱，草绘圆柱槽凸轮在直径 $\phi100$ 的圆柱面上的截面展开线，然后使用缠绕功能使其在圆柱上产生缠绕曲线，用扫掠建模方法来构建圆柱凸轮槽，进行求差操作，然后镜像另一条圆柱凸轮槽，最后创建其他细节特征。

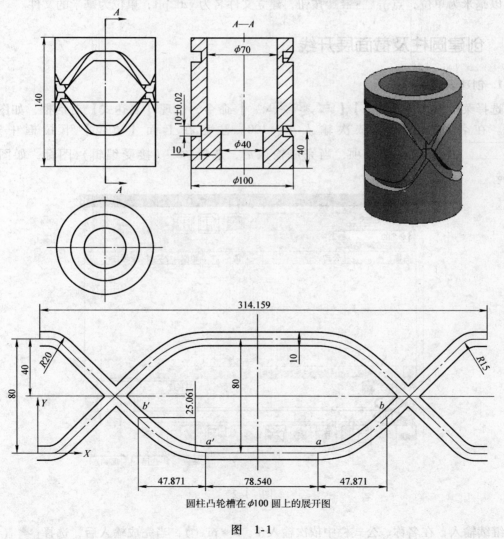

圆柱凸轮槽在 $\phi100$ 圆上的展开图

图 1-1

案例训练目标

通过该案例的练习，使读者能熟练掌握实体的创建方法，熟练掌握草图绘制以及生成缠绕曲线的方法，开拓建模思路及提高实体创建的基本技巧。

1.1 建立新文件

选择菜单中的【文件】/【新建】命令或选择 ☐ （New 建立新文件）图标，出现【新建】部件对话框，在【名称】栏中输入【yztl】，在选择【单位】下拉框中选择【毫米】选项，以毫米为单位，点击 确定 按钮，建立文件名为 yztl. prt，单位为毫米的文件。

1.2 创建圆柱及截面展开线

1. 创建表达式

选择菜单中的【工具(T)】/【= 表达式(X)...】命令，出现【表达式】对话框，如图 1-2 所示。在名称、公式栏依次输入 D、100。注意在上面【单位】下拉框中选择 长度 选项，当完成输入后，选择 ☑ （接受编辑）图标，如图 1-2 所示。

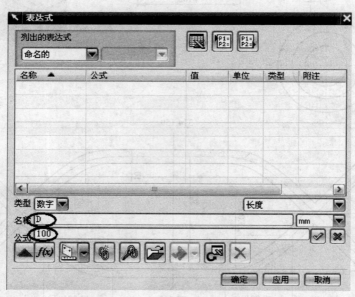

图 1-2

继续输入，在名称、公式栏中依次输入 T、D * pi ()，当完成输入后，选择 ☑ （接受编辑）图标，然后点击 确定 按钮，结束创建表达式。

2. 对象预设置

选择菜单中的【首选项(P)】/【对象(O)...　Ctrl+Shift+J】命令，出现【对象首选项】对话框，如图 1-3 所示，在【类型】下拉框中选择【实体】，在【颜色】栏点击颜色区，出现【颜色】选择框，选择如图 1-4 所示的颜色，然后点击 确定 按钮，系统返回【对象首选项】对话框，最后点击 确定 按钮，完成预设置。

图　1-3　　　　　　　　　　　　　　　　图　1-4

3. 绘制圆柱

选择菜单中的【插入(S)】/【设计特征(E)】/【圆柱体(C)...】命令或在【特征】工具条中选择（圆柱）图标，出现【圆柱】对话框，在 类型 下拉框中选择 轴、直径和高度选项，如图 1-5 所示。在 指定矢量(1) 下拉框中选择 ZC 选项，在 直径 、高度 栏中输入 D、140，然后点击 确定 按钮，完成创建圆柱，如图 1-6 所示。

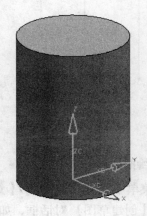

图　1-5　　　　　　　　　　　　　　　　图　1-6

4. 创建基准平面

选择菜单中的【 插入(S) 】/【 基准/点(D) 】/【 ☐ 基准平面(D)... 】命令或在【特征】工具栏中选择 ☐ （基准平面）图标，出现【基准平面】对话框，如图 1-7 所示。在 类型 下拉框中选择 ☒ 自动判断 选项，在图形中选择如图 1-8 所示的圆柱面与基准平面，出现基准平面预览，然后在【基准平面】对话框中点击 应用 按钮，建立基准平面如图 1-9 所示。

图 1-7

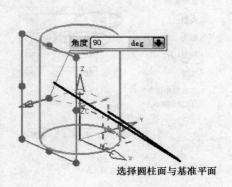

选择圆柱面与基准平面

图 1-8

继续创建基准平面，出现【基准平面】对话框中 类型 下拉框，选择 ☒ 自动判断 选项，在图形中选择如图 1-10 所示的基准平面，在 距离 栏中输入 80，然后在【基准平面】对话框中点击 确定 按钮，创建基准平面，如图 1-11 所示。

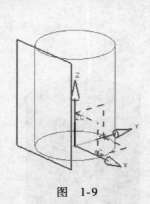

图 1-9

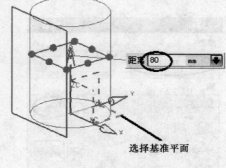

选择基准平面

图 1-10

5. 草绘截面展开线

选择菜单中的【 插入(S) 】/【 🎨 草图(S)... 】或在【特征】工具条中选择 🎨 （草图）图标，出现【创建草图】对话框，如图 1-12 所示。根据系统提示选择草图平面，在图形中选择如图 1-13 所示的基准平面为草图平面，点击 确定 按钮，出现草图绘制区。

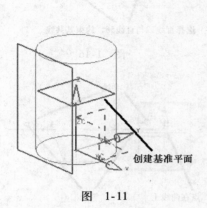

创建基准平面

图　1-11

图　1-12

步骤：

（1）在【草图曲线】工具条中选择 ∪（轮廓）图标，在轮廓浮动工具栏内选择 ╱（直线）图标，按照如图 1-14 所示绘制相连的 5 条直线。注意直线 12 与直线 56 共线，直线 12、34、56 水平。

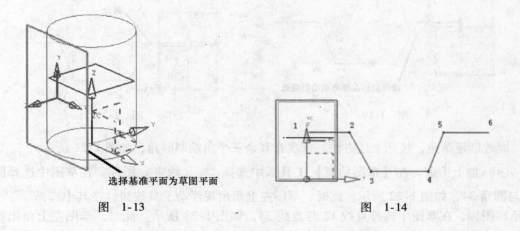

选择基准平面为草图平面

图　1-13

图　1-14

（2）加上约束。在【草图约束】工具条中选择 ⊥（约束）图标，在草图中选择直线 12 的端点与 YC 轴，如图 1-15 所示。此时，草图左上角出现浮动工具按钮，在其中选择 ↑（点在曲线上）图标，然后选择直线 12 与直线 56，如图 1-16 所示。草图左上角出现浮动工具按钮，在其中选择 ╲（共线）图标，然后选择直线 12 与直线 56，如图 1-17 所示。草图左上角出现浮动工具按钮，在其中选择 ＝（等长度）图标，约束的结果如图 1-18 所示。在【草图约束】工具条选择 ⊥（显示所有约束）图标，使图形中的约束显示出来。

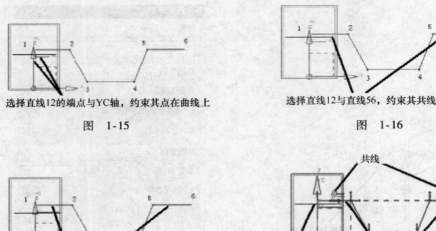

选择直线12的端点与YC轴，约束其点在曲线上

图 1-15

选择直线12与直线56，约束其共线

图 1-16

选择直线12与直线56，约束其等长

图 1-17

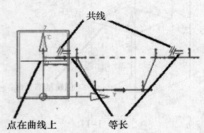

共线

点在曲线上　　等长

图 1-18

（3）在【草图曲线】工具栏内选择 □（圆角）图标，在图形中按住鼠标左键拖动，绘制如图1-19所示的弧，进行倒圆角，创建圆角如图1-20所示。

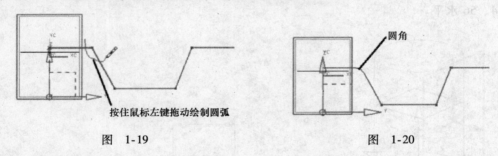

按住鼠标左键拖动绘制圆弧

图 1-19

圆角

图 1-20

继续创建圆角，按照上述方法，依次在其余三个角绘制圆角，如图1-21所示。

（4）加上约束。在【草图约束】工具条中选择 ⊥（约束）图标，在草图中选择圆角12与圆角34，如图1-22所示。此时，草图左上角出现浮动工具按钮，在其中选择 ⌒（等半径）图标，在草图中选择直线12与直线34，如图1-23所示。此时，草图左上角出现浮动工具按钮，在其中选择 ＝（等长）图标，约束的结果如图1-24所示。在【草图约束】工具条选择 ⊥（显示所有约束）图标，使图形中的约束显示出来。

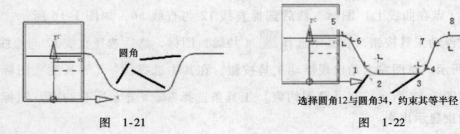

圆角

图 1-21

选择圆角12与圆角34，约束其等半径

图 1-22

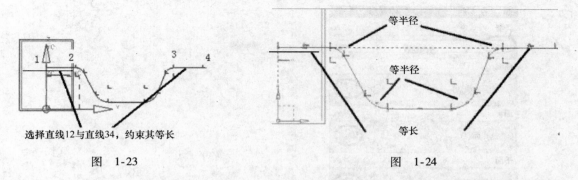

选择直线12与直线34，约束其等长

图　1-23　　　　　　　　　　　　　　　　　　图　1-24

（5）标注尺寸。由于关联尺寸较多，且绘制尺寸跟实际尺寸差距较大时，一般采用延迟计算，在【草图】工具条中选择 [图标]（延迟计算）图标，在【草图约束】工具条中选择 [图标]（自动判断的尺寸）图标，按照如图 1-25 所示的尺寸进行标注。P18 = T，P19 = T/4，P20 = T/6.5626，P21 = T/6.5626，P22 = 20，P23 = 15，P24 = 25.061，P25 = 40，P26 =40。

当标注完上述尺寸后，此时草图曲线已经转换成绿色，在窗口状态栏出现草图已完全约束提示，最后在【草图】工具条中选择 [图标]（评估草图）图标，生成草图如图 1-25 所示。

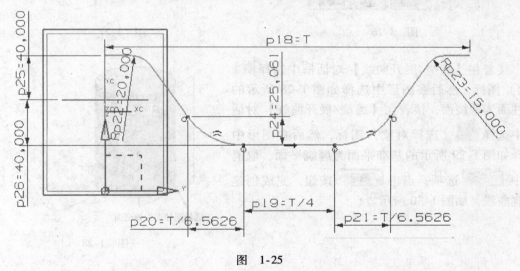

图　1-25

（6）在【草图】工具条中选择 [图标] 完成草图 图标，窗口回到建模界面。

1.3　创建缠绕/展开曲线

选择菜单中的【 插入(S) 】/【 来自曲线集的曲线(F) ▶ 】/【 缠绕/展开曲线(W)… 】命令或在【曲线】工具栏中选择 [图标]（缠绕/展开曲线）图标，出现【缠绕/展开曲线】对话框，如图 1-26 所示。在 类型 下拉框中选择 缠绕 选项，在曲线规则下拉框中选择 相切曲线 选项，然后在图形中选择如图 1-27 所示的曲线为要缠绕的曲线。

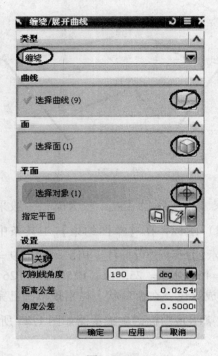

图 1-26

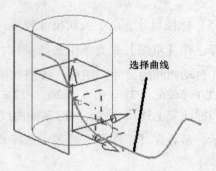

图 1-27

接着在【缠绕/展开曲线】对话框中选择 （面）图标，然后在图形中选择如图 1-28 所示的圆柱面为缠绕面，接着在【缠绕/展开曲线】对话框中选择 ✛（选择对象）图标，然后在图形中选择如图 1-29 所示的基准平面为缠绕平面，取消选中 □关联 选项，点击 确定 按钮，完成创建缠绕曲线，如图 1-30 所示。

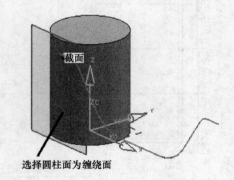

选择圆柱面为缠绕面

图 1-28

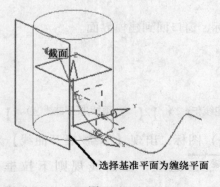

选择基准平面为缠绕平面

图 1-29

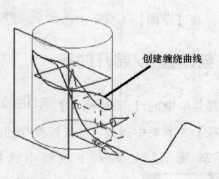

创建缠绕曲线

图 1-30

1.4　创建凸轮槽及其他细节特征

1. 将草图曲线移至其他层

选择菜单中的【格式(R)】/【移动至图层(M)…】/命令，出现【类选择】对话框，如图 1-31 所示。在图形中选择如图 1-32 所示的草图曲线，然后点击确定按钮，出现【图层移动】对话框，在目标图层或类别栏内输入 21，如图 1-33 所示。点击确定按钮，完成移层操作。

图　1-31

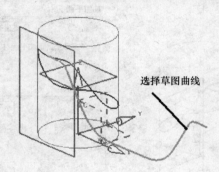

选择草图曲线

图　1-32

2. 图层设置

选择菜单中的【格式(R)】/【图层设置(S)…】/命令，出现【图层设置】对话框，如图 1-34 所示。取消选中□21，然后点击关闭按钮，完成图层设置，图形中草图曲线已经不可见，如图 1-35 所示。

图　1-33

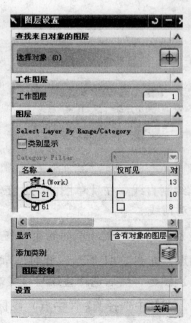

图　1-34

9

3. 草绘截面

选择菜单中的【 插入(S) 】/【 草图(S)... 】或在【特征】工具条中选择 （草图）图标，出现【创建草图】对话框，如图 1-36 所示。根据系统提示选择草图平面，在图形中选择如图 1-37 所示的基准平面为草图平面，点击 确定 按钮，出现草图绘制区。

图 1-35　　　　　　　图 1-36　　　　　　　图 1-37

步骤：

（1）在【草图曲线】工具栏中选择 （矩形）图标，出现矩形工具栏浮动图标，如图 1-38 所示，选择 （用 2 点）图标，使用对角点绘制矩形，如图 1-39 所示。

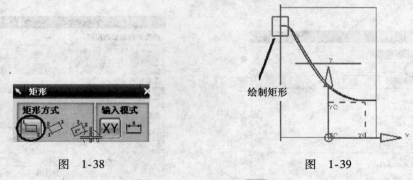

图 1-38　　　　　　　图 1-39

（2）绘制直线。在【草图曲线】工具栏中选择 （直线）图标，按照如图 1-40 所示绘制一条对角线。

（3）加上约束。在【草图约束】工具条中选择 （约束）图标，在草图中选择直线与直线端点，如图 1-41 所示。此时，草图左上角出现浮动工具按钮，在其中选择 （点在曲线上）图标，然后选择直线与直线端点，如图 1-42 所示。此时，草图左上角出现浮动工具按钮，在其中选择 （中点）图标，约束的结果如图 1-43 所示。在【草图约束】工具条中选择 （显示所有约束）图标，使图形中的约束显示出来。

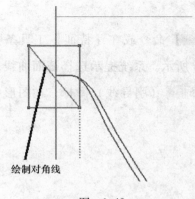

绘制对角线

图　1-40

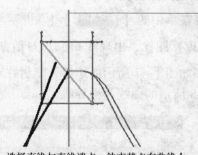

选择直线与直线端点，约束其点在曲线上

图　1-41

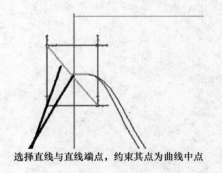

选择直线与直线端点，约束其点为曲线中点

图　1-42

点在曲线上，并且点为直线中点

图　1-43

（4）标注尺寸。在【草图约束】工具条中选择 （自动判断的尺寸）图标，按照如图 1-44 所示的尺寸进行标注。P70 = 10，P69 = 20。

（5）此时草图曲线已经转换成绿色，在窗口状态栏出现草图已完全约束提示，在【草图】工具条中选择 图标，窗口回到建模界面，更新为如图 1-45 所示图形。

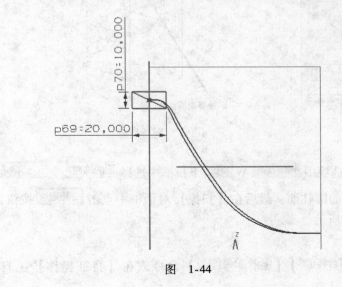

图　1-44

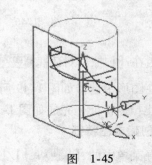

图　1-45

4. 创建扫掠特征

选择菜单中的【 插入(S) 】/【 扫掠(W) 】/【 ⬧ 扫掠(S)... 】命令或在【特征】工具条中选择 ⬧ （扫掠）图标，出现【扫掠】对话框，如图 1-46 所示。系统提示选择截面曲线，在图形中选择如图 1-47 所示的矩形，然后在对话框中选择 🔧 （引导线）图标，在图形中选择如图 1-48 所示的曲线为引导线。

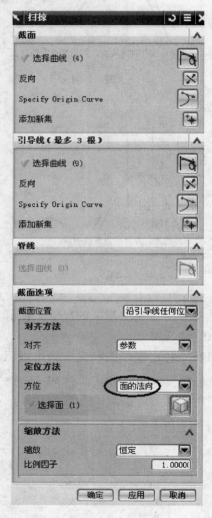

图　1-46

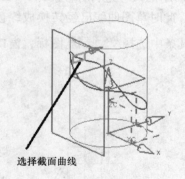

选择截面曲线

图　1-47

然后在【扫掠】对话框 **截面选项** 选项中 **定位方法** \ **方位** 下拉框中选择 面的法向 ▼ 选项，在图形中选择如图 1-49 所示的圆柱面，最后在【扫掠】对话框中点击 确定 按钮，完成创建扫掠特征，完成如图 1-50 所示。

5. 创建求差特征

选择菜单中的【 插入(S) 】/【 组合体(B) 】/【 🔲 求差(S)... 】命令或在【特征操作】工具

栏中选择 (求差) 图标,出现【求差】对话框,如图 1-51 所示。在图形中选择如图 1-52 所示的圆柱为目标体,选择如图 1-52 所示的扫掠体为工具体,点击 确定 按钮,完成实体求差操作,如图 1-53 所示。

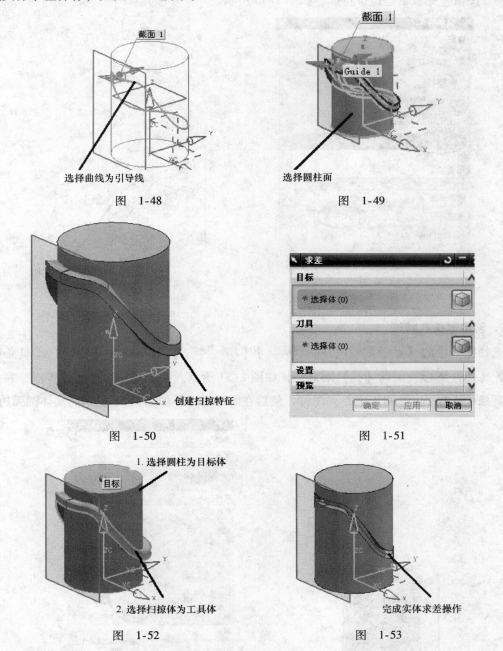

图 1-48 选择曲线为引导线

图 1-49 选择圆柱面

图 1-50 创建扫掠特征

图 1-51

图 1-52
1.选择圆柱为目标体
2.选择扫掠体为工具体

图 1-53 完成实体求差操作

6. 创建镜像特征

选择菜单中的【 插入(S) 】/【 关联复制(A) 】/【 镜像特征(M)... 】命令或在【特征操作】工具栏中选择 (镜像特征) 图标,出现【镜像特征】对话框,如图 1-54 所示。在【相关特征】列表框中选取 扫掠(12) 求差(13) 两个特征，然后在【镜像特征】对话框 平面 下拉框中选择 现有平面 选项，选择 ⬜ （平面）图标，在图形中选择如图 1-55 所示的基准平面，点击 确定 按钮，完成创建镜像特征，如图 1-56 所示。

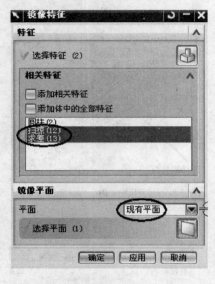

图 1-54

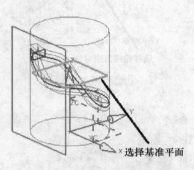

图 1-55

7. 创建沉头孔特征

选择菜单中的【 插入(S) 】/【 设计特征(E) 】/【 🧊 孔(H)... 】命令或在【特征】工具条中选择 🧊 （孔）图标，出现【孔】对话框，如图 1-57 所示。系统提示选择孔放置点，在捕捉点工具条中选择 ⊙ （圆弧中心）图标，然后在图形中选择如图 1-58 所示的实体圆弧边。

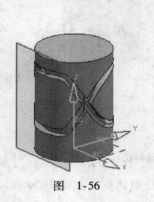

图 1-56

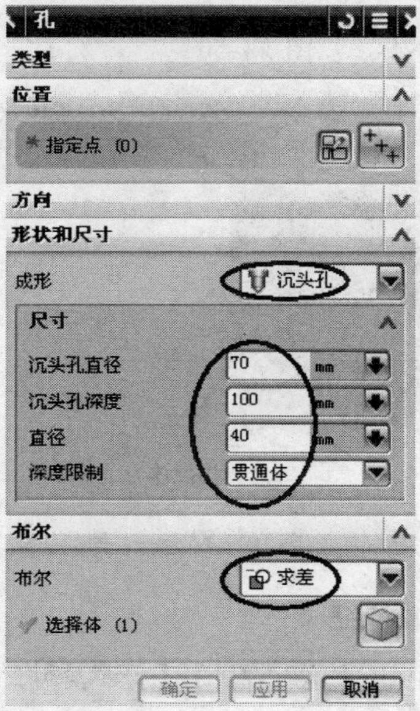

图 1-57

在 孔方向 下拉框中选择 垂直于面 选项，在 成形 下拉框中选择 沉头孔 选项，在 沉头孔直径 、 沉头孔深度 、 直径 栏中输入 70、100、40，在 深度限制 下拉框中选择 贯通体 选项，在 布尔 下拉框中选择 求差 选项，最后点击 确定 按钮，完成沉头孔的创建，如图 1-59 所示。

8. 将辅助曲线及基准移至 255 层

选择菜单中的【 格式(R) 】/【 移动至图层(M) 】命令，出现【类选择】对话框，选择辅助曲线及基准，将其移动至 255 层（步骤略）。然后设置 255 层为不可见，图形更新如图 1-60 所示。

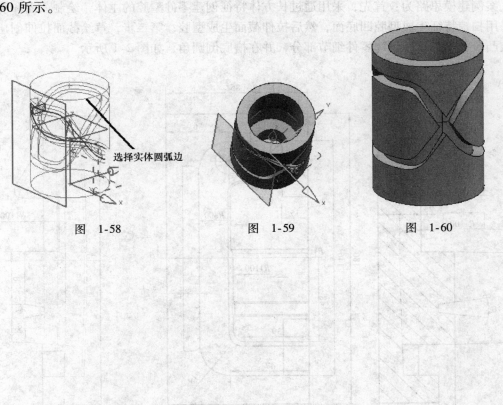

选择实体圆弧边

图　1-58　　　　　图　1-59　　　　　图　1-60

第 2 章　UG 三维数字化设计工程案例二

📖 案例说明

案例建模思路为：首先，采用通过长方体特征创建零件型腔的主体，绘制截面和引导线后采用扫掠特征生成型腔凹底面，然后拉伸截面生成型腔；第二步，草绘截面拉伸创建零件型腔凸台；第三步，创建零件细节部分，并在槽底倒圆角，如图 2-1 所示。

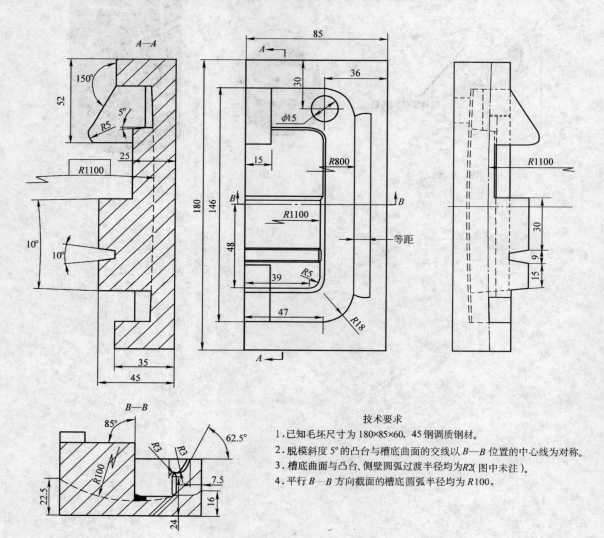

技术要求

1. 已知毛坯尺寸为 180×85×60，45 钢调质钢材。
2. 脱模斜度 5°的凸台与槽底曲面的交线以 B—B 位置的中心线为对称。
3. 槽底曲面与凸台、侧壁圆弧过渡半径均为 R2(图中未注)。
4. 平行 B—B 方向截面的槽底圆弧半径均为 R100。

图　2-1

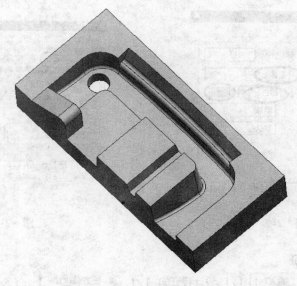

图　2-1（续）

案例训练目标

通过该案例的练习，使读者能熟练地掌握和运用草图工具，熟练掌握拉伸、扫掠实体、边倒圆、拔模等基础特征的创建方法，通过本实例还可以进行实体求差，创建草图基准平面的基本方法和技巧。

2.1　建立新文件

选择菜单中的【文件】/【新建】命令或选择 □ （New 建立新文件）图标，出现【新建】部件对话框，在【 名称 】栏中输入【xj】，选择【单位】下拉框中选择【毫米】选项，以毫米为单位，点击 确定 按钮，建立文件名为 xj. prt，单位为毫米的文件。

2.2　创建零件型腔主体

1. 对象预设置

选择菜单中的【 首选项(P) 】/【 对象(O)...　Ctrl+Shift+J 】命令，出现【对象首选项】对话框，如图 2-2 所示。在【 类型 】下拉框中选择【 实体 】，在【颜色】栏内点击颜色区，出现【颜色】选择框，选择如图 2-3 所示的颜色，然后点击 确定 按钮，系统返回【对象首选项】对话框，最后点击 确定 按钮，完成预设置。

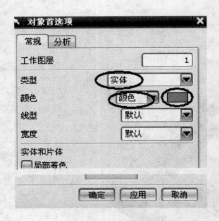

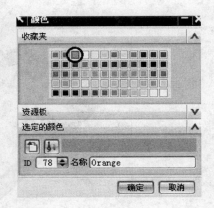

图 2-2 图 2-3

2. 创建长方体特征

选择菜单中的【 插入(S) 】/【 设计特征(E) 】/【 长方体(K)... 】命令或在【特征】工具条中选择 （长方体）图标，出现【长方体】对话框，在 类型 下拉框中选择 两个对角点 选项，如图 2-4 所示。在 指定点 区域选择 （点构造器）图标，出现【点】构造器对话框，在 XC 、 YC 、 ZC 栏内输入 -42.5、-90、0，如图 2-5 所示。然后点击 确定 按钮。

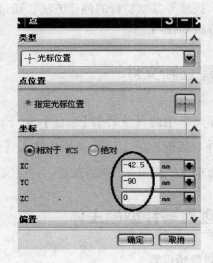

图 2-4 图 2-5

系统返回【长方体】对话框，在 指定点 区域选择 （点构造器）图标，出现【点】构造器对话框，在 XC 、 YC 、 ZC 栏内输入 42.5、90、35，如图 2-6 所示。然后点击 确定 按钮，系统返回【长方体】对话框，点击 确定 按钮，完成创建长方体特征，如图 2-7 所示。

图　2-6

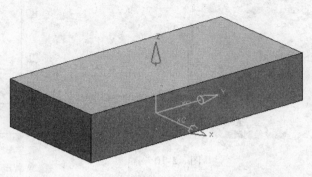

图　2-7

3. 草绘截面（一）

选择菜单中的【 插入(S) 】/【 🔠 草图(S)… 】或在【特征】工具条中选择 🔠（草图）图标，出现【创建草图】对话框，如图 2-8 所示。根据系统提示选择草图平面，在图形中选择 XC-ZC 平面为草图平面，如图 2-9 所示。点击 确定 按钮，出现草图绘制区。

图　2-8

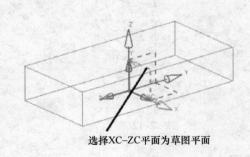

选择XC-ZC平面为草图平面

图　2-9

步骤：

（1）绘制圆弧。在【草图曲线】工具条中选择 ⌒（圆弧）图标，在弧浮动工具栏中选择 ⌒（三点定圆弧）图标，在捕捉点工具条选择 ⟋（点在曲线上）图标，按照如图 2-10 所示绘制圆弧。

（2）标注尺寸。然后在【草图约束】工具条中选择 ⟋（自动判断的尺寸）图标，按照如图 2-11 所示的尺寸进行标注。P42 = 16，P43 = 22.5，RP44 = 100。此时草图曲线已经转换成绿色，表示已经完全约束。

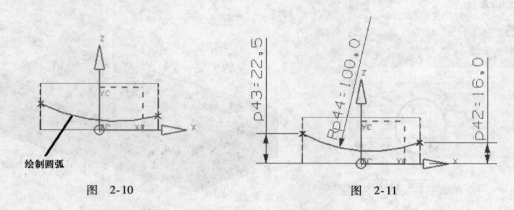

图 2-10   图 2-11

（3）在【草图】工具条中选择 完成草图 按钮，窗口回到建模界面，图形更新如图 2-12 所示。

4. 草绘引导线

选择菜单中的【插入(S)】/【草图(S)...】或在【特征】工具条中选择 （草图）图标，出现【创建草图】对话框，根据系统提示选择草图平面，在图形中选择如图 2-13 所示的侧面为草图平面，点击 确定 按钮，出现草图绘制区。

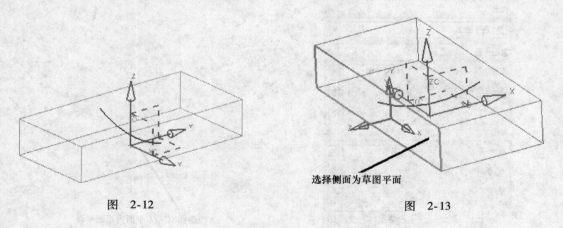

图 2-12   图 2-13

步骤：

（1）绘制圆弧。在【草图曲线】工具条中选择 （圆弧）图标，在弧浮动工具栏内选择 （三点定圆弧）图标，在捕捉点工具条选择 （点在曲线上）图标，按照如图 2-14 所示绘制圆弧。

（2）标注尺寸。然后在【草图约束】工具条中选择 （自动判断的尺寸）图标，按照如图 2-15 所示的尺寸进行标注。P48 = 22.5，P49 = 22.5，RP50 = 1100。此时草图曲线已经转换成绿色，表示已经完全约束。

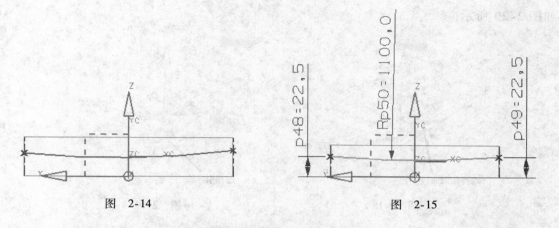

图　2-14　　　　　　　　　　　　　图　2-15

（3）在【草图】工具条中选择 ⚑ 完成草图 按钮，窗口回到建模界面，图形更新如图 2-16 所示。

5. 创建扫掠特征

选择菜单中的【 插入(S) 】/【 扫掠(W) 】/【 ◇ 扫掠(S)… 】命令或在【特征】工具条中选择 ◈（扫掠）图标，出现【扫掠】对话框，如图 2-17 所示。

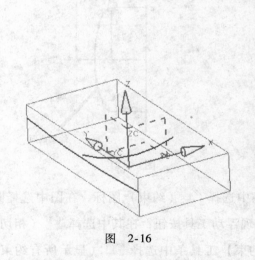

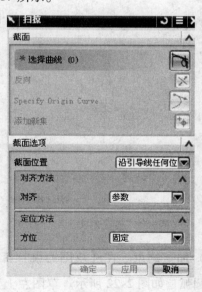

图　2-16　　　　　　　　　　　　　图　2-17

系统提示选择截面曲线，在曲线规则下拉框内选择 相连曲线 选项，在图形中选择曲线，如图 2-18 所示，按下鼠标中键确认。

然后在对话框中选择 🖊（引导线）图标，或直接按下鼠标中键确认完成选择截面曲线，在图形中选择如图 2-19 所示的曲线为引导线，按下鼠标中键确认。

然后在【扫掠】对话框 截面选项 选项中 对齐方法 \ 对齐 下拉框中选择 参数 选项，如图 2-17 所示。最后在【扫掠】对话框中点击 确定 按钮，完成创建扫掠特征，如图 2-20 所示。

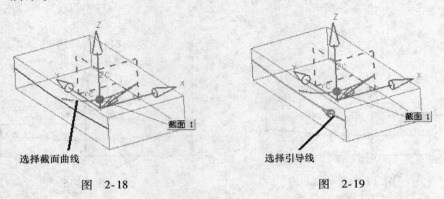

选择截面曲线   选择引导线

图 2-18   图 2-19

6. 草绘截面（二）

选择菜单中的【 插入(S) 】/【 品 草图(S)… 】或在【特征】工具条中选择 品 （草图）图标，出现【创建草图】对话框，根据系统提示选择草图平面，在图形中选择 XC-YC 基准平面为草图平面，点击 确定 按钮，出现草图绘制区。

步骤：

（1）在【草图曲线】工具条中选择 ⌐ （轮廓）图标，按照如图 2-21 所示绘制截面。

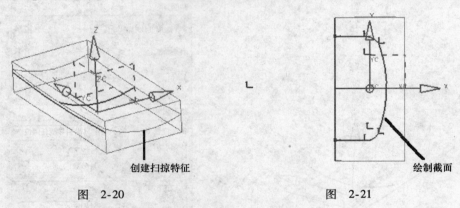

创建扫掠特征   绘制截面

图 2-20   图 2-21

（2）加上约束。在【草图约束】工具条中选择 ⊥ （约束）图标，在图中选择圆弧，再选择圆弧，如图 2-22 所示。草图左上角出现浮动工具按钮，在其中选择 ○ （相切）图标，约束的结果如图 2-23 所示。在【草图约束】工具条中选择 ⁄⊥ （显示所有约束）图标，使图形中的约束显示出来。

继续进行约束，约束圆弧与相邻曲线均相切，约束的结果如图 2-24 所示。在【草图约束】工具条中选择 ⁄⊥ （显示所有约束）图标，使图形中的约束显示出来。

继续进行约束，在图中选择圆弧圆心，再选择 X 轴，如图 2-25 所示。草图左上角出现浮动工具按钮，在其中选择 ↑ （点在曲线上）图标，约束的结果如图 2-26 所示。在【草图约束】工具条选择 ⁄⊥ （显示所有约束）图标，使图形中的约束显示出来。

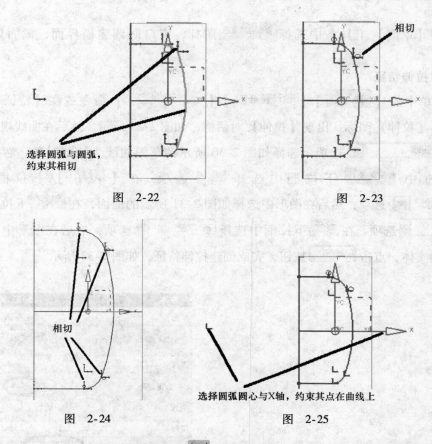

选择圆弧与圆弧，
约束其相切

图　2-22

相切

图　2-23

相切

图　2-24

选择圆弧圆心与X轴，约束其点在曲线上

图　2-25

（3）在【草图约束】工具条中选择 ![icon]（自动判断的尺寸）图标，按照如图 2-27 所示的尺寸进行标注。P66 = 146，P67 = 73，P68 = 42.5，P69 = 47，P70 = 18，P71 = 18，P72 = 800。此时草图曲线已经转换成绿色，表示已经完全约束。

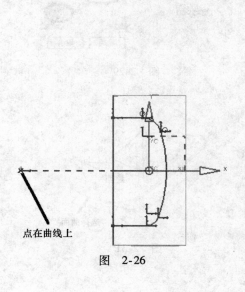

点在曲线上

图　2-26

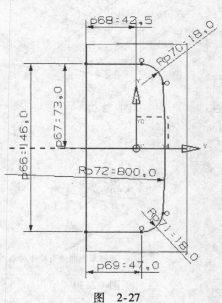

图　2-27

（4）在【草图】工具条中选择 ▧ 完成草图 图标，窗口回到建模界面，截面如图 2-28 所示。

7. 创建拉伸特征

选择菜单中的【 插入(S) 】/【 设计特征(E) 】/【 ▥ 拉伸(E)... 】命令或在【特征】工具条中选择 ▥ （拉伸）图标，出现【拉伸】对话框，如图 2-29 所示。然后在曲线规则下拉框中选择 相连曲线 ▾ 选项，选择如图 2-30 所示的草图曲线为拉伸对象。然后在【拉伸】对话框中 指定矢量 (1) 下拉框中选择 z↑▾ 选项，在【 开始 】下拉框中选择 直至选定对象 ▾ 选项，然后在图形中选择如图 2-31 所示的曲面，在 结束 下拉框中选择 贯通 ▾ 选项，在 布尔 下拉框中选择 ⓓ 求差 ▾ 选项，然后在图形中选择如图 2-32 所示的实体，点击 确定 按钮，完成创建拉伸特征，如图 2-33 所示。

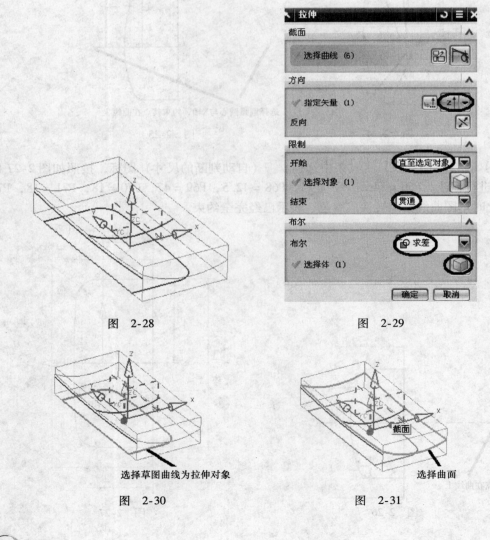

图 2-28

图 2-29

选择草图曲线为拉伸对象

图 2-30

选择曲面

图 2-31

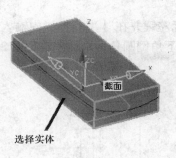

选择实体

图　2-32

拉伸特征

图　2-33

8. 将辅助曲面及曲线移至 255 层

选择菜单中的【 格式(R) 】/【 移动至图层(M)... 】命令，出现【类选择】对话框，选择
辅助曲面及曲线将其移动至 255 层（步骤略），然后设置 255 层为不可见。

2.3　创建零件型腔凸台

1. 草绘截面（一）

选择菜单中的【 插入(S) 】/【 草图(S)... 】或在【特征】工具条中选择 （草图）图标，
出现【创建草图】对话框，如图 2-34 所示。在 平面选项 下拉框中选择 创建平面 选项，
在 指定平面 下拉框中选择 （XC-YC 平面）选项，图形中出现预览平面，在 距离 栏内
输入 45，如图 2-35 所示。在【创建草图】对话框中点击 确定 按钮，出现草图绘制区。

图　2-34

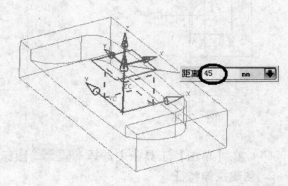

图　2-35

步骤：

（1）在【草图曲线】工具条中选择 （矩形）图标，按照如图 2-36 所示绘制一矩
形，矩形边要分别水平、竖直。

（2）在【草图曲线】工具条中选择 （圆角）图标，然后在右角分别倒半径为 5 的

圆角，选择矩形相邻边，在圆心所在位置按下鼠标左键并在【半径】栏中输入 5，按下回车键完成圆角如图 2-37 所示。按照同样的方法在右下角倒圆角，最后完成如图 2-38 所示。

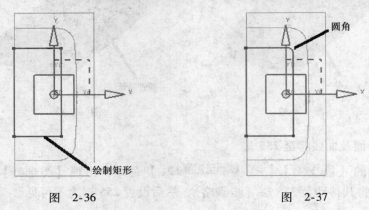

图 2-36　　　　　　　　　　　　　　　　图 2-37

（3）在【草图约束】工具条中选择 （自动判断的尺寸）图标，按照如图 2-39 所示的尺寸进行标注。P90 = 96，P91 = 48，P92 = 6，P93 = 5，P94 = 45，P95 = 42.5。此时草图曲线已经转换成绿色，表示已经完全约束。

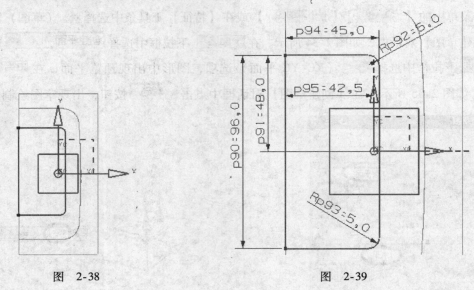

图 2-38　　　　　　　　　　　　　　　　图 2-39

（4）在【草图】工具条中选择 完成草图 图标，窗口回到建模界面，如图 2-40 所示。

2. 创建拉伸特征

选择菜单中的【 插入(S) 】/【 设计特征(E) 】/【 拉伸(E)... 】命令或在【特征】工具条中选择 （拉伸）图标，出现【拉伸】对话框，如图 2-41 所示。在曲线规则下拉框中选择 相连曲线 选项，选择步骤 1 创建的草图曲线为拉伸对象。然后在【拉伸】对话框中 指定矢量 下拉框内选择 -z 选项，在【 开始 】\【 距离 】栏内输入【0】，在【 结束 】下拉框内选择 直到被延伸 选项，然后在图形中选择如图 2-42 所示的实体面，在【布尔】下拉框中选择 求和 选项，如图 2-41 所示。点击 确定 按钮，完成创建拉伸特征，如图 2-43 所示。

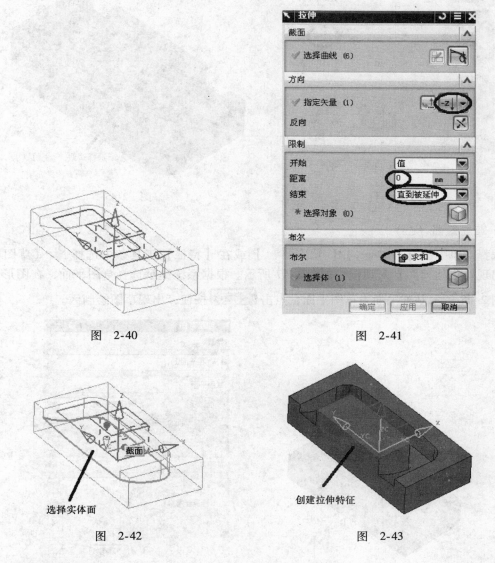

图　2-40　　　　　　　　　　　　　图　2-41

图　2-42　　　　　　　　　　　　　图　2-43

3. 创建拔模特征

选择菜单中的【 插入(S) 】/【 细节特征(L) 】/【 拔模(T)... 】命令或在【特征操作】工具栏中选择 （拔模）图标，出现【拔模】对话框，如图 2-44 所示。在 类型 下拉框中选择 从边 选项，然后在 指定矢量(1) 下拉框中选择 z↑ 选项，然后在 选择边(0) 区域选择 （选择边）图标，在曲线规则下拉框中选择 相切曲线 选项，在图形中选择如图 2-45 所示的边线，在【拔模】对话框 角度1 栏中输入 5，点击 确定 按钮，完成创建拔模特征，如图 2-46 所示。

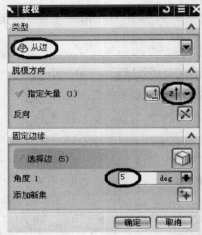

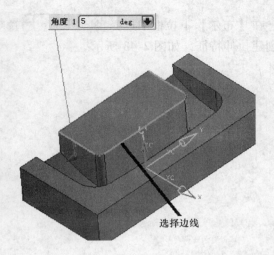

选择边线

图 2-44   图 2-45

4. 草绘截面（二）

选择菜单中的【 插入(S) 】/【 草图(S)... 】或在【特征】工具条中选择 （草图）图标，出现【创建草图】对话框，如图 2-47 所示。根据系统提示选择草图平面，在图形中选择如图 2-48 所示基准平面为草图平面，点击 确定 按钮，出现草图绘制区。

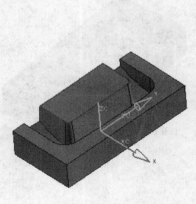

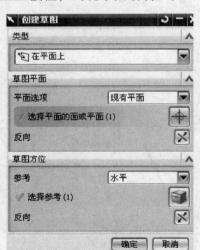

图 2-46   图 2-47

步骤：

（1）在【草图曲线】工具条中选择 □ （矩形）图标，按照如图 2-49 所示绘制一矩形，矩形边要分别水平、竖直。

（2）在【草图约束】工具条中选择 ▨ （自动判断的尺寸）图标，按照如图 2-50 所示的尺寸进行标注。P110 = 54，P111 = 50，P112 = 50，P113 = 60。此时草图曲线已经转换成绿色，表示已经完全约束。

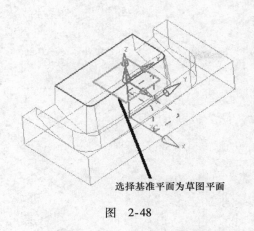

选择基准平面为草图平面

图 2-48

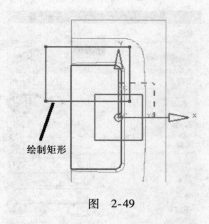

绘制矩形

图 2-49

（3）在【草图】工具条中选择 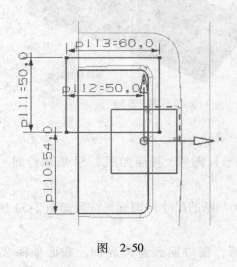图标，窗口回到建模界面，截面如图 2-51 所示。

图 2-50

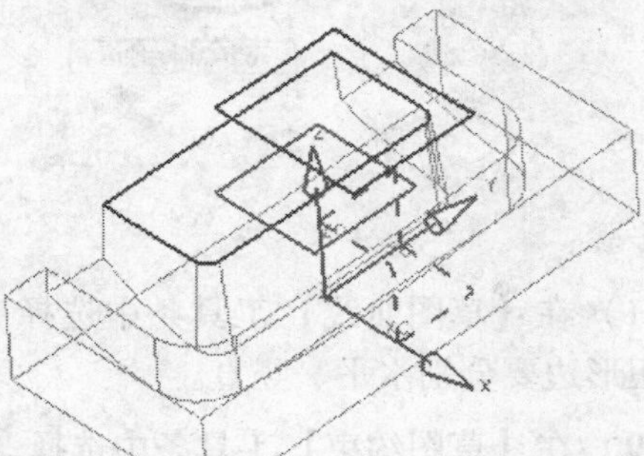

图 2-51

5. 创建拉伸特征

选择菜单中的 【 插入(S) 】/【 设计特征(E) 】/【 拉伸(E)... 】命令或在【特征】工具条中选择 （拉伸）图标，出现【拉伸】对话框，如图 2-52 所示。在曲线规则下拉框中选择 相连曲线 选项，选择步骤 4 创建的草图曲线为拉伸对象。然后在【拉伸】对话框中 指定矢量 下拉框内选择 选项，在【 开始 】\【 距离 】栏、【 结束 】\【 距离 】栏内输入【0】、【20】，在 拔模 下拉框中选择 从起始限制 选项，在 角度 栏内输入 5，在【布尔】下拉框中选择 求差 选项，如图 2-52 所示。点击 确定 按钮，完成创建拉伸特征，如图 2-53 所示。

6. 草绘截面（三）

按照步骤 4 的方法创建草图平面。

图 2-52

创建拉伸特征

图 2-53

步骤：

（1）在【草图曲线】工具条中选择 □ （矩形）图标，按照如图 2-54 所示绘制一矩形，矩形边要分别水平、竖直。

（2）在【草图约束】工具条中选择 （自动判断的尺寸）图标，按照如图 2-54 所示的尺寸进行标注。P128 = 15，P129 = 9。

（3）在【草图】工具条中选择 完成草图 图标，窗口回到建模界面，截面如图 2-55 所示。

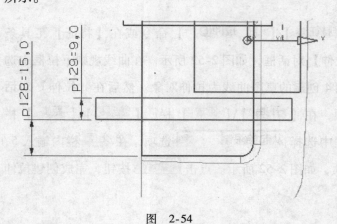

图 2-54

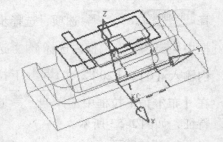

图 2-55

7. 创建拉伸特征

选择菜单中的【 插入(S) 】/【 设计特征(E) 】/【 拉伸(E)... 】命令或在【特征】工具条中选择 （拉伸）图标，出现【拉伸】对话框，如图2-56所示。在曲线规则下拉框中选择 相连曲线 选项，选择步骤6创建的草图曲线为拉伸对象。然后在【拉伸】对话框中 指定矢量 下拉框内选择 -z 选项，在【 开始 】\【 距离 】栏、【 结束 】\【 距离 】栏中输入【0】、【10】，在 拔模 下拉框中选择 从起始限制 选项，在 角度 栏内输入10，在【布尔】下拉框中选择 求差 选项，如图2-56所示。然后在图形中选择如图2-57所示的实体，点击 确定 按钮，完成创建拉伸特征，如图2-58所示。

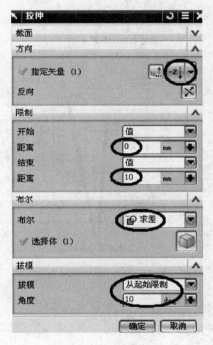

图 2-56

图 2-57

8. 草绘截面（四）

选择菜单中的【 插入(S) 】/【 草图(S)... 】或在【特征】工具条中选择 （草图）图标，出现【创建草图】对话框，根据系统提示选择草图平面，在图形中选择如图2-59所示的侧面为草图平面，点击 确定 按钮，出现草图绘制区。

步骤：

（1）在【草图曲线】工具条中选择 （轮廓）图标，按照如图2-60所示绘制截面。注意：直线12及直线23与实体边线共线。

（2）加上约束。在【草图约束】工具条中选择 （约束）图标，在图中选择圆弧，再选择直线，如图2-61所示。草图左上角出现浮动工具按钮，在其中选择 （相切）图标，约束的结果如图 2-62 所示。在【草图约束】工具条中选择 （显示所有约束）图标，使图形中的约束显示出来。

按照相同的方法，约束圆弧与另一条直线相切，约束的结果如图 2-62 所示。

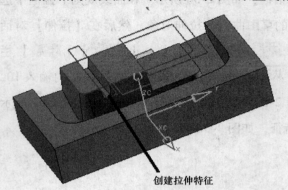

创建拉伸特征

图 2-58

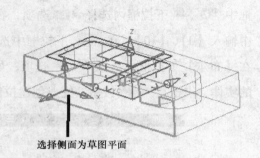

选择侧面为草图平面

图 2-59

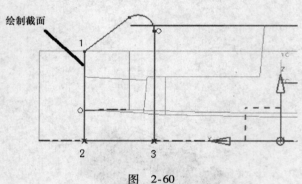

绘制截面

图 2-60

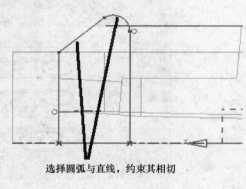

选择圆弧与直线，约束其相切

图 2-61

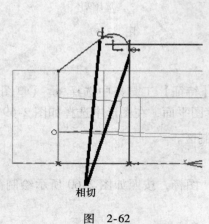

相切

图 2-62

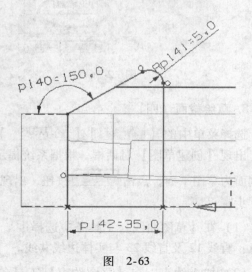

图 2-63

（3）标注尺寸。然后在【草图约束】工具条中选择 （自动判断的尺寸）图标，按照如图 2-63 所示的尺寸进行标注。P140 = 150，P141 = 5，P142 = 35。此时草图曲线已经转换成绿色，表示已经完全约束。

（4）在【草图】工具条中选择 ✔完成草图 按钮，窗口回到建模界面，图形更新如图 2-64 所示。

9. 创建拉伸特征

选择菜单中的【插入(S)】/【设计特征(E)】/【📖 拉伸(E)...】命令或在【特征】工具条中选择 📖（拉伸）图标，出现【拉伸】对话框，如图 2-65 所示，在曲线规则下拉框中选择 相连曲线 选项，选择步骤 8（草绘截面）创建的草图曲线为拉伸对象。然后在【拉伸】对话框中 指定矢量 下拉框内选择 × 选项，然后在【拉伸】对话框中【开始】\【距离】栏、【结束】\【距离】栏内输入【0】、【15】，在 布尔 下拉框中选择 求和 选项，如图 2-65 所示。点击 确定 按钮，完成创建拉伸特征，如图 2-66 所示。

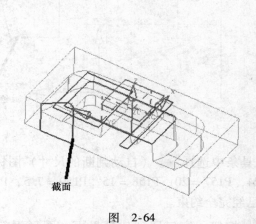

截面

图　2-64

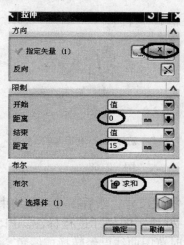

图　2-65

10. 将辅助曲线及辅助基准平面移至 255 层

选择菜单中的【格式(R)】/【🔧 移动至图层(M)...】命令，出现【类选择】对话框，选择辅助曲线及辅助基准平面将其移动至 255 层（步骤略），图形更新为如图 2-67 所示。

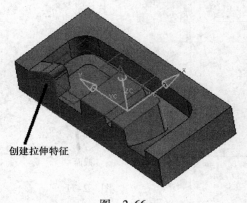

创建拉伸特征

图　2-66

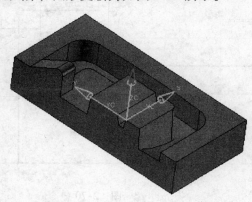

图　2-67

2.4 创建零件细节部分

1. 草绘截面

选择菜单中的【 插入(S) 】/【 品 草图(S)… 】或在【特征】工具条中选择 品 （草图）图标，出现【创建草图】对话框，根据系统提示选择草图平面，在图形中选择 XC-ZC 平面为草图平面，如图 2-68 所示。点击 确定 按钮，出现草图绘制区。

步骤：

（1）在【草图曲线】工具条中选择 （轮廓）图标，按照如图 2-69 所示绘制截面。

注意：点 4 为曲线上的点。

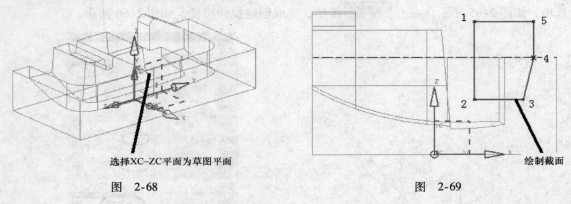

选择XC-ZC平面为草图平面

图 2-68

绘制截面

图 2-69

（2）标注尺寸。然后在【草图约束】工具条中选择 （自动判断的尺寸）图标，按照如图 2-70 所示的尺寸进行标注。P156 = 24，P157 = 20，P158 = 15，P159 = 7.5，P160 = 62.5。此时草图曲线已经转换成绿色，表示已经完全约束。

（3）在【草图】工具条中选择 完成草图 按钮，窗口回到建模界面，图形更新为如图 2-71 所示。

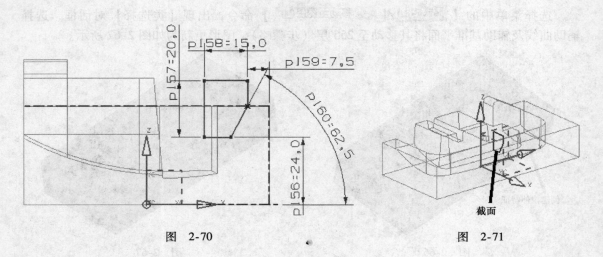

图 2-70

截面

图 2-71

2. 创建扫掠特征

选择菜单中的【 插入(S) 】/【 扫掠(W) 】/【 ◇ 扫掠(S)… 】命令或在【特征】工具条中选择 ◇ （扫掠）图标，出现【扫掠】对话框，如图 2-72 所示。

系统提示选择截面曲线，在曲线规则下拉框中选择 相连曲线 ▼ 选项，在图形中选择步骤 1（草绘截面）创建的草图曲线，按下鼠标中键确认。

然后在对话框中选择 ┌ɑ （引导线）图标，或直接按下鼠标中键确认完成选择截面曲线，在曲线规则下拉框中选择 单条曲线 ▼ 选项，在图形中选择如图 2-73 所示的边线为引导线，按下鼠标中键确认。

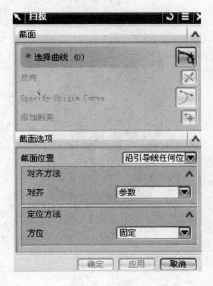

图　2-72

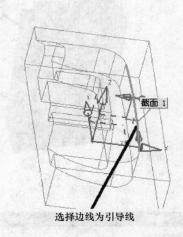

选择边线为引导线

图　2-73

然后在【扫掠】对话框 截面选项 选项中 对齐方法 \ 对齐 下拉框中选择 参数 选项，如图 2-72 所示。最后在【扫掠】对话框中点击 确定 按钮，完成创建扫掠特征，如图 2-74 所示。

3. 创建实体减操作

选择菜单中的【 插入(S) 】/【 组合体(B) 】/【 ⬚ 求差(S)… 】命令或在【特征操作】工具条中选择 ⬚ （求差）图标，出现【求差】操作对话框，如图 2-75 所示。系统提示选择目标实体，按照图 2-76 所示依次选择目标实体和工具实体，完成求差操作，如图 2-77 所示。

4. 创建边倒圆角特征

选择菜单中的【 插入(S) 】/【 细节特征(L) 】/【 ⬚ 边倒圆(E)… 】命令或在【特征操作】工具条中选择 ⬚ （边倒圆）图标，出现【边倒圆】对话框，在 'Radius 1 （半径 1）栏中输入 3，如图 2-78 所示。在图形中选择如图 2-79 所示的边线作为倒圆角边，最后点击 确定 按钮，完成圆角特征，如图 2-80 所示。

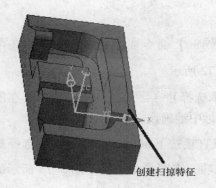

创建扫掠特征

图 2-74

图 2-75

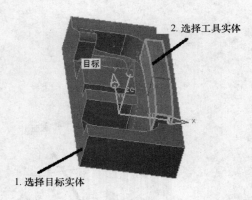

2. 选择工具实体

目标

1. 选择目标实体

图 2-76

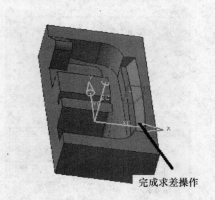

完成求差操作

图 2-77

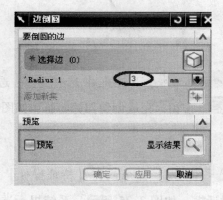

图 2-78

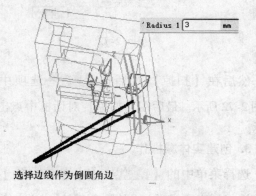

Radius 1 `3`   mm

选择边线作为倒圆角边

图 2-79

5. 创建孔特征

选择菜单中的【 插入(S) 】/【 设计特征(E) 】/【 孔(H)... 】命令或在【特征】工具条中选择 （孔）图标，出现【孔】对话框，如图 2-81 所示。系统提示选择孔放置点，在图形区选择如图 2-82 所示的面为放置面，进入草绘界面，出现【点】构造器对话框，如图 2-83 所示。在【点】构造器对话框点击 确定 按钮。

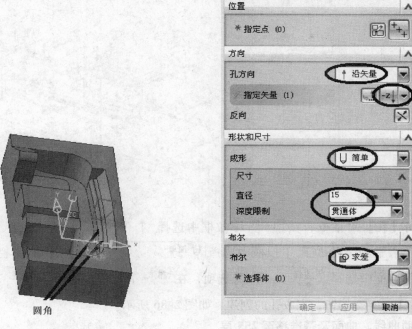

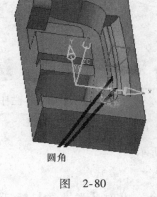

圆角

图　2-80

图　2-81

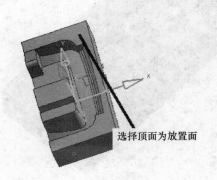

选择顶面为放置面

图　2-82

图　2-83

　　接着在【草图约束】工具条中选择 ![icon]（自动判断的尺寸）图标，按照如图 2-84 所示的尺寸进行标注。P402 = 36，P403 = 30。此时草图曲线已经转换成绿色，表示已经完全约束。

然后在【草图】工具条中选择 完成草图 图标，窗口回到建模界面，如图 2-85 所示。

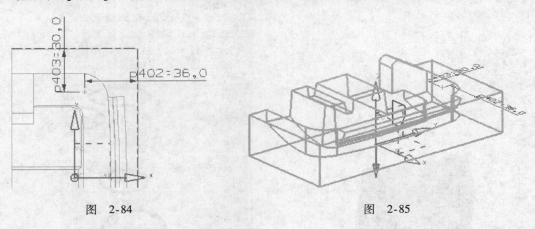

图　2-84　　　　　　　　　　　　　　图　2-85

系统返回【孔】对话框，在 孔方向 下拉框中选择 ↑ 沿矢量 ▼ 选项，指定矢量 (1) 下拉框中选择 -zↆ ▼ 选项，在 成形 下拉框中选择 ↓ 简单 ▼ 选项，在 直径 栏中输入 15，在 深度限制 下拉框中选择 贯通体 ▼ 选项，在 布尔 下拉框中选择 ↔ 求差 ▼ 选项，最后点击 确定 按钮，完成孔的创建，如图 2-86 所示。

6. 将辅助曲线、曲面及基准移至 255 层

选择菜单中的【 格式(R) 】/【 ↙ 移动至图层(M)… 】命令，出现【类选择】对话框，选择辅助曲线、曲面及基准将其移动至 255 层（步骤略），图形更新为如图 2-87 所示。

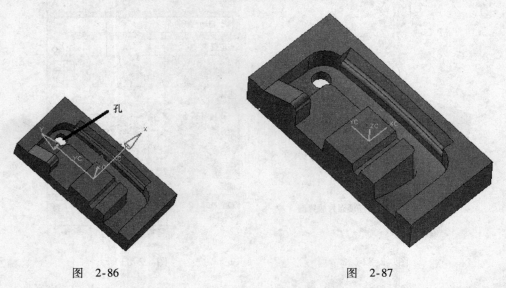

图　2-86　　　　　　　　　　　　　　图　2-87

7. 创建边倒圆角特征

选择菜单中的【 插入(S) 】/【 细节特征(L) 】/【 ☑ 边倒圆(E)… 】命令或在【特征操作】工具

条中选择 ▧（边倒圆）图标，出现【边倒圆】对话框，在 ˈRadius 1（半径1）栏内输入 2，如图 2-88 所示。在图形中选择如图 2-89 所示的边线作为倒圆角边，最后点击 确定 按钮，完成圆角特征，如图 2-90 所示。

图　2-88

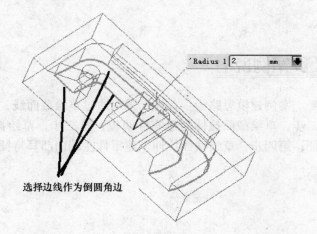

选择边线作为倒圆角边

图　2-89

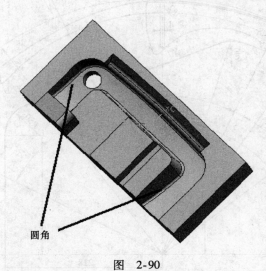

圆角

图　2-90

第3章 UG 三维数字化设计工程案例三

案例说明

案例建模思路为：首先，采用通过草绘截面线，应用通过曲线组特征生成零件主体；第二步，草绘截面拉伸创建零件肋板；第三步，草绘截面拉伸创建零件右端面方孔及圆孔特征；第四步，草绘截面拉伸创建零件左端面凸耳特征，如图 3-1 所示。

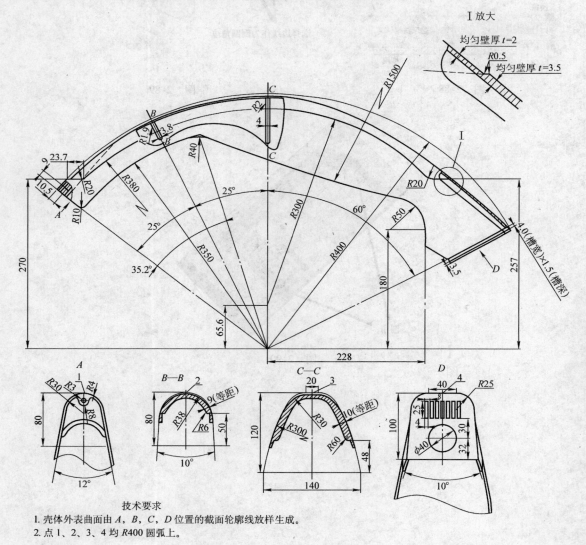

技术要求
1. 壳体外表曲面由 A，B，C，D 位置的截面轮廓线放样生成。
2. 点 1、2、3、4 均 R400 圆弧上。

图 3-1

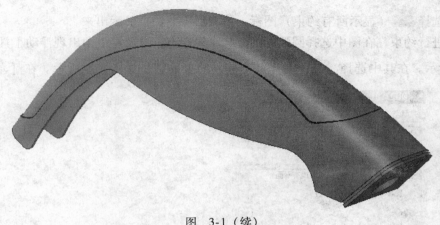

图　3-1（续）

案例训练目标

通过该案例的练习，使读者能熟练地掌握和运用草图工具，熟练掌握拉伸、通过曲线组、边倒圆、修剪体等基础特征的创建方法，通过本案例还可以提高学员实体求差，片体加厚，创建草图基准平面及图层设置的基本方法和技巧。

3.1　建立新文件

选择菜单中的【文件】/【新建】命令或选择 ▢ （New 建立新文件）图标，出现【新建】部件对话框，在【 名称 】栏中输入【kt】，选择【单位】下拉框中选择【毫米】选项，以毫米为单位，点击 确定 按钮，建立文件名为 kt.prt，单位为毫米的文件。

3.2　创建零件主体截面线

1. 草绘辅助截面线

选择菜单中的【 插入(S) 】/【 品 草图(S)… 】或在【特征】工具条中选择 品 （草图）图标，出现【创建草图】对话框，如图 3-2 所示。根据系统提示选择草图平面，在图形中选择 YC-ZC 平面为草图平面，如图 3-3 所示，点击 确定 按钮，出现草图绘制区。

步骤：

（1）在【草图曲线】工具条中选择 ⌒ （圆弧）及 ╱ （直线）图标，按照图 3-4 所示绘制截面。

（2）加上约束。在【草图约束】工具条中选择 ╱⊥ （约束）图标，在图中选择直线端点，再选择 X 轴，如图 3-5 所示。草图左上角出现浮动工具按钮，在其中选择 ↑ （点在曲线上）图标，约束的结果如图 3-6 所示。在图中选择直线端点，再选择 Y 轴，如图 3-5 所示，草图左上角出现浮动工具按钮，在其中选择 ↑ （点在曲线上）图标，在【草图约束】

工具条中选择 （显示所有约束）图标，使图形中的约束显示出来。

继续进行约束，在图中选择圆弧的圆心与直线端点，草图左上角出现浮动工具按钮，如图3－7所示。在其中选择 （重合）图标，约束的结果如图3-8所示。在【草图约束】

创建草图
类型
在平面上
草图平面
平面选项
现有平面
选择平面的面或平面 (1)
反向
草图方位
参考
水平
选择参考 (1)
反向
确定
取消

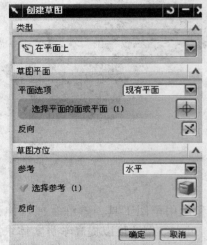

图 3-2

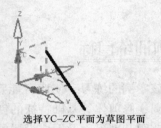

选择YC-ZC平面为草图平面

图 3-3

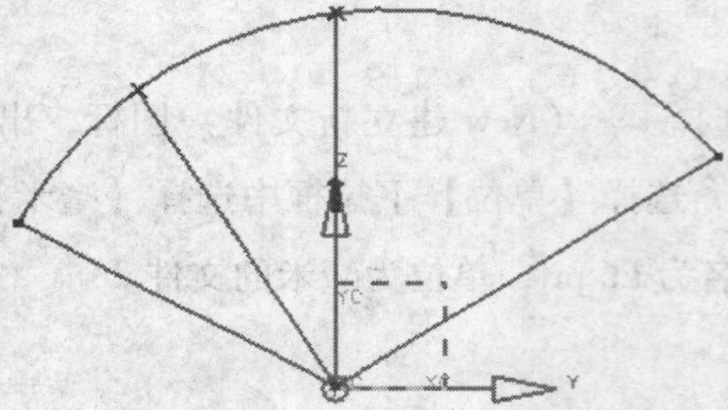

图 3-4

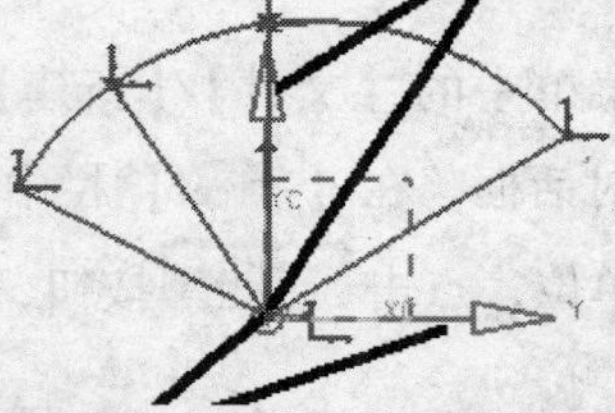

选择直线端点与Y轴，约束其点在曲线上
选择直线端点与X轴，约束其点在曲线上

图 3-5

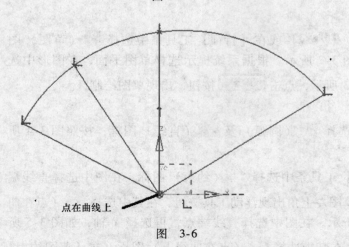

点在曲线上

图 3-6

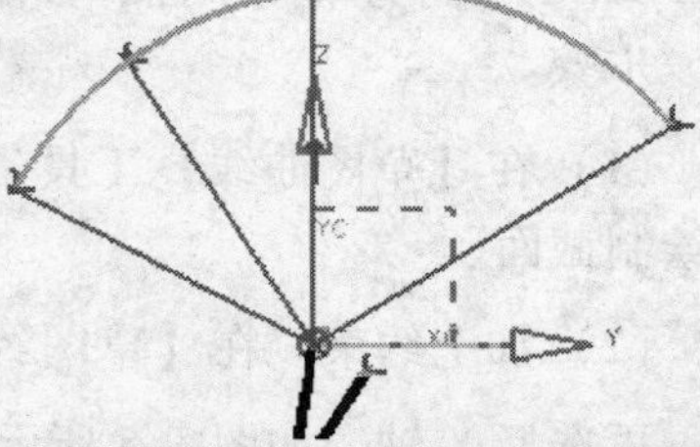

选择圆弧的圆心与直线端点，约束其重合

图 3-7

工具条选择 ⚝（显示所有约束）图标，使图形中的约束显示出来。

（3）标注尺寸。然后在【草图约束】工具条中选择 ⚝（自动判断的尺寸）图标，按照如图 3-9 所示的尺寸进行标注。P28 = 60，P29 = 25，P30 = 25，P31 = 400。此时草图曲线已经转换成绿色，表示已经完全约束。

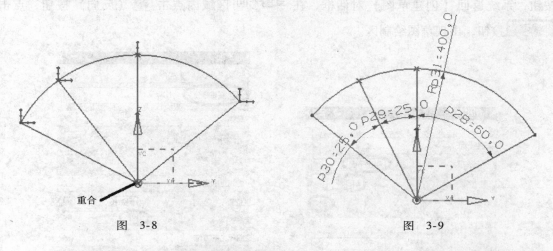

图　3-8　　　　　　　　　　　　　　图　3-9

（4）在【草图】工具条中选择 ⚐ 完成草图 按钮，窗口回到建模界面，图形更新如图 3-10 所示。

2. 设定工作层

选择菜单中的【格式(R)】/【图层设置(S)...】命令，出现【图层设置】对话框，如图 3-11 所示。在对话框中 工作图层 栏内输入 2，然后按下回车键，最后在【图层设置】对话框中点击 关闭 按钮，完成设定工作层。

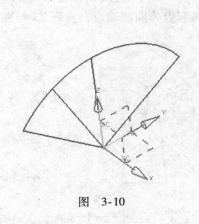

图　3-10

图　3-11

3. 草绘截面（一）

选择菜单中的【插入(S)】/【草图(S)...】或在【特征】工具条中选择 ⬚（草图）图标，出现【创建草图】对话框，在 平面选项 下拉框中选择 创建平面 选项，在

指定平面 区域选择 ⬜ （完整平面工具）图标，如图 3-12 所示，出现【平面】对话框，在 类型 下拉框中选择 ⬚ 在曲线上 选项，如图 3-13 所示。在图形中选择如图 3-14 所示的曲线。

然后在 圆弧长 栏中输入 0，在 方向 下拉框中选择 垂直于轨迹 ▾ 选项，点击 确定 按钮，系统返回【创建草图】对话框，在 草图平面 区域内点击 ✖ （反向）按钮，点击 确定 按钮，出现草图绘制区。

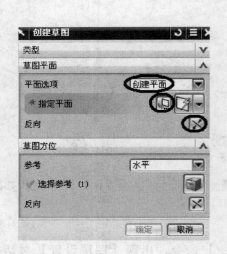

图 3-12

图 3-13

步骤：

（1）在【草图曲线】工具条中选择 ⌒ （圆弧）及 ╱ （直线）图标，按照如图 3-15 所示从 1 开始到 4 绘制圆弧与二条直线。注意：圆弧起点为曲线端点，直线 23 与圆弧 12 相切，直线 34 水平，且端点 4 在曲线上。

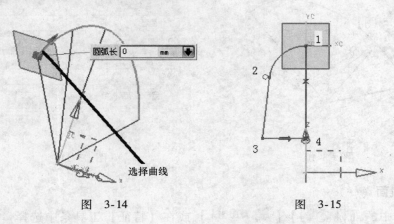

图 3-14

图 3-15

（2）镜像曲线。在【草图操作】工具栏中选择 ⬚ （镜像曲线）图标，出现【镜像曲线】对话框，如图 3-16 所示，在图形中选择如图 3-17 所示的直线为镜像中心线。

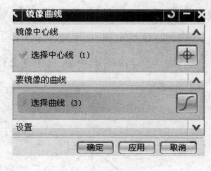

图　3-16

选择直线为镜像中心线

图　3-17

然后在图形中选择如图 3-18 所示的曲线为要镜像的曲线，点击 确定 按钮，完成镜像曲线，如图 3-19 所示。

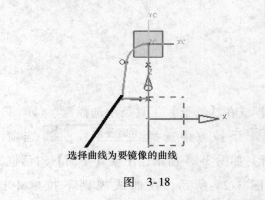

选择曲线为要镜像的曲线

图　3-18

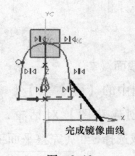

完成镜像曲线

图　3-19

（3）在【草图约束】工具条中选择 （自动判断的尺寸）图标，按照如图 3-20 所示的尺寸进行标注。P44 = 30，P45 = 80，P46 = 12。此时草图曲线已经转换成绿色，表示已经完全约束。

（4）在【草图】工具条中选择 完成草图 图标，窗口回到建模界面，如图 3-21 所示。

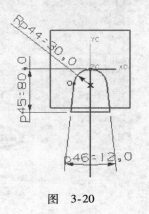

图　3-20

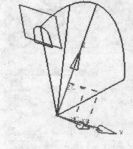

图　3-21

4. 设定工作层

选择菜单中的【 格式(R) 】/【 图层设置(S)… 】命令，出现【图层设置】对话框，如图 3-22 所示。在对话框中 工作图层 栏中输入 3，然后按下回车键，并取消选中 □2 层，最后在【图层设置】对话框点击 关闭 按钮，完成图层设定，图形更新如图 3-23 所示。

图　3-22　　　　　　　　　　　图　3-23

5. 草绘截面（二）

选择菜单中的【 插入(S) 】/【 草图(S)… 】或在【特征】工具条中选择 （草图）图标，出现【创建草图】对话框，在 平面选项 下拉框中选择 创建平面 选项，在 指定平面 区域选择 （完整平面工具）图标，如图 3-24 所示，出现【平面】对话框，在 类型 下拉框中选择 在曲线上 选项，如图 3-25 所示，在曲线规则下拉框中选择 相切曲线 （在相交处停止）选项，在图形中选择如图 3-26 所示的曲线处。

图　3-24　　　　　　　　　　　图　3-25

然后在 圆弧长 栏中输入 0，在 方向 下拉框中选择 垂直于轨迹 选项，点击 确定 按钮，系统返回【创建草图】对话框，在 草图平面 区域点击 ✕ （反向）按钮，点击 确定 按钮，出现草图绘制区。

步骤：

（1）在【草图曲线】工具条中选择 ⌒ （圆弧）及 ╱ （直线）图标，按照如图 3-27 所示从 1 开始到 4 绘制圆弧与二条直线。注意：圆弧起点为曲线端点，直线 23 与圆弧 12 相切，直线 34 水平，且端点 4 在曲线上。

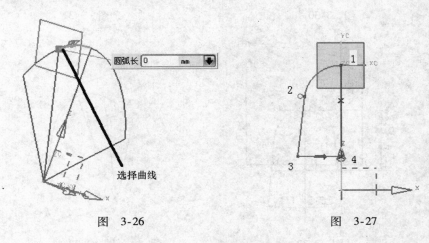

图 3-26   图 3-27

（2）镜像曲线。在【草图操作】工具栏中选择 ▦ （镜像曲线）图标，出现【镜像曲线】对话框，如图 3-28 所示，在图形中选择如图 3-29 所示的直线为镜像中心线。

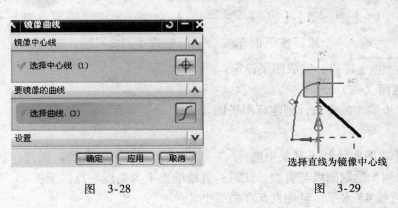

图 3-28   图 3-29

然后在图形中选择如图 3-30 所示的曲线为要镜像的曲线，点击 确定 按钮，完成镜像曲线，如图 3-31 所示。

（3）在【草图约束】工具条中选择 ↗ （自动判断的尺寸）图标，按照如图 3-32 所示的尺寸进行标注。P53 = 38，P54 = 80，P56 = 10。此时草图曲线已经转换成绿色，表示已经完全约束。

（4）在【草图】工具条中选择 ▨ 完成草图 图标，窗口回到建模界面，如图 3-33 所示。

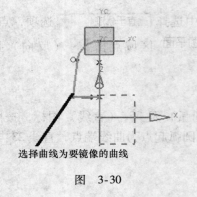

选择曲线为要镜像的曲线

图 3-30

完成镜像曲线

图 3-31

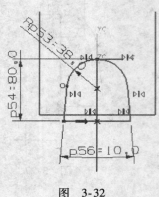

图 3-32

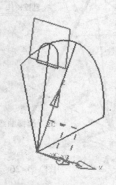

图 3-33

6. 设定工作层

选择菜单中的【格式(R)】/【图层设置(S)...】命令，出现【图层设置】对话框，在对话框中【工作图层】栏输入4，然后按下回车键，并取消选中 □3 层，最后在【图层设置】对话框中点击【关闭】按钮，完成图层设定。

7. 草绘截面（三）

按照本节步骤5的方法，创建草图平面。

步骤：

（1）在【草图曲线】工具条中选择 ⌒（圆弧）及 ╱（直线）图标，按照如图 3-34 所示从1开始到5绘制圆弧与直线。注意：直线端点1为曲线端点，圆弧23与直线12及圆弧34相切，直线45水平，且端点5在曲线上。

注意：如上述约束绘制时未产生，可以进行上述约束。

（2）镜像曲线。在【草图操作】工具栏中选择 ▦（镜像曲线）图标，出现【镜像曲线】对话框，如图 3-35 所示，在图形中选择如图 3-36 所示的直线为镜像中心线。

然后在图形中选择如图 3-37 所示的曲线为要镜像的曲线，点击【确定】按钮，完成镜像曲线，如图 3-38 所示。

（3）在【草图约束】工具条中选择 ⬚（自动判断的尺寸）图标，按照如图 3-39 所示的尺寸进行标注。P63 = 10，P64 = 30，P65 = 300，P66 = 120，P67 = 70。此时草图曲线已经转换成绿色，表示已经完全约束。

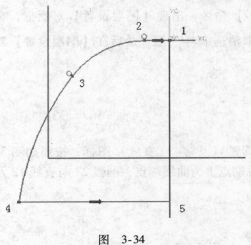

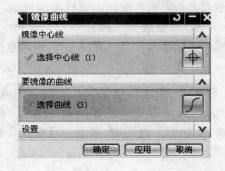

图　3-34

图　3-35

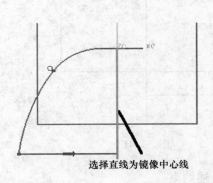

选择直线为镜像中心线

图　3-36

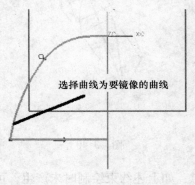

选择曲线为要镜像的曲线

图　3-37

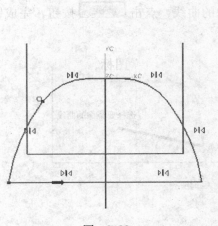

图　3-38

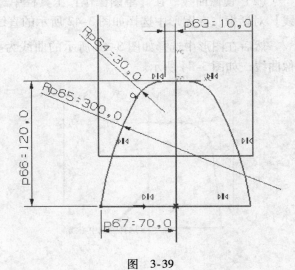

图　3-39

（4）在【草图】工具条中选择 完成草图 图标，窗口回到建模界面，如图 3-40 所示。

8. 设定工作层

选择菜单中的【 格式(R) 】/【 图层设置(S)... 】命令，出现【图层设置】对话框，在对话框中 工作图层 栏输入 5，然后按下回车键，并取消选中 □ 4 层，最后在【图层设置】对话框点击 关闭 按钮，完成图层设定。

9. 草绘截面（四）

按照本节步骤 5 的方法，创建草图平面。

步骤：

（1）在【草图曲线】工具条中选择 ↘（圆弧）及 ／（直线）图标，按照如图 3-41 所示从 1 开始到 5 绘制圆弧与直线。注意：直线端点 1 为曲线端点，圆弧 23 与直线 12 及直线 34 相切，直线 45 水平，且端点 5 在曲线上。

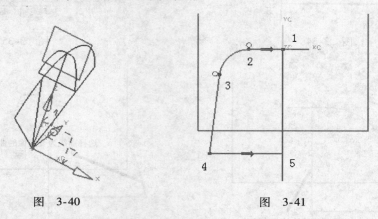

图 3-40   图 3-41

注意：如上述约束绘制时未产生，可以进行上述约束。

（2）镜像曲线。在【草图操作】工具栏中选择 ⬚（镜像曲线）图标，出现【镜像曲线】对话框，在图形中选择如图 3-42 所示的直线为镜像中心线。

然后在图形中选择如图 3-43 所示的曲线为要镜像的曲线，点击 确定 按钮，完成镜像曲线，如图 3-44 所示。

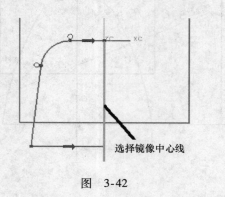

图 3-42

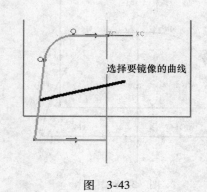

图 3-43

（3）在【草图约束】工具条中选择 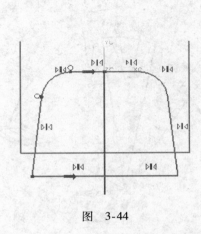（自动判断的尺寸）图标，按照如图 3-45 所示的尺寸进行标注。P74 = 20，P75 = 25，P76 = 100，P77 = 10。此时草图曲线已经转换成绿色，表示已经完全约束。

图　3-44

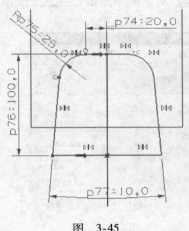

图　3-45

（4）在【草图】工具条中选择 完成草图 图标，窗口回到建模界面，如图 3-46 所示。

10. 设定工作层

选择菜单中的【 格式(R) 】/【 图层设置(S)... 】命令，出现【图层设置】对话框，在对话框中 工作图层 栏输入 6，然后按下回车键，并选中 2、3、4、5 层，如图 3-47 所示。最后在【图层设置】对话框点击 关闭 按钮，完成图层设定。

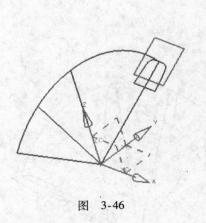

图　3-46

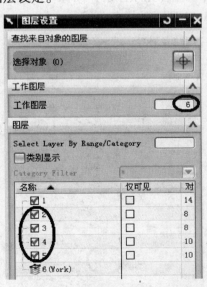

图　3-47

11. 连结曲线

选择菜单中的【 插入(S) 】/【 来自曲线集的曲线(F) 】/【 连结(J)... 】命令或在【曲线】

工具条中选择 （连结曲线）图标，出现【连结曲线】对话框，如图 3-48 所示。在曲线规则下拉框中选择 相切曲线 ▼ 选项，然后在图形中选择如图 3-49 所示的曲线，在【连结曲线】对话框中点击 应用 按钮，完成连结曲线。

图 3-48

图 3-49

按照上述方法，依次连结其他 3 条曲线，使之成为样条曲线。

12. 关闭 2、3、4、5 层（步骤略）

13. 光顺样条

选择菜单中的【编辑(E)】/【曲线(V)】/【光顺样条(M)…】命令或在【编辑曲线】工具条中选择 （光顺样条）图标，出现【光顺样条】对话框，如图 3-50 所示。在图形中选择如图 3-51 所示的样条曲线。

图 3-50

图 3-51

系统出现【光顺样条】提示对话框，如图 3-52 所示。点击 确定(0) 按钮，出现【光顺样条】警告对话框，如图 3-53 所示。点击 确定(0) 按钮，在【光顺样条】对话框中调节 修改百分比 滑块至适当位置，使 最大偏差: 近似于 0.01mm，点击 应用 按钮，完成光顺样条。

<table>
<tr><td>图　3-52</td><td>图　3-53</td></tr>
</table>

按照上述方法，依次光顺其他 3 条曲线，使样条曲线 最大偏差: 近似于 0.01mm。

3.3　创建零件实体

1. 创建通过曲线组特征

选择菜单中的【 插入(S) 】/【 网格曲面(M) 】/【 通过曲线组(T)... 】命令或在【曲面】工具栏中选择 （通过曲线组）图标，出现【通过曲线组】对话框，如图 3-54 所示。

系统提示选择截面曲线 1，在【曲线规则】下拉框中选择 相连曲线 选项，在图形中选择如图 3-54 所示的截面曲线，按下鼠标中键确认。图形中出现矢量方向，如图 3-55 所示。

选择截面曲线1

<table>
<tr><td>图　3-54</td><td>图　3-55</td></tr>
</table>

接着依次在图形中选择如图 3-56 所示的截面曲线 2、截面曲线 3、截面曲线 4，注意每条截面曲线选择完毕后按下鼠标中键确认。图形中出现矢量方向，如图 3-56 所示。注意选择截面曲线时要注意起始位置及矢量方向一致，然后在【通过曲线组】对话框中点击

确定 按钮，完成创建主曲面，如图 3-57 所示。

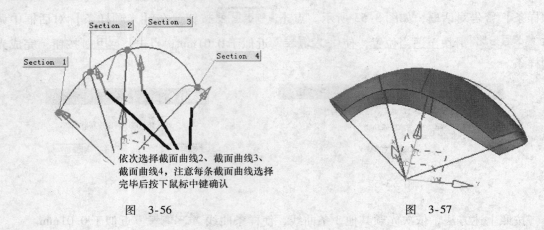

依次选择截面曲线2、截面曲线3、
截面曲线4，注意每条截面曲线选择
完毕后按下鼠标中键确认

图 3-56

图 3-57

2. 对象预设置

选择菜单中的 【 首选项(P) 】/【 对象(O)...   Ctrl+Shift+J 】命令，出现【对象首选项】对话框，如图 3-58 所示。在 【 类型 】下拉框中选择【 实体 】，在【颜色】栏点击颜色区，出现【颜色】选择框，选择如图 3-59 所示的颜色，然后点击 确定 按钮，系统返回【对象首选项】对话框，最后点击 确定 按钮，完成预设置。

图 3-58

图 3-59

3. 创建片体加厚特征

选择菜单中的 【 插入(S) 】/【 偏置/缩放(O) 】/【 加厚(T)... 】命令或在【特征】工具条中选择 （加厚片体）图标，出现【加厚】片体对话框，如图 3-60 所示。在面规则下拉框中选择 体的面 选项，然后在图形中选择如图 3-61 所示的面为要加厚的面，出现加厚方向，如图 3-61 所示。然后在【加厚】片体对话框中 偏置 1 栏输入 3.5，点击 确定 按钮，完成片体加厚特征，如图 3-62 所示。

图　3-60

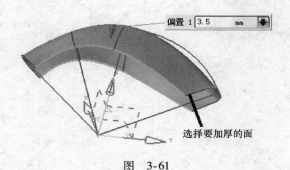

选择要加厚的面

图　3-61

4. 草绘截面线（一）

选择菜单中的【 插入(S) 】/【 品 草图(S) 】或在【特征】工具条中选择 品 （草图）图标，出现【创建草图】对话框，根据系统提示选择草图平面，在图形中选择 YC-ZC 平面为草图平面，如图 3-63 所示。点击 确定 按钮，出现草图绘制区。

图　3-62

选择YC–ZC平面为草图平面

图　3-63

步骤：

（1）在【草图曲线】工具条选择 ╲ （圆弧）及 ╱ （直线）图标，按照如图 3-64 所示绘制直线 12、直线 34、圆弧 56、圆弧 78。注意：圆弧 56 是圆心为直线端点 1。

（2）加上约束。在【草图约束】工具条中选择 ⁄⊥ （约束）图标，在图中选择直线端点 3，再选择 X 轴，如图 3-65 所示。草图左上角出现浮动工具按钮，在其中选择 ↑ （点在曲线上）图标，约束的结果如图 3-66 所示。在【草图约束】工具条中选择 ⌐⊥ （显示所有约束）图标，使图形中的约束显示出来。

（3）快速延伸。在【草图曲线】工具栏中选择 ⅄ （快速延伸）图标，在图形中依次选择圆弧、圆弧，如图 3-67 所示。完成延伸，如图 3-68 所示。

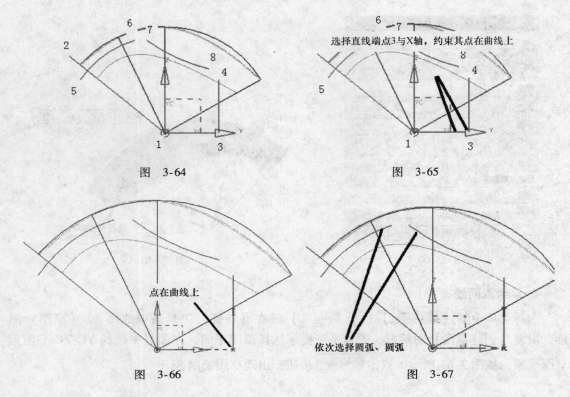

图 3-64

图 3-65

选择直线端点3与X轴，约束其点在曲线上

图 3-66

点在曲线上

图 3-67

依次选择圆弧、圆弧

（4）绘制直线。在【草图曲线】工具条中选择 ╱（直线）图标，按照如图 3-69 所示绘制直线。

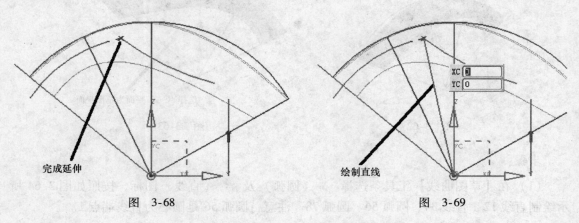

完成延伸

图 3-68

绘制直线

图 3-69

（5）在【草图曲线】工具栏中选择 （圆角）图标，在图形中依次创建参数如图 3-70 所示圆角。

（6）标注尺寸。然后在【草图约束】工具条中选择 （自动判断的尺寸）图标，按照如图 3-71 所示的尺寸进行标注。P98 = 228，P99 = 180，P100 = 50，P101 = 1500，P102 = 350，P103 = 40，P104 = 35.2，P105 = 10，P106 = 50，P107 = 75。此时草图曲线已经转换成绿色，表示已经完全约束。

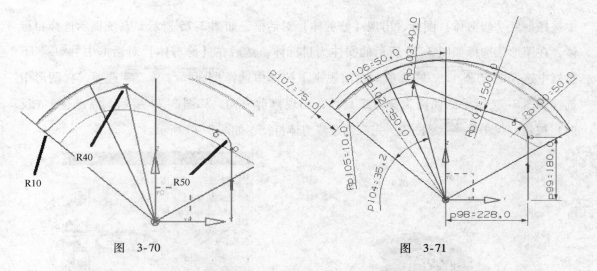

图　3-70　　　　　　　　　　　　　　　　图　3-71

（7）在【草图】工具条中选择 <kbd>完成草图</kbd> 按钮，窗口回到建模界面。

5. 创建拉伸特征

选择菜单中的 【 <kbd>插入(S)</kbd> 】/【 <kbd>设计特征(E)</kbd> 】/【 <kbd>拉伸(E)</kbd> 】命令或在【特征】工具条中选择 <kbd>拉伸</kbd> （拉伸）图标，出现【拉伸】对话框，如图 3-72 所示。在曲线规则下拉框中选择 <kbd>相连曲线</kbd> 选项，选择如图 3-73 所示草图曲线为拉伸对象，然后在【拉伸】对话框中 <kbd>指定矢量</kbd> 下拉框中选择 <kbd>X</kbd> 选项，在 【 <kbd>开始</kbd> 】\\【 <kbd>距离</kbd> 】栏、【 <kbd>结束</kbd> 】\\【 <kbd>距离</kbd> 】栏内输入【-80】、【160】，在【布尔】下拉框中点选 <kbd>无</kbd> 选项，如图 3-72 所示。点击 <kbd>确定</kbd> 按钮，完成创建拉伸特征，如图 3-74 所示。

图　3-72

选择草图曲线为拉伸对象

图　3-73

6. 创建修剪体特征

选择菜单中的 【 <kbd>插入(S)</kbd> 】/【 <kbd>修剪(T)</kbd> 】/【 <kbd>修剪体(T)...</kbd> 】命令或在【特征操作】工具栏

中选择 ▢ （修剪体）图标，出现【修剪体】对话框，如图 3-75 所示。系统提示选择目标体，在图形区选择如图 3-76 所示的实体为目标体，然后在【修剪体】对话框中 工具选项 下拉框中选择 面或平面 ▾ 选项。在面规则下拉框中选择 相切面 ▾ 选项，在图形中选择如图 3-77 所示的曲面为修剪工具面，出现修剪方向，如图 3-77 所示。点击 ⊠ （反向）按钮，点击 确定 按钮，完成创建修剪体特征，如图 3-78 所示。

创建拉伸特征

图 3-74

图 3-75

选择实体为目标体

图 3-76

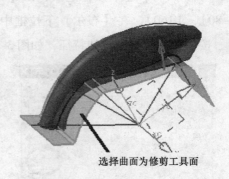

选择曲面为修剪工具面

图 3-77

7. 将辅助曲面及曲线移至 255 层

选择菜单中的【 格式(R) 】/【 移动至图层(M)... 】命令，出现【类选择】对话框，选择辅助曲面及曲线将其移动至 255 层（步骤略），然后设置 255 层为不可见，图形更新如图 3-79 所示。

8. 设定工作层

选择菜单中的【 格式(R) 】/【 图层设置(S)... 】命令，出现【图层设置】对话框，在对话框中 工作图层 栏中输入 7，然后按下回车键，最后在【图层设置】对话框中点击 关闭 按钮，完成图层设定。

创建修剪体

图　3-78

图　3-79

9. 创建片体加厚特征

选择菜单中的【 插入(S) 】/【 偏置/缩放(O) 】/【 加厚(T)... 】命令或在【特征】工具条中选择 （加厚片体）图标，出现【加厚】片体对话框，如图 3-80 所示。在面规则下拉框中选择 体的面 选项，然后在图形中选择如图 3-81 所示的面为要加厚的面，出现加厚方向，如图 3-81 所示。然后在【加厚】片体对话框中 偏置 1 栏输入 1.5，点击 确定 按钮，完成片体加厚特征，如图 3-82 所示。

图　3-80

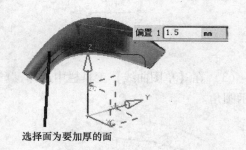

偏置 1　1.5　　mm

选择面为要加厚的面

图　3-81

10. 关闭第 6 层

关闭第 6 层（步骤略），图形更新如图 3-82 所示。

11. 草绘截面线（二）

选择菜单中的【 插入(S) 】/【 草图(S)... 】或在【特征】工具条中选择 （草图）图标，出现【创建草图】对话框，根据系统提示选择草图平面，在图形中选择 YC-ZC 平面为草图平面，如图 3-83 所示。点击 确定 按钮，出现草图绘制区。

步骤：

（1）在【草图曲线】工具条选择 （圆弧）及 （直线）图标，按照如图 3-84 所示绘制直线 12、直线 34、圆弧 56、圆弧 67。注意：圆弧 56 与圆弧 67 相切。

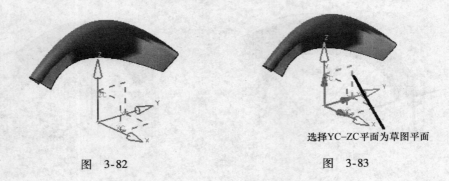

选择YC-ZC平面为草图平面

图 3-82   图 3-83

（2）加上约束。在【草图约束】工具条中选择 ⊥（约束）图标，在图中选择圆弧 67 的圆心，再选择 Y 轴，如图 3-85 所示。草图左上角出现浮动工具按钮，在其中选择 ↑（点在曲线上）图标，约束的结果如图 3-86 所示。在【草图约束】工具条中选择 ⊥（显示所有约束）图标，使图形中的约束显示出来。

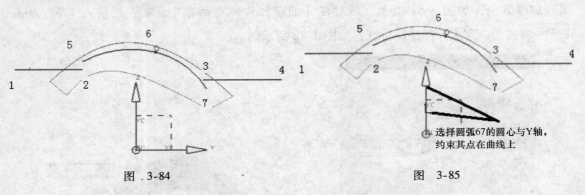

选择圆弧67的圆心与Y轴，
约束其点在曲线上

图 3-84   图 3-85

（3）在【草图曲线】工具栏中选择 ◻（圆角）图标，在图形中依次创建参数如图 3-87 所示圆角。

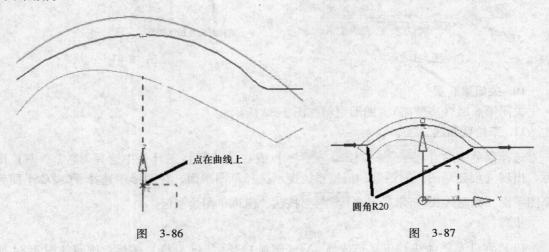

点在曲线上

圆角R20

图 3-86   图 3-87

（4）在【草图曲线】工具条中选择 ⌒（圆弧）图标，在圆弧方法工具栏选择 ◰

（中心和端点定圆弧）图标，按照如图3-88所示，绘制一条以原点为圆心，半径为400的圆弧，并修剪左侧直线至该圆弧。

（5）在【草图曲线】工具栏中选择 ✛（点）图标，出现【点】构造器对话框，如图3-89所示。在 类型 下拉框中选择 ✚交点 选项，然后依次选择圆弧与直线，点击 确定 按钮，绘制如图3-90所示的交点，并约束其分别在圆弧与直线上。

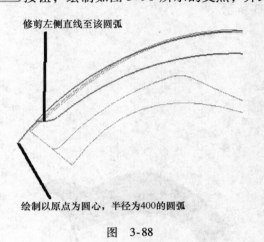

图 3-88　　　　　　　　　　　　　　　　图 3-89

（6）标注尺寸。然后在【草图约束】工具条中选择 ⟋（自动判断的尺寸）图标，按照如图3-91所示的尺寸进行标注。P122 = 257，P463 = 270，P124 = 380，P125 = 300，P126 = 20，P127 = 20，P128 = 65.6，P128 = 200，P460 = 400，P462 = 23.7。

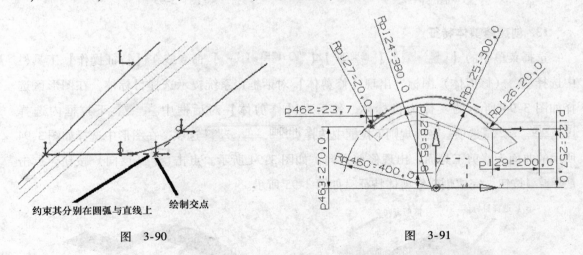

图 3-90　　　　　　　　　　　　　　　图 3-91

（7）在【草图约束】工具栏中选择 ▥（转换至/自参考对象）图标，出现【转换至/自参考对象】对话框，选择 R400 的圆弧进行转换。

（8）在【草图】工具条中选择 ▰完成草图 按钮，窗口回到建模界面。

12. 创建拉伸特征

选择菜单中的【 插入(S) 】/【 设计特征(E) 】/【 ▥ 拉伸(E)... 】命令或在【特征】工具条

中选择 📖 （拉伸）图标，出现【拉伸】对话框，如图 3-92 所示。在曲线规则下拉框中选择 相连曲线 选项，选择如图 3-91 所示草图曲线为拉伸对象。然后在【拉伸】对话框中 指定矢量 下拉框中选择 ✕ 选项，在【开始】\【距离】栏、【结束】\【距离】栏内输入【-60】、【60】，在【布尔】下拉框中点选 无 选项，如图 3-92 所示。点击 确定 按钮，完成创建拉伸特征，如图 3-93 所示。

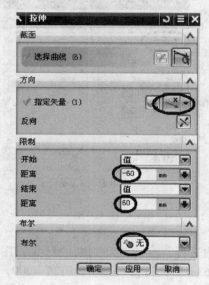
图 3-92

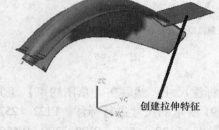
创建拉伸特征

图 3-93

13. 创建修剪体特征

选择菜单中的【插入(S)】/【修剪(T)】/【📄 修剪体(T)...】命令或在【特征操作】工具栏中选择 📄 （修剪体）图标，出现【修剪体】对话框，系统提示选择目标体，在图形区选择如图 3-94 所示的实体为目标体，然后在【修剪体】对话框中 工具选项 下拉框内选择 面或平面 选项。在面规则下拉框中选择 相切面 选项，在图形中选择如图 3-94 所示的曲面为修剪工具面，出现修剪方向，如图 3-94 所示。点击 ✕ （反向）按钮，点击 确定 按钮，完成创建修剪体特征，如图 3-95 所示。

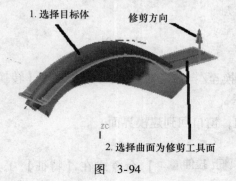
1. 选择目标体
修剪方向
2. 选择曲面为修剪工具面
图 3-94

创建修剪体
图 3-95

14. 打开第 6 层（步骤略）

15. 将辅助曲线及曲面移至 255 层

选择菜单中的【 格式(R) 】/【 移动至图层(M)… 】命令，出现【类选择】对话框，选择辅助曲线及曲面将其移动至 255 层（步骤略）。

16. 创建实体减操作

选择菜单中的【 插入(S) 】/【 组合体(B) 】/【 求差(S)… 】命令或在【特征操作】工具条中选择 （求差）图标，出现【求差】操作对话框，系统提示选择目标实体，按照图 3-96 所示依次选择目标实体和工具实体，完成求差操作，如图 3-97 所示。

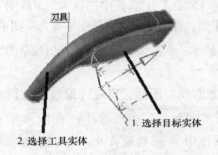

图　3-96　　　　　　　　　　　　　　　　　　　　图　3-97

17. 创建边倒圆角特征

选择菜单中的【 插入(S) 】/【 细节特征(L) 】/【 边倒圆(E)… 】命令或在【特征操作】工具条中选择 （边倒圆）图标，出现【边倒圆】对话框，在 'Radius 1（半径 1）栏内输入 0.5，如图 3-98 所示。在图形中选择如图 3-99 所示的边线作为倒圆角边，最后点击 确定 按钮，完成圆角特征，如图 3-100 所示。

图　3-98

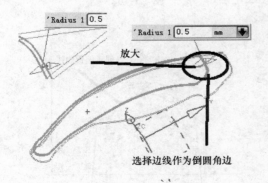

图　3-99

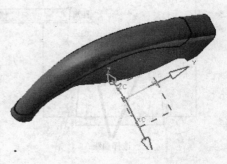

图　3-100

3.4 创建零件肋板

1. 设定工作层

选择菜单中的【 格式(R) 】/【 图层设置(S)... 】命令，出现【图层设置】对话框，在对话框中 工作图层 栏输入3，然后按下回车键，最后在【图层设置】对话框点击 关闭 按钮，完成设定工作层。

2. 草绘截面

选择菜单中的【 插入(S) 】/【 草图(S)... 】或在【特征】工具条中选择 （草图）图标，出现【创建草图】对话框，根据系统提示选择草图平面，在图形中选择基准平面为草图平面，在 草图平面 区域点击 （反向）按钮，如图 3-101 所示。点击 确定 按钮，出现草图绘制区。

步骤：

（1）在【草图曲线】工具条中选择 （偏置曲线）图标，出现【偏置曲线】对话框，如图 3-102 所示。在曲线规则下拉框中选择 单条曲线 选项，在图形中选择如图 3-103 所示的曲线，然后在【偏置曲线】对话框中 距离 栏输入9，并勾选 创建尺寸 选项，点击 确定 按钮，完成创建偏置曲线，如图 3-104 所示。

图 3-101

图 3-102

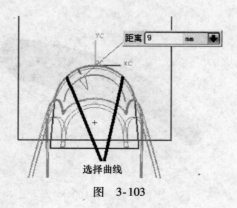

图 3-103

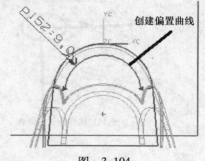

图 3-104

（2）在【草图曲线】工具条中选择 （直线）图标，按照如图 3-105 所示绘制直线 12。注意：直线 12 水平。

（3）在【草图约束】工具条中选择 （自动判断的尺寸）图标，按照如图 3-106 所示的尺寸进行标注。P153 = 50。

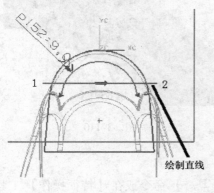

图　3-105

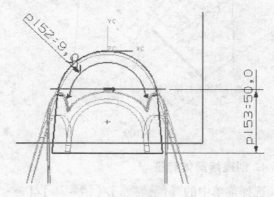

图　3-106

（4）在【草图】工具条中选择 图标，窗口回到建模界面，如图 3-107 所示。

3. 创建拉伸特征

选择菜单中的【 插入(S) 】/【 设计特征(E) 】/【 拉伸(E)... 】命令或在【特征】工具条中选择 （拉伸）图标，出现【拉伸】对话框，如图 3-108 所示。在曲线规则下拉框中选择 相连曲线 ▼ （在相交处停止）选项，选择如图 3-109 所示的曲线为拉伸对象。然后在【拉伸】对话框中【 开始 】\【 距离 】栏、【 结束 】\【 距离 】栏中输入 −1.9、1.9，在【布尔】下拉框内选择 无 ▼ 选项，如图 3-108 所示。点击 确定 按钮，完成创建拉伸特征，如图 3-110 所示。

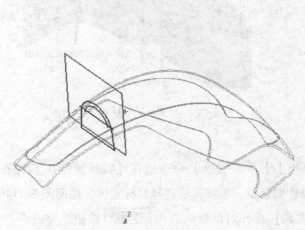

图　3-107

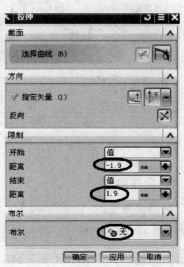

图　3-108

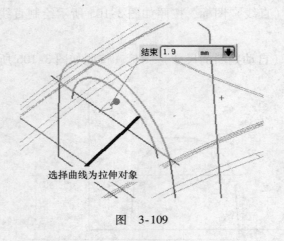

图 3-109

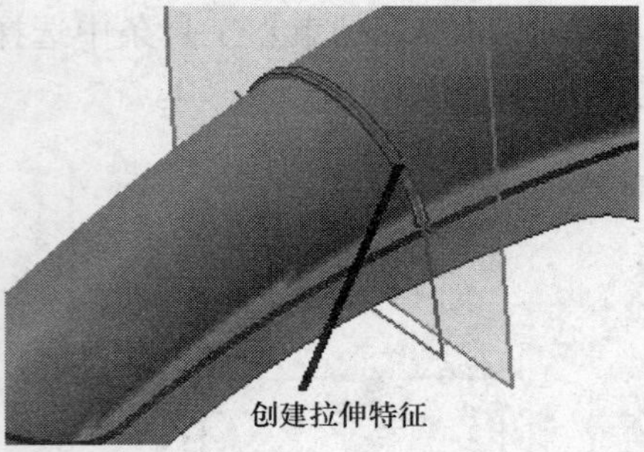

图 3-110

4. 创建修剪体特征

选择菜单中的【 插入(S) 】/【 修剪(T) 】/【 修剪体(T)... 】命令或在【特征操作】工具栏中选择 （修剪体）图标，出现【修剪体】对话框，如图 3-111 所示。系统提示选择目标体，在图形区选择如图 3-112 所示的实体为目标体，然后在【修剪体】对话框中 工具选项 下拉框内选择 面或平面 选项。在面规则下拉框内选择 单个面 选项，在图形中选择如图 3-112 所示的实体面为修剪工具面，出现修剪方向，如图 3-112 所示。点击 （反向）按钮，点击 确定 按钮，完成创建修剪体特征，如图 3-113 所示。

图 3-111

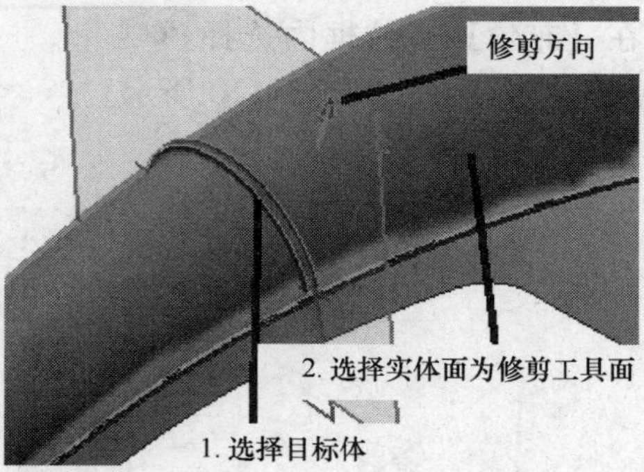

图 3-112

5. 合并实体

选择菜单中的【 插入(S) 】/【 组合体(B) 】/【 求和(U) 】命令或在【特征操作】工具条中选择 （求和）图标，出现【求和】操作对话框，系统提示选择目标实体，按照图 3-114 所示依次选择目标实体和工具实体，在【求和】操作对话框内点击 确定 按钮，完成合并实体，如图 3-115 所示。

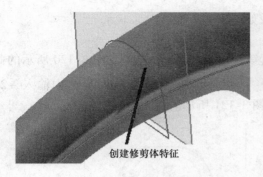

创建修剪体特征

图　3-113

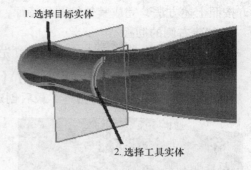

1. 选择目标实体

2. 选择工具实体

图　3-114

6. 创建边倒圆角特征

选择菜单中的【 插入(S) 】/【 细节特征(L) 】/【 边倒圆(E)… 】命令或在【特征操作】工具条中选择 （边倒圆）图标，出现【边倒圆】对话框，在 'Radius 1 （半径 1）栏内输入 6，如图 3-116 所示。在图形中选择如图 3-117 所示的边线作为倒圆角边，最后点击 确定 按钮，完成圆角特征，如图 3-118 所示。

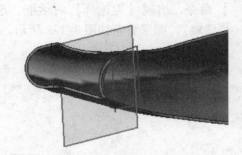

图　3-115

图　3-116

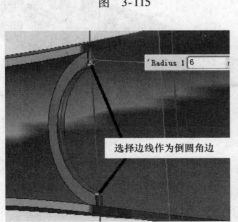

选择边线作为倒圆角边

图　3-117

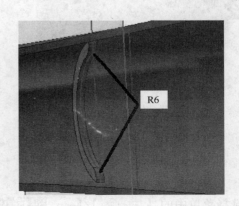

R6

图　3-118

按照上述方法，完成其他倒圆角特征，参数如图 3-119 所示。

7. 创建右侧的肋板

按照本节步骤 1 至步骤 6 的方法，首先设置第 4 层为工作层。绘制如图 3-120 所示的截面，然后再拉伸，拉伸参数为【 开始 】\【 距离 】栏、【 结束 】\【 距离 】栏中输入 −2、2，然后创建修剪体，再合并实体，最后创建如图 3-121 所示的倒圆角特征。

图 3-119

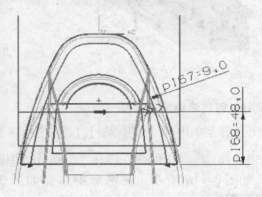

图 3-120

8. 将辅助曲线、点及辅助基准平面移至 255 层

选择菜单中的【 格式(R) 】/【 移动至图层(M)... 】命令，出现【类选择】对话框，选择辅助曲线、点及辅助基准平面将其移动至 255 层（步骤略），图形更新如图 3-122 所示。

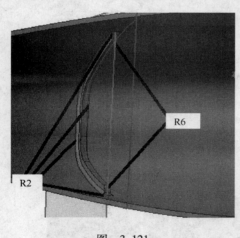

图 3-121

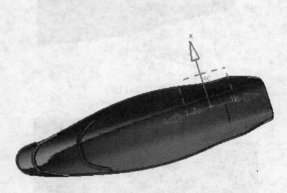

图 3-122

3.5 创建零件右端面特征

1. 设定工作层

选择菜单中的【 格式(R) 】/【 图层设置(S)... 】命令，出现【图层设置】对话框，在对话框中 工作图层 栏输入 5，然后按下回车键，最后在【图层设置】对话框中点击 关闭 按钮，完成设定工作层。

2. 草绘截面（一）

选择菜单中的【 插入(S) 】/【 草图(S)… 】或在【特征】工具条中选择 （草图）图标，出现【创建草图】对话框，根据系统提示选择草图平面，在图形中选择基准平面为草图平面，如图 3-123 所示在 草图平面 区域点击 （反向）按钮，点击 确定 按钮，出现草图绘制区。

步骤：

（1）在【草图曲线】工具条中选择 （圆）图标，绘制如图 3-124 所示圆。

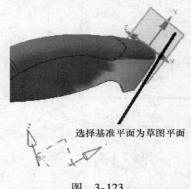

图　3-123　　　　　　　　　　　　图　3-124

（2）在【草图曲线】工具条中选择 （矩形）图标，按照如图 3-125 所示绘制矩形。

（3）加上约束。在【草图约束】工具条中选择 （约束）图标，在图中选择圆的圆心，再选择 Y 轴，如图 3-126 所示。草图左上角出现浮动工具按钮，在其中选择 （点在曲线上）图标，约束的结果如图 3-127 所示，在【草图约束】工具条中选择 （显示所有约束）图标，使图形中的约束显示出来。

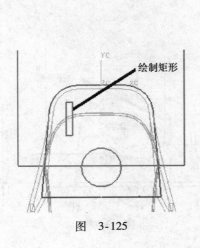
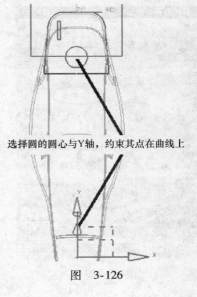

图　3-125　　　　　　　　　　　　图　3-126

（4）在【草图约束】工具条中选择 （自动判断的尺寸）图标，按照如图 3-128 所示的尺寸进行标注。P198 = 32，P199 = 40，P200 = 30，P201 = 25，P202 = 4，P203 = 26。

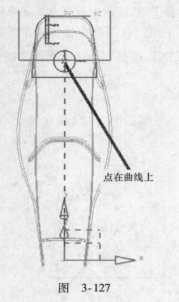

图 3-127

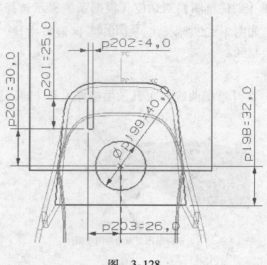

图 3-128

（5）平移曲线。选择菜单中的【编辑(E)】/【 移动对象(O)... 】命令或在【标准】工具栏中选择 （移动对象）图标，出现【移动对象】对话框，如图 3-129 所示。然后在图形中选择如图 3-130 所示的矩形。在【移动对象】对话框 运动 下拉框中选择| 距离 选项，然后在 指定矢量 (1) 下拉框内选择 选项，在 距离 栏中输入 8，在 结果 区域选中 复制原先的 选项，在 距离/角度分割 、 非关联副本数 栏内输入 1、6，如图 3-129 所示。点击 应用 按钮，完成平移截面曲线，如图 3-131 所示。

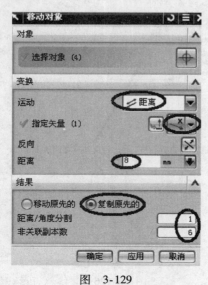

图 3-129

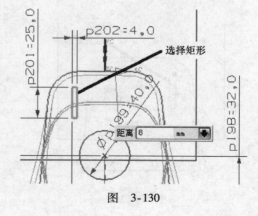

图 3-130

（6）在【草图】工具条中选择 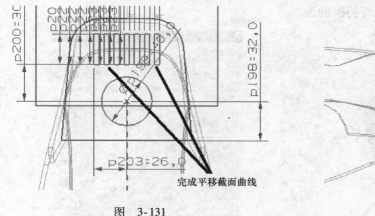 完成草图 图标，窗口回到建模界面，如图 3-132 所示。

图　3-131

图　3-132

3. 创建拉伸特征

选择菜单中的【 插入(S) 】/【 设计特征(E) 】/【 拉伸(E)... 】命令或在【特征】工具条中选择 （拉伸）图标，出现【拉伸】对话框，如图 3-133 所示。在曲线规则下拉框中选择 相连曲线 选项，选择如图 3-134 所示曲线为拉伸对象，然后在【拉伸】对话框中【 开始 】\【 距离 】栏、【 结束 】\【 距离 】栏中输入【0】、【7.5】，在【布尔】下拉框中点选 无 选项，如图 3-133 所示。点击 确定 按钮，完成创建拉伸特征，如图 3-135 所示。

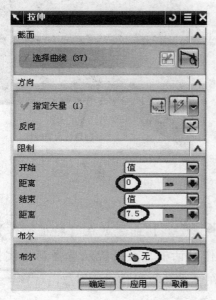

图　3-133

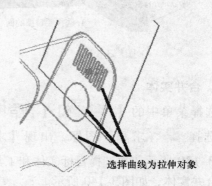

选择曲线为拉伸对象

图　3-134

4. 创建替换面特征

选择菜单中的【 插入(S) 】/【 同步建模(I) 】/【 替换面(R)... 】命令或在【同步建模】

工具条中选择 ▣ （替换面）图标，出现【替换面】对话框，如图 3-136 所示，然后在图形中选择如图 3-137 所示的面为要替换的面。

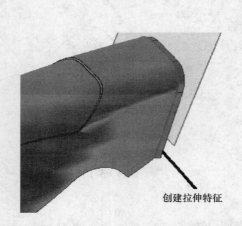

创建拉伸特征

图 3-135

图 3-136

然后在【替换面】对话框中 替换面 / 选择面 区域选择 ▣ （面）图标，在图形中选择如图 3-137 所示的面为替换目标面，点击 确定 按钮，完成创建替换面特征，如图 3-138 所示。

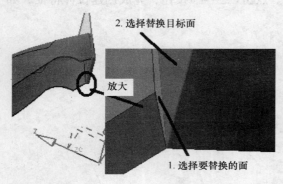

2. 选择替换目标面

放大

1. 选择要替换的面

图 3-137

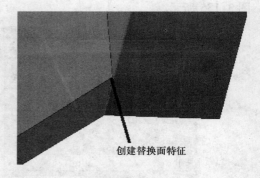

创建替换面特征

图 3-138

5. 合并实体

选择菜单中的【 插入(S) 】/【 组合体(B) 】/【 求和(U)... 】命令或在【特征操作】工具条中选择 ▣ （求和）图标，出现【求和】操作对话框，系统提示选择目标实体，按照图 3-139 所示依次选择目标实体和工具实体，在【求和】操作对话框点击 确定 按钮，完成合并实体，如图 3-140 所示。

6. 设定工作层

选择菜单中的【 格式(R) 】/【 图层设置(S)... 】命令，出现【图层设置】对话框，在对话框中 工作图层 栏内输入 8，然后按下回车键，最后在【图层设置】对话框中点击 关闭按钮，完成设定工作层。

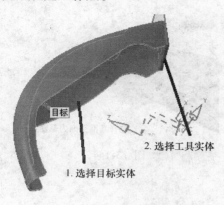

图　3-139

完成合并实体

图　3-140

7. 创建基准平面

选择菜单中的【 插入(S) 】/【 基准/点(D) 】/【 □ 基准平面(D)... 】命令或在【特征】工具栏中选择 □ （基准平面）图标，出现【基准平面】对话框，如图 3-141 所示。在图形中选择如图 3-142 所示的基准面，然后在【基准平面】对话框 距离 栏中输入 3.5，点击 ⊠ （反向）按钮，偏置方向更新如图 3-142 所示，点击 确定 按钮，创建基准平面如图 3-143 所示。

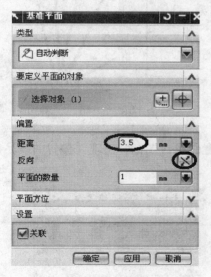

图　3-141

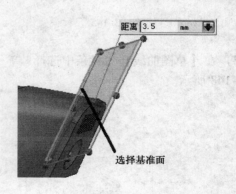

选择基准面

图　3-142

8. 关闭第 5 层（步骤略）

9. 草绘截面（二）

选择菜单中的【 插入(S) 】/【 草图(S)... 】或在【特征】工具条中选择 （草图）图标，出现【创建草图】对话框，根据系统提示选择草图平面，在图形中选择如图 3-144 所示的基准平面为草图平面，点击 确定 按钮，出现草图绘制区。

创建基准平面

图 3-143

选择基准平面为草图平面

图 3-144

步骤：

（1）在【草图曲线】工具条中选择 （投影曲线）图标，出现【投影曲线】对话框，如图 3-145 所示。在图形中选择如图 3-146 所示的实体边线进行投影，点击 确定 按钮，完成创建投影曲线，如图 3-147 所示。

图 3-145

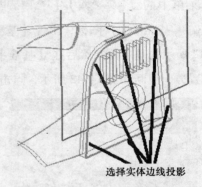

选择实体边线投影

图 3-146

（2）在【草图曲线】工具条中选择 （偏置曲线）图标，出现【偏置曲线】对话框，如图 3-148 所示。

创建投影曲线

图 3-147

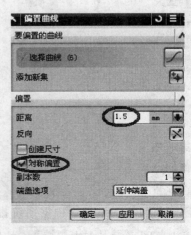

图 3-148

在曲线规则下拉框中选择 相连曲线 ▼ 选项，在图形中选择如图 3-149 所示的曲线，然后在【偏置曲线】对话框中 距离 栏内输入 1.5，并勾选 ☑ 对称偏置 选项，点击 确定 按钮，完成创建偏置曲线，如图 3-150 所示。

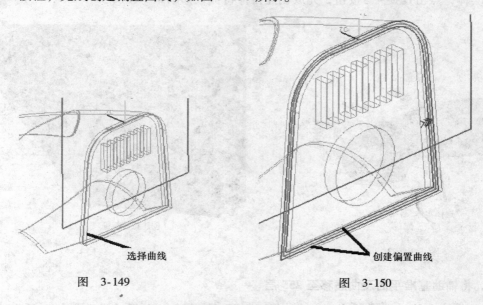

选择曲线　　　　　　　　　　　　　　创建偏置曲线

图　3-149　　　　　　　　　　　　　　图　3-150

（3）在【草图】工具条中选择 完成草图 图标，窗口回到建模界面。

10. 创建拉伸特征

选择菜单中的【 插入(S) 】/【 设计特征(E) 】/【 拉伸(E)... 】命令或在【特征】工具条中选择 （拉伸）图标，出现【拉伸】对话框，如图 3-151 所示。在曲线规则下拉框中选择 相连曲线 ▼ 选项，选择如图 3-152 所示的偏置曲线为拉伸对象。

图　3-151

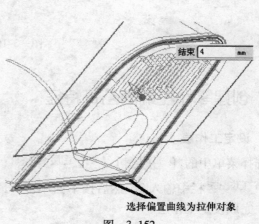

选择偏置曲线为拉伸对象

图　3-152

然后在【拉伸】对话框中【开始】\【距离】栏、【结束】\【距离】栏中输入【0】、【4】，在【布尔】下拉框中点选 求差 选项，如图 3-151 所示。在图形中选择如图 3-153 所示的实体，点击 确定 按钮，完成创建拉伸特征，如图 3-154 所示。

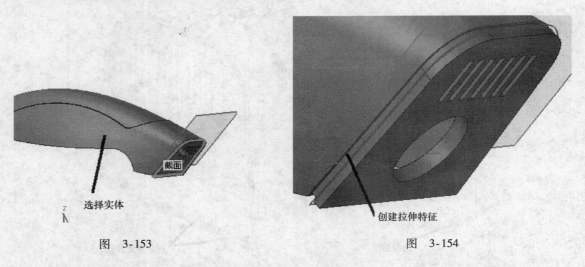

图 3-153

图 3-154

11. 将辅助基准平面及曲线移至 255 层

选择菜单中的【格式(R)】/【 移动至图层(M)...】命令，出现【类选择】对话框，选择辅助基准平面及曲线将其移动至 255 层（步骤略），图形更新为如图 3-155 所示。

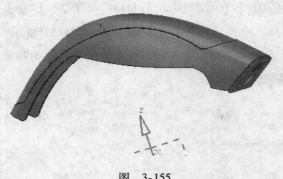

图 3-155

3.6 创建零件左端面凸耳特征

1. 设定工作层

选择菜单中的【格式(R)】/【 图层设置(S)...】命令，出现【图层设置】对话框，在对话框中 工作图层 栏中输入 2，然后按下回车键，最后在【图层设置】对话框中点击 关闭 按钮，完成设定工作层。

2. 草绘截面

选择菜单中的【 插入(S) 】/【 草图(S)... 】或在【特征】工具条中选择 （草图）图标，出现【创建草图】对话框，根据系统提示选择草图平面，在图形中选择如图 3-156 所示基准平面为草图平面，在 草图平面 区域点击 （反向）按钮，点击 确定 按钮，出现草图绘制区。

步骤：

（1）在【草图曲线】工具条中选择 （偏置曲线）图标，出现【偏置曲线】对话框，如图 3-157 所示。在曲线规则下拉框中选择 单条曲线 选项，在图形中选择如图 3-158 所示的曲线，然后在【偏置曲线】对话框中 距离 栏中输入 3.5，并勾选 创建尺寸 选项，点击 确定 按钮，完成创建偏置曲线，如图 3-159 所示。

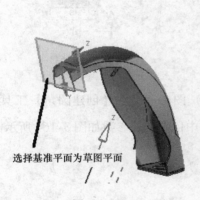

选择基准平面为草图平面

图　3-156

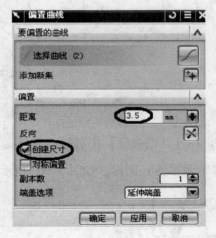

图　3-157

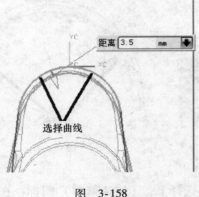

图　3-158

图　3-159

（2）在【草图曲线】工具条中选择 （圆）图标，绘制如图 3-160 所示圆。

（3）加上约束。在【草图约束】工具条中选择 （约束）图标，在图中选择圆的圆心，再选择 Z 轴，如图 3-161 所示。草图左上角出现浮动工具按钮，在其中选择 （点在曲线上）图标，约束的结果如图 3-162 所示。在【草图约束】工具条中选择 (显示所有约束）图标，使图形中的约束显示出来。

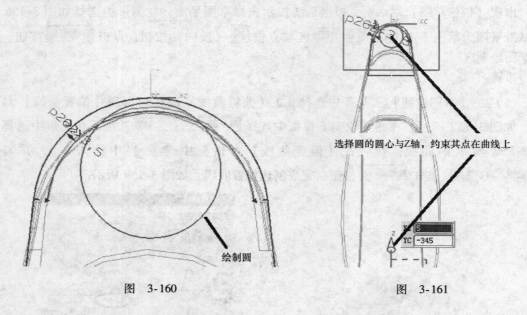

图 3-160

图 3-161

（4）在【草图曲线】工具栏中选择 （圆角）图标，出现【创建圆角】工具栏，选择 （取消修剪）图标，如图 3-163 所示。在图形中依次创建参数如图 3-164 所示圆角。

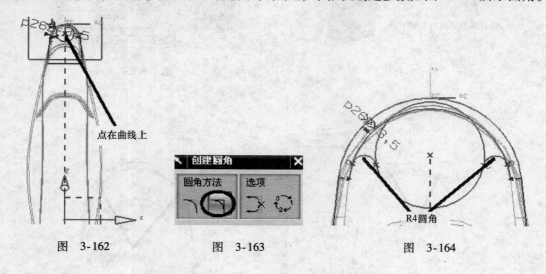

图 3-162 图 3-163 图 3-164

（5）快速修剪。在【草图曲线】工具栏中选择 （快速修剪）图标，在图形中依次选择圆弧、直线，如图 3-165 所示。完成修剪，如图 3-166 所示。

（6）在【草图约束】工具条中选择 （自动判断的尺寸）图标，按照如图 3-167 所示的尺寸进行标注。P262 = 3.5，P263 = 8，P264 = 4，P265 = 4，P266 = 10.5。此时草图曲线已经转换成绿色，表示已经完全约束。

（7）在【草图】工具条中选择 完成草图 图标，窗口回到建模界面，图形更新如图 3-168 所示。

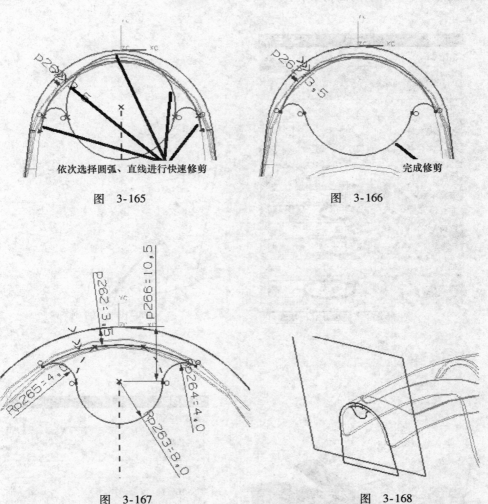

图 3-165　　　　　　　　　　　图 3-166

图 3-167　　　　　　　　　　　图 3-168

3. 创建拉伸特征

选择菜单中的【 插入(S) 】/【 设计特征(E) 】/【 拉伸(E)... 】命令或在【特征】工具条中选择 （拉伸）图标，出现【拉伸】对话框，如图 3-169 所示。在曲线规则下拉框中选择 相连曲线 选项，选择如图 3-170 所示草图曲线为拉伸对象，然后在【拉伸】对话框中【 开始 】\【 距离 】栏、【 结束 】\【 距离 】栏中输入【 -10 】、【160】，在【布尔】下拉框中点选 无 选项，如图 3-169 所示。点击 确定 按钮，完成创建拉伸特征，如图 3-171 所示。

4. 创建替换面特征

选择菜单中的【 插入(S) 】/【 同步建模(I) 】/【 替换面(R)... 】命令或在【同步建模】

工具条中选择 （替换面）图标，出现【替换面】对话框，如图 3-172 所示，然后在图形中选择如图 3-173 所示的面为要替换的面。

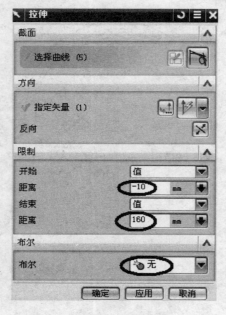

图　3-169

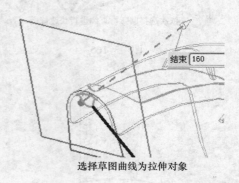

图　3-170

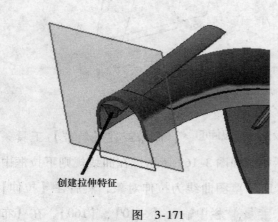

图　3-171

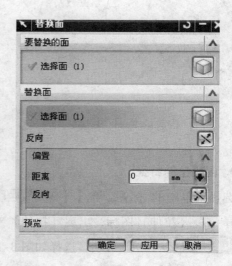

图　3-172

　　然后在【替换面】对话框中 替换面 ／ 选择面 区域选择 （面）图标，在图形中选择如图 3-173 所示的面为替换目标面，点击 确定 按钮，完成创建替换面特征，如图 3-174 所示。

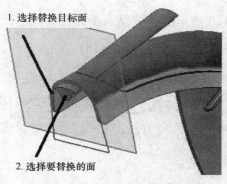

1. 选择替换目标面

2. 选择要替换的面

图 3-173

创建替换面特征

图 3-174

5. 创建修剪体特征

选择菜单中的 【 插入(S) 】/【 修剪(T) 】/【 修剪体(T)... 】命令或在【特征操作】工具栏中选择 （修剪体）图标，出现【修剪体】对话框，如图 3-175 所示。系统提示选择目标体，在图形区选择如图 3-176 所示的实体为目标体，然后在【修剪体】对话框中 工具选项 下拉框中选择 面或平面 选项。在面规则下拉框中选择 相切面 选项，在图形中选择如图 3-176 所示的实体内侧面为修剪工具面，出现修剪方向，如图 3-176 所示。点击 （反向）按钮，点击 确定 按钮，完成创建修剪体特征，如图 3-177 所示。

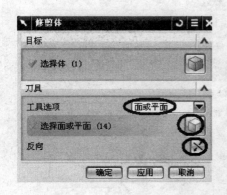

图 3-175

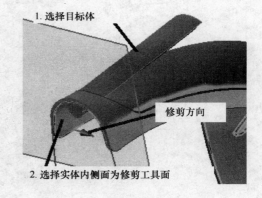

1. 选择目标体

修剪方向

2. 选择实体内侧面为修剪工具面

图 3-176

6. 合并实体

选择菜单中的 【 插入(S) 】/【 组合体(B) 】/【 求和(U)... 】命令或在【特征操作】工具条中选择 （求和）图标，出现【求和】操作对话框，系统提示选择目标实体，按照图 3-178 所示依次选择目标实体和工具实体，在【求和】操作对话框中点击 确定 按钮，完成合并实体，如图 3-179 所示。

7. 创建孔特征

选择菜单中的 【 插入(S) 】/【 设计特征(E) 】/【 孔(H)... 】命令或在【特征】工具条中选

择 ▣（孔）图标，出现【孔】对话框，如图 3-180 所示。系统提示选择孔放置点，在捕捉点工具条中选择 ◎（圆弧中心）图标，然后在图形中选择如图 3-181 所示的圆心，在【孔】对话框中 孔方向 下拉框中选择 垂直于面 选项，在 成形 下拉框中选择 ∪简单 选项，在 直径 栏中输入 6，在 深度 栏中输入 9，在 尖角 栏中输入 118，在 布尔 下拉框中选择 求差 选项，如图 3-180 所示。最后点击 确定 按钮，完成孔的创建，如图 3-182 所示。

创建修剪体特征

图 3-177

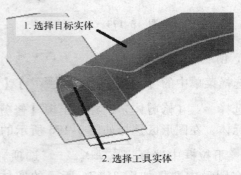

1. 选择目标实体

2. 选择工具实体

图 3-178

完成合并实体

图 3-179

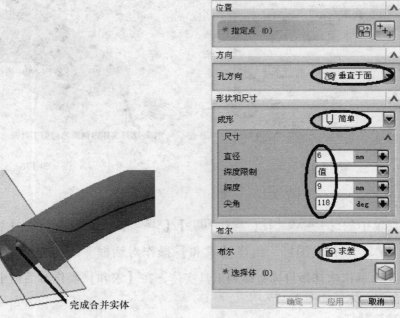

图 3-180

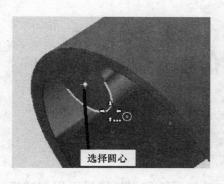

选择圆心

图　3-181

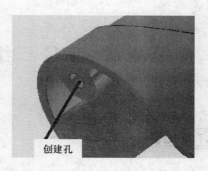

创建孔

图　3-182

8. 将辅助曲线、点及辅助基准平面移至 255 层

　　选择菜单中的【 格式⒭ 】/【 移动至图层⒨... 】命令，出现【类选择】对话框，选择辅助曲线、点及辅助基准平面将其移动至 255 层（步骤略），图形更新如图 3-183 所示。

图　3-183

第 4 章　UG 三维数字化设计工程案例四

📖 案例说明

  案例建模思路为：首先创建零件型腔主体，绘制截面和引导线后采用扫掠特征生成型腔弧底面，然后拉伸截面通过布尔减操作生成型腔；第二步，草绘截面拉伸创建型腔中央凸台；第三步，通过扫掠特征创建型腔顶面上侧凹槽部分；最后在槽底倒圆角，如图 4-1 所示。

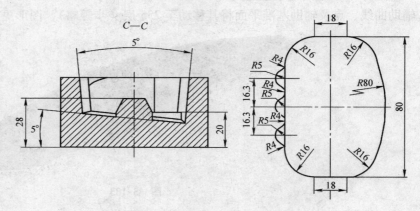

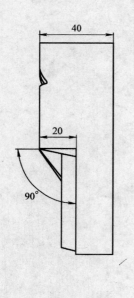
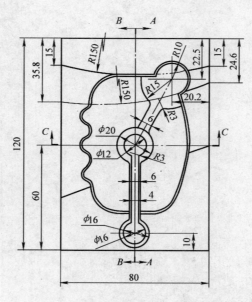
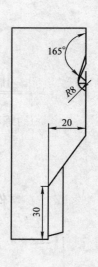

图　4-1

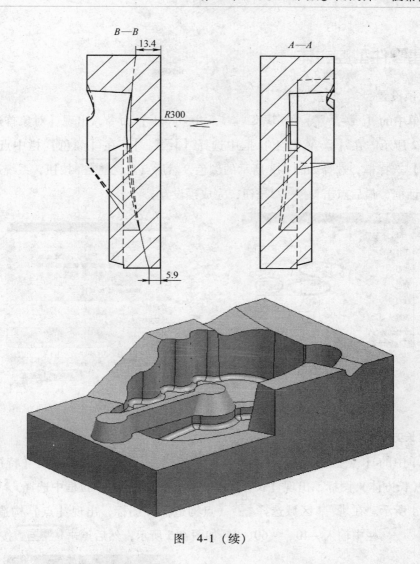

图　4-1（续）

📖 案例训练目标

通过该案例的练习，使读者能熟练地掌握和运用草图工具，熟练掌握拉伸、扫掠实体、边倒圆、通过曲线组等基础特征的创建方法，通过本实例还可以练习修剪体、实体求差操作，创建草图基准平面的基本方法和技巧。

4.1　建立新文件

选择菜单中的【文件】/【新建】命令或选择 ▢ （New 建立新文件）图标，出现【新建】部件对话框，在【 名称 】栏中输入【xj-1】，选择【单位】下拉框中选择【毫米】选项，以毫米为单位，点击 确定 按钮，建立文件名为 xj-1. prt，单位为毫米的文件。

4.2　创建零件型腔主体

1. 对象预设置

选择菜单中的【 首选项(P) 】/【 对象(O)...　　Ctrl+Shift+J 】命令，出现【对象首选项】对话框，如图 4-2 所示。在【 类型 】下拉框中选择【 实体 】，在【 颜色 】栏中点击颜色区，出现【 颜色 】选择框，选择如图 4-3 所示的颜色，然后点击 确定 按钮，系统返回【对象首选项】对话框，最后点击 确定 按钮，完成预设置。

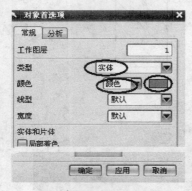

图　4-2

图　4-3

2. 创建长方体特征

选择菜单中的【 插入(S) 】/【 设计特征(E) 】/【 长方体(K)... 】命令或在【特征】工具条中选择 （长方体）图标，出现【长方体】对话框，在 类型 下拉框中选择 两个对角点 选项，如图 4-4 所示。在 指定点 区域选择 （点构造器）图标，出现【点】构造器对话框，在 XC 、 YC 、 ZC 栏中输入 -40、-60、0，如图 4-5 所示，然后点击 确定 按钮。

图　4-4

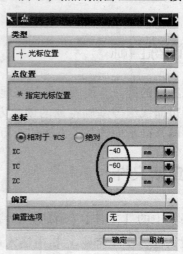

图　4-5

系统返回【长方体】对话框，在 指定点 区域选择 ⊞（点构造器）图标，出现【点】构造器对话框，在 XC 、YC 、ZC 栏中输入 40、60、40，如图 4-6 所示，然后点击 确定 按钮。系统返回【长方体】对话框，点击 确定 按钮，完成创建长方体特征，如图 4-7 所示。

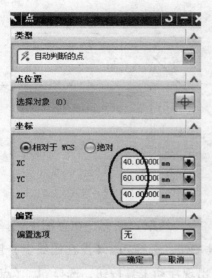

图 4-6

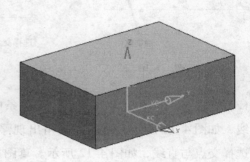

图 4-7

3. 草绘截面（一）

选择菜单中的【插入(S)】/【草图(S)...】或在【特征】工具条中选择 品（草图）图标，出现【创建草图】对话框，如图 4-8 所示。根据系统提示选择草图平面，在图形中选择如图 4-9 所示的实体面为草图平面，点击 确定 按钮，出现草图绘制区。

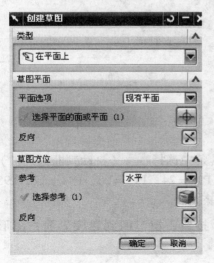

图 4-8

选择实体面为草图平面

图 4-9

步骤：

（1）在【草图曲线】工具条中选择 ⌐ （轮廓）图标，按照如图4-10所示绘制截面。

（2）在【草图曲线】工具条中选择 ＋ （点）图标，出现【点】构造器对话框，在点捕捉工具条中选择 ⬆ （交点）图标，然后在图形中选择如图4-11所示的交点按下鼠标左键，完成绘制点，如图4-11所示。

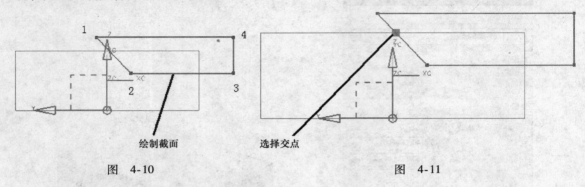

图 4-10   图 4-11

（3）加上约束。在【草图约束】工具条中选择 ↗⊥ （约束）图标，在草图中选择交点与直线，如图4-12所示。草图左上角出现浮动工具按钮，选择 ↑ （点在曲线上）图标，然后选择交点与直线，如图4-12所示。草图左上角出现浮动工具按钮，选择 ↑ （点在曲线上）图标，约束的结果如图4-13所示。在【草图约束】工具条中选择 ↗↑ （显示所有约束）图标，使图形中的约束显示出来。

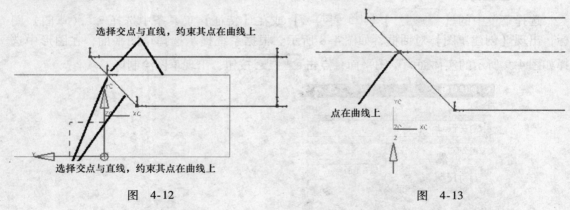

图 4-12   图 4-13

（4）标注尺寸。然后在【草图约束】工具条中选择 （自动判断的尺寸）图标，按照如图4-14所示的尺寸进行标注。P91＝30，P92＝24，P93＝20，P94＝12，P95＝60。此时草图曲线已经转换成绿色，表示已经完全约束。

（5）在【草图】工具条中选择 完成草图 按钮，窗口回到建模界面，图形更新后如图4-15所示。

4. 草绘截面（二）

选择菜单中的【 插入(S) 】/【 品 草图(S)... 】或在【特征】工具条中选择 品 （草图）图

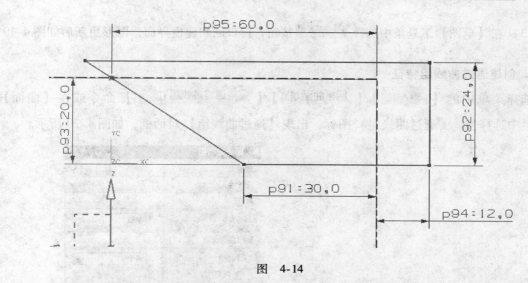

图　4-14

标，出现【创建草图】对话框，根据系统提示选择草图平面，在图形中选择如图 4-16 所示的实体面为草图平面，点击 确定 按钮，出现草图绘制区。

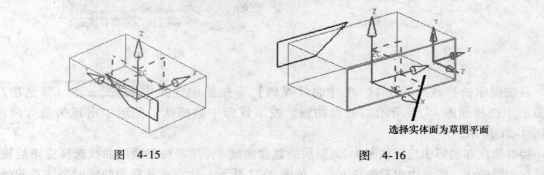

图　4-15　　　　　　　　　　　　　　　　　图　4-16

步骤：

（1）在【草图曲线】工具条中选择 ▭ （矩形）图标，选择直角边端点为起始点，按照如图 4-17 所示绘制矩形。

（2）标注尺寸。然后在【草图约束】工具条中选择 ⟋ （自动判断的尺寸）图标，按照如图 4-18 所示的尺寸进行标注。P102 = 24，P103 = 72。此时草图曲线已经转换成绿色，表示已经完全约束。

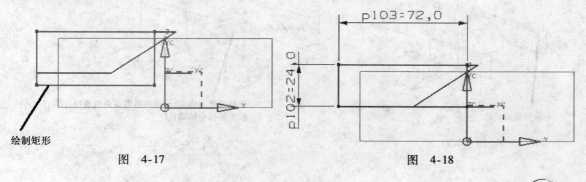

图　4-17　　　　　　　　　　　　　　　　　图　4-18

（3）在【草图】工具条中选择 <kbd>完成草图</kbd> 按钮，窗口回到建模界面，图形更新后如图 4-19 所示。

5. 创建通过曲线组特征

选择菜单中的【 插入(S) 】/【 网格曲面(M) 】/【 通过曲线组(T)... 】命令或在【曲面】工具栏中选择 （通过曲线组）图标，出现【通过曲线组】对话框，如图 4-20 所示。

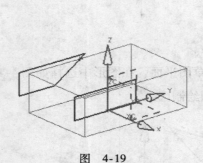

图 4-19

图 4-20

系统提示选择截面曲线 1，在【曲线规则】下拉框中选择 相连曲线 选项，在图形中选择如图 4-21 所示的截面曲线，按下鼠标中键确认。图形中出现矢量方向，如图 4-21 所示。

接着依次在图形中选择如图 4-22 所示的截面曲线 2，注意每条截面曲线选择完毕后按下鼠标中键确认。图形中出现矢量方向，如图 4-22 所示。注意选择截面曲线时要注意起始位置及矢量方向一致，然后在【通过曲线组】对话框中点击 确定 按钮，完成创建通过曲线组特征，如图 4-23 所示。

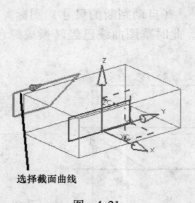

选择截面曲线

图 4-21

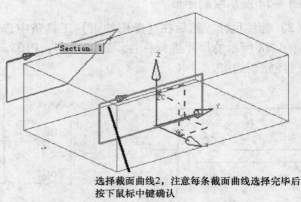

选择截面曲线2，注意每条截面曲线选择完毕后
按下鼠标中键确认

图 4-22

6. 创建实体求差操作

选择菜单中的【 插入(S) 】/【 组合体(B) 】/【 🔲 求差(S)... 】命令或在【特征操作】工具条中选择 🔲 （求差）图标，出现【求差】操作对话框，如图 4-24 所示。系统提示选择目标实体，按照图 4-25 所示依次选择目标实体和工具实体，完成求差操作，如图 4-26 所示。

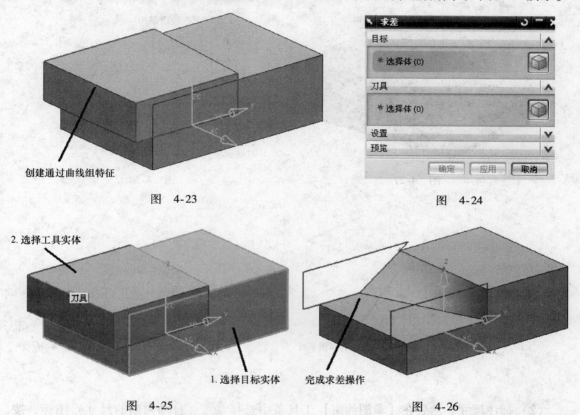

创建通过曲线组特征

图 4-23

图 4-24

2. 选择工具实体

刀具

1. 选择目标实体

完成求差操作

图 4-25

图 4-26

7. 将曲线与点移至 255 层

选择菜单中的【 格式(R) 】/【 🦅 移动至图层(M)... 】命令，出现【类选择】对话框，选择曲线与点将其移动至 255 层（步骤略），然后设置 255 层为不可见，图形更新后如图 4-27 所示。

8. 草绘截面（三）

选择菜单中的【 插入(S) 】/【 🎴 草图(S)... 】或在【特征】工具条中选择 🎴 （草图）图标，出现【创建草图】对话框，如图 4-28 所示。根据系统提示选择草图平面，在图形中选择如图 4-29 所示的 YC-ZC 平面为草图平面，点击 确定 按钮，出现草图绘制区。

步骤：

（1）绘制圆弧。在【草图曲线】工具条选择 ⌒ （圆弧）图标，在弧浮动工具栏中选择 ⌒ （三点定圆弧）图标，在捕捉点工具条中选择 ╱ （点在曲线上）图标，按照如图 4-30 所示绘制圆弧。

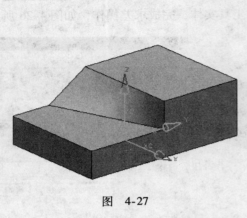

图 4-27

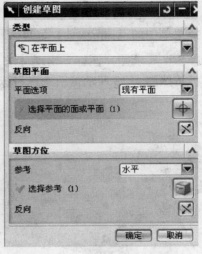

图 4-28

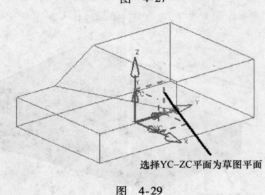

选择YC–ZC平面为草图平面

图 4-29

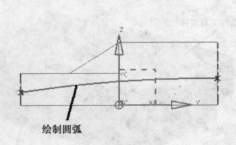

绘制圆弧

图 4-30

（2）标注尺寸。然后在【草图约束】工具条中选择 （自动判断的尺寸）图标，按照如图 4-31 所示的尺寸进行标注。P115 = 5.9，P116 = 13.4，P117 = 300。此时草图曲线已经转换成绿色，表示已经完全约束。

（3）在【草图】工具条中选择 完成草图 按钮，窗口回到建模界面，图形更新为如图 4-32 所示。

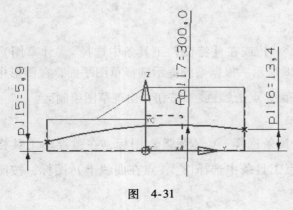

图 4-31

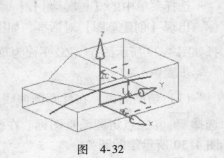

图 4-32

9. 草绘引导线

选择菜单中的【 插入(S) 】/【 草图(S)... 】或在【特征】工具条中选择 （草图）图标，出现【创建草图】对话框，如图 4-33 所示。根据系统提示选择草图平面，在图形中选择如图 4-34 所示的 XC-ZC 平面为草图平面，点击 确定 按钮，出现草图绘制区。

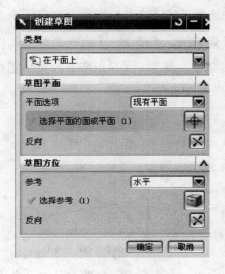

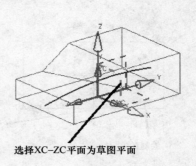

选择XC-ZC平面为草图平面

图　4-33

图　4-34

（1）在【草图曲线】工具条中选择 （点）图标，出现【点】构造器对话框，在 XC 、 YC 、 ZC 栏中输入 0、0、0，如图 4-35 所示。然后点击 确定 按钮，点击 取消 按钮，完成创建点，如图 4-36 所示。

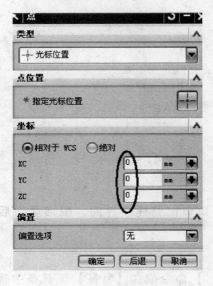

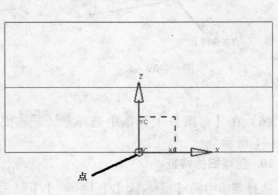

点

图　4-35

图　4-36

（2）加上约束。在【草图约束】工具条中选择 ∥⊥ （约束）图标，在草图中选择点，如图 4-36 所示。草图左上角出现浮动工具按钮，选择 ⤵ （固定）图标。

（3）绘制直线。在【草图曲线】工具栏中选择 ╱ （直线）图标，按照如图 4-37 所示绘制直线。

（4）加上约束。在【草图约束】工具条中选择 ∥⊥ （约束）图标，在草图中选择点与直线，如图 4-38 所示。草图左上角出现浮动工具按钮，选择 ⊥ （点在曲线上）图标，约束的结果如图 4-39 所示。在【草图约束】工具条中选择 ⊀⊥ （显示所有约束）图标，使图形中的约束显示出来。

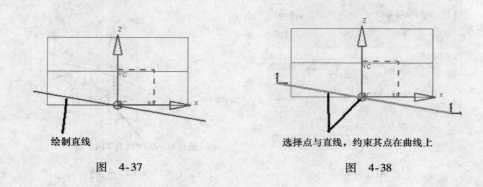

图 4-37　　　　　　　　　　　　　　　图 4-38

（5）标注尺寸。然后在【草图约束】工具条中选择 ⥮²⁹ （自动判断的尺寸）图标，按照如图 4-40 所示的尺寸进行标注。P136 = 5。

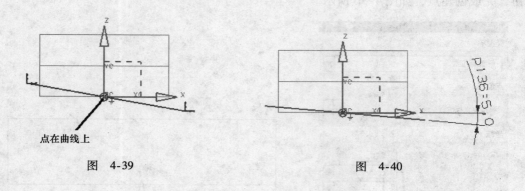

图 4-39　　　　　　　　　　　　　　　图 4-40

（6）在【草图】工具条中选择 🏁完成草图 按钮，窗口回到建模界面，图形更新后如图 4-41 所示。

10. 创建扫掠特征

选择菜单中的【 插入(S) 】/【 扫掠(W) 】/【 ◇ 扫掠(S)... 】命令或在【特征】工具条中选择 ◈ （扫掠）图标，出现【扫掠】对话框，如图 4-42 所示。

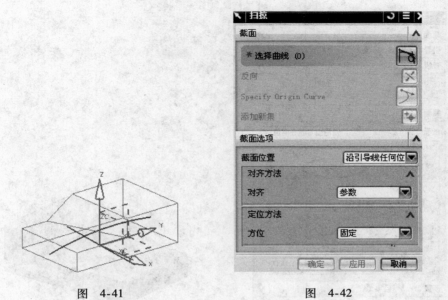

图 4-41　　　　　　　图 4-42

系统提示选择截面曲线，在曲线规则下拉框中选择 相连曲线 ▼ 选项，在图形中选择曲线，如图 4-43 所示，按下鼠标中键确认。

然后在对话框中选择 🗋（引导线）图标，或直接按下鼠标中键确认完成选择截面曲线，在图形中选择如图 4-44 所示的曲线为引导线，按下鼠标中键确认。

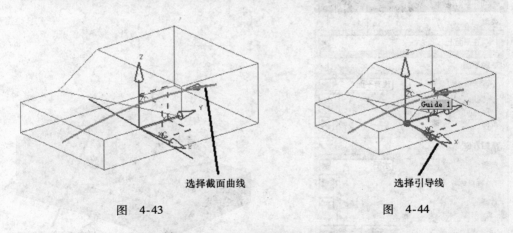

选择截面曲线　　　　　　　选择引导线

图 4-43　　　　　　　　图 4-44

然后在【扫掠】对话框 截面选项 选项 对齐方法 \ 对齐 下拉框中选择 参数 选项，如图 4-45 所示。最后在【扫掠】对话框中点击 确定 按钮，完成创建扫掠特征，如图 4-46 所示。

11. 草绘截面（四）

选择菜单中的【 插入(S) 】/【 🔲 草图(S)… 】或在【特征】工具条中选择 🔲（草图）图标，出现【创建草图】对话框，如图 4-47 所示。根据系统提示选择草图平面，在图形中选择如图 4-48 所示的实体面为草图平面，点击 确定 按钮，出现草图绘制区。

图 4-45

创建扫掠特征

图 4-46

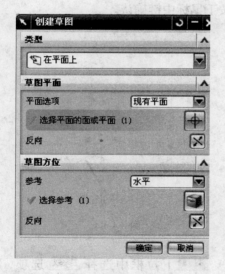

图 4-47

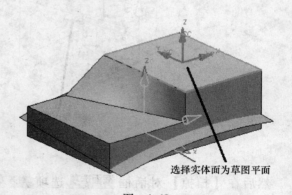

选择实体面为草图平面

图 4-48

步骤：

（1）绘制直线。在【草图曲线】工具栏中选择 ╱ （直线）图标，按照如图 4-49 所示绘制直线。

（2）绘制圆弧。在【草图曲线】工具条中选择 ╲ （圆弧）图标，在弧浮动工具栏中

选择 ⌒ （三点定圆弧）图标，在捕捉点工具条中选择 ⟋ （点在曲线上）图标，按照如图 4-50 所示绘制圆弧。

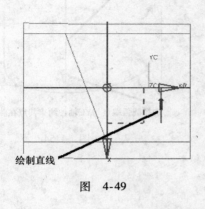

图　4-49

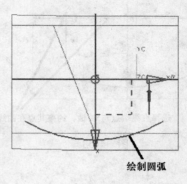

图　4-50

（3）在【草图曲线】工具条中选择 ⌐ （圆角）图标，选择直线与圆弧，如图 4-51 所示。在圆心所在位置按下鼠标左键并在【半径】栏中输入 16，按下回车键完成圆角如图 4-52 所示。

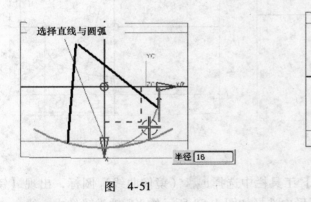

图　4-51

图　4-52

（4）加上约束。在【草图约束】工具条中选择 ⊥ （约束）图标，在草图中选择直线端点与 XC 轴，如图 4-53 所示。草图左上角出现浮动工具按钮，选择 ↑ （点在曲线上）图标，然后选择圆弧端点与 YC 轴，如图 4-54 所示。草图左上角出现浮动工具按钮，选择 ↑ （点在曲线上）图标，然后选择圆弧圆心与 YC 轴，如图 4-54 所示。草图左上角出现浮动工具按钮，选择 ↑ （点在曲线上）图标，约束的结果如图 4-55 所示。在【草图约束】工具条中选择 ⤸ （显示所有约束）图标，使图形中的约束显示出来。

（5）标注尺寸。然后在【草图约束】工具条选择 ⤷ （自动判断的尺寸）图标，按照如图 4-56 所示的尺寸进行标注。P155 = 9，P156 = 16，P157 = 40，P158 = 80。此时草图曲线已经转换成绿色，表示已经完全约束。

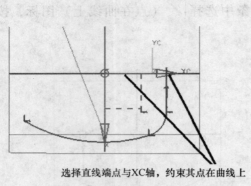

选择直线端点与XC轴，约束其点在曲线上

图 4-53

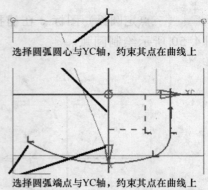

选择圆弧圆心与YC轴，约束其点在曲线上

选择圆弧端点与YC轴，约束其点在曲线上

图 4-54

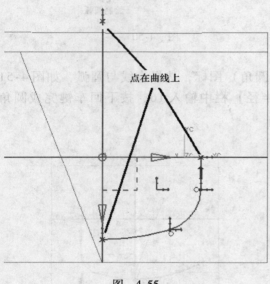

点在曲线上

图 4-55

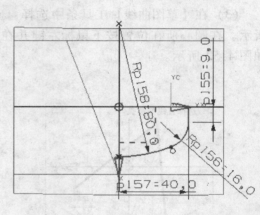

图 4-56

（6）镜像曲线。在【草图操作】工具栏中选择 （镜像曲线）图标，出现【镜像曲线】对话框，如图 4-57 所示。在图形中选择如图 4-58 所示的 XC 轴为镜像中心线。

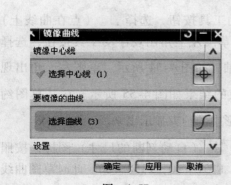

图 4-57

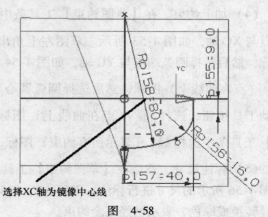

选择XC轴为镜像中心线

图 4-58

然后在图形中选择如图 4-59 所示的曲线为要镜像的曲线，点击 确定 按钮，完成镜像曲线，如图 4-60 所示。

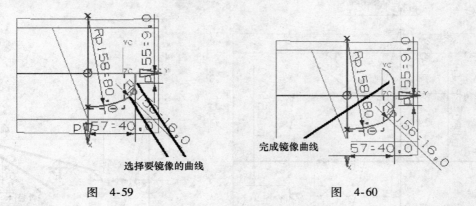

图　4-59　　　　　　　　　　　　　　　图　4-60

（7）绘制辅助直线。在【草图曲线】工具栏中选择 ╱（直线）图标，按照如图 4-61 所示绘制直线。

（8）绘制圆。在【草图曲线】工具条中选择 ○（圆）图标，在圆浮动工具栏中选择 ◉（圆心和直径定圆）图标，选择直线端点为圆心绘制如图 4-62 所示的直径为 10 的圆，然后选择直线上的点为圆心绘制如图 4-62 所示直径为 10 的圆。

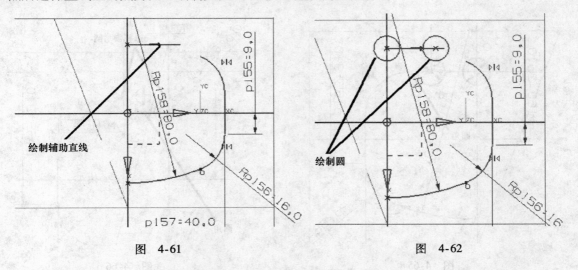

图　4-61　　　　　　　　　　　　　　　图　4-62

（9）标注尺寸。然后在【草图约束】工具条中选择 ⤢（自动判断的尺寸）图标，按照如图 4-63 所示的尺寸进行标注。P160＝25，P161＝16.3，P162＝10，P163＝10。此时草图曲线已经转换成绿色，表示已经完全约束。

（10）在【草图曲线】工具条中选择 ⌐（圆角）图标，选择圆弧与圆，如图 4-64 所示。在圆心所在位置按下鼠标左键并在【半径】栏中输入 4，按下回车键完成圆角如图 4-65 所示。

然后选择圆与圆，如图 4-66 所示。在圆心所在位置按下鼠标左键并在【半径】栏中输入 4，按下回车键完成圆角如图 4-66 所示。

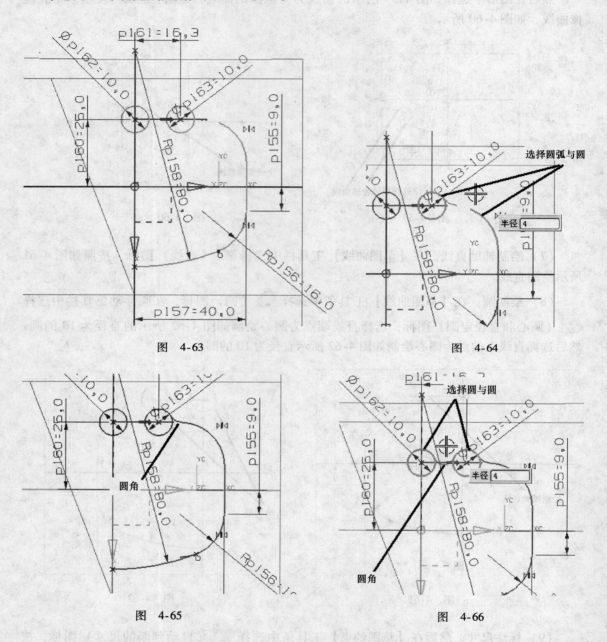

图 4-63

图 4-64

图 4-65

图 4-66

（11）标注尺寸。然后在【草图约束】工具条中选择 （自动判断的尺寸）图标，按照如图 4-67 所示的尺寸进行标注。P164 = 4，P165 = 4。此时草图曲线已经转换成绿色，表示已经完全约束。

（12）快速修剪曲线。在【草图曲线】工具栏中选择 （快速修剪）图标，出现【快速修剪】对话框，如图 4-68 所示，然后在图形中选择如图 4-69 所示的曲线进行修剪，修剪结果如图 4-70 所示。

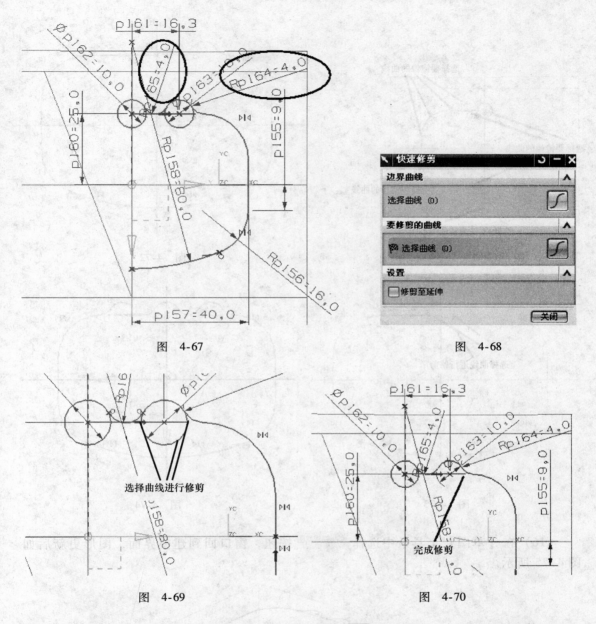

图　4-67

图　4-68

图　4-69

图　4-70

（13）镜像曲线。在【草图操作】工具栏中选择 ⊞ （镜像曲线）图标，出现【镜像曲线】对话框，在图形中选择如图 4-71 所示的 YC 轴为镜像中心线（隐藏尺寸）。然后在图形中选择如图 4-71 所示的曲线为要镜像的曲线，点击 确定 按钮，完成镜像曲线，如图 4-72 所示。

（14）快速修剪曲线。在【草图曲线】工具栏中选择 ↘ （快速修剪）图标，出现【快速修剪】对话框，然后在图形中选择如图 4-73 所示的曲线进行修剪，修剪结果如图 4-74 所示。

（15）在【草图约束】工具栏中选择 ⋈ （转换至/自参考对象）图标，出现【转换至/自参考对象】对话框，选择辅助直线进行转换。

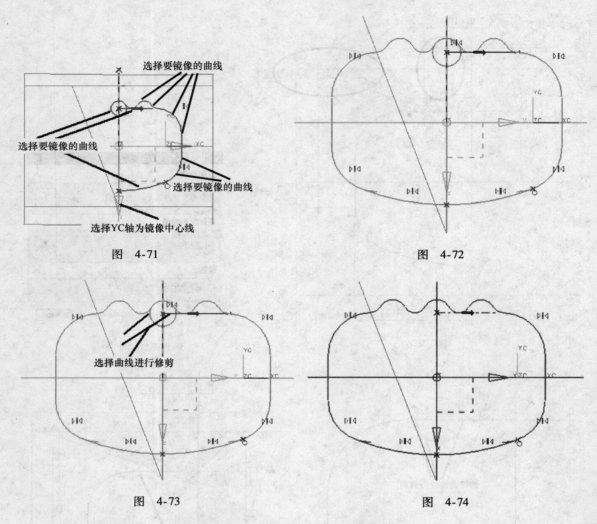

图 4-71

图 4-72

图 4-73

图 4-74

（16）在【草图】工具条中选择 完成草图 按钮，窗口回到建模界面，图形更新后如图 4-75 所示。

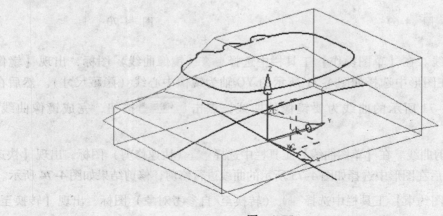

图 4-75

12. 创建拉伸特征

选择菜单中的【 插入(S) 】/【 设计特征(E) 】/【 📖 拉伸(E)… 】命令或在【特征】工具条中选择 📖 （拉伸）图标，出现【拉伸】对话框，如图 4-76 所示，然后在曲线规则下拉框中选择 相连曲线 ▼ ╫╫ （在相交处停止）选项，选择如图 4-77 所示的草图曲线为拉伸对象。

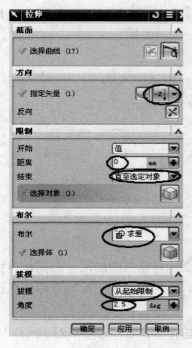

图　4-76

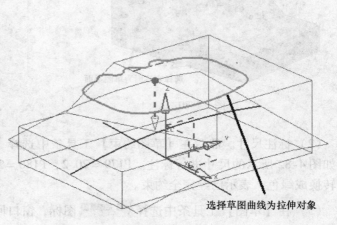

选择草图曲线为拉伸对象

图　4-77

然后在【拉伸】对话框 指定矢量(1) 下拉框中选择 -z↓▼ 选项，在【 开始 】\【 距离 】栏中输入【0】，在 结束 下拉框中选择 直至选定对象 ▼ 选项，然后在图形中选择如图 4-78 所示的曲面，在 布尔 下拉框中选择 📖求差 ▼ 选项，在 拔模 下拉框中选择 从起始限制 ▼ 选项，在 角度 栏内输入 2.5，点击 确定 按钮，完成创建拉伸特征，如图 4-79 所示。

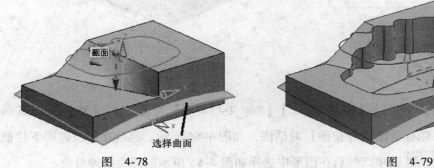

选择曲面

图　4-78

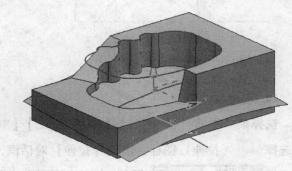

图　4-79

13. 草绘截面（五）

选择菜单中的 【 插入(S) 】/【 草图(S)... 】 或在 【特征】 工具条中选择 （草图）图标，出现 【创建草图】 对话框，根据系统提示选择草图平面，在图形中选择如图 4-80 所示的实体面为草图平面，点击 确定 按钮，出现草图绘制区。

步骤：

（1）绘制圆。在 【草图曲线】 工具条选择 （圆）图标，在圆浮动工具栏中选择 （圆心和直径定圆）图标，绘制如图 4-81 所示的圆。

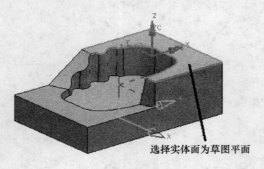

图 4-80

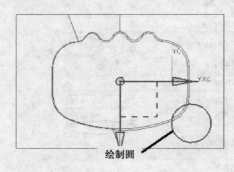

图 4-81

（2）标注尺寸。然后在 【草图约束】 工具条中选择 （自动判断的尺寸）图标，按照如图 4-82 所示的尺寸进行标注。P179 = 20.2，P180 = 22.5，P181 = 20。此时草图曲线已经转换成绿色，表示已经完全约束。

（3）在 【草图】 工具条中选择 完成草图 图标，窗口回到建模界面，如图 4-83 所示。

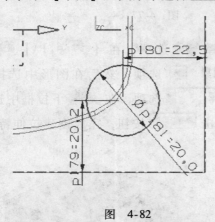

图 4-82

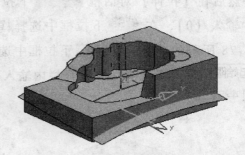

图 4-83

14. 创建拉伸特征

选择菜单中的 【 插入(S) 】/【 设计特征(E) 】/【 拉伸(E)... 】 命令或在 【特征】 工具条中选择 （拉伸）图标，出现 【拉伸】 对话框，如图 4-84 所示。然后在曲线规则下拉框中选择 相连曲线 选项，然后在图形中选择如图 4-85 所示的圆为拉伸对象。

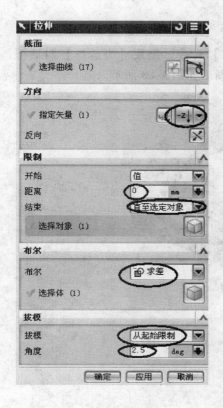

图　4-84

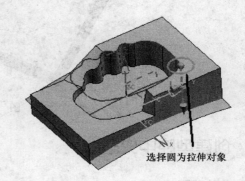

选择圆为拉伸对象

图　4-85

　　然后在【拉伸】对话框 指定矢量 (1) 下拉框中选择 -z↓ 选项，在【 开始 】\【 距离 】栏中输入【0】，在 结束 下拉框中选择 直至选定对象 ▼ 选项，然后在图形中选择如图 4-86 所示的曲面，在 布尔 下拉框中选择 ⑤ 求差 ▼ 选项，在 拔模 下拉框中选择 从起始限制 ▼ 选项，在 角度 栏中输入 2.5，点击 确定 按钮，完成创建拉伸特征，如图 4-87 所示。

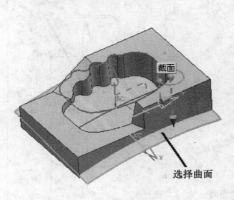

选择曲面

图　4-86

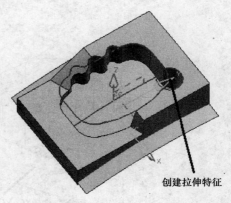

创建拉伸特征

图　4-87

15. 将曲线与曲面移至 255 层

选择菜单中的【格式(R)】/【🔄 移动至图层(M)...】命令，出现【类选择】对话框，选择曲线与曲面将其移动至 255 层（步骤略），图形更新后如图 4-88 所示。

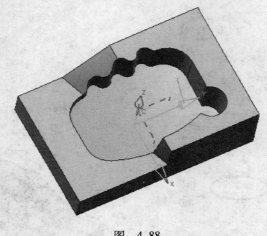

图 4-88

4.3 创建型腔中央凸台

1. 草绘截面（一）

选择菜单中的【插入(S)】/【🔲 草图(S)...】或在【特征】工具条中选择 🔲（草图）图标，出现【创建草图】对话框，根据系统提示选择草图平面，在图形中选择如图 4-89 所示的 XC-YC 平面为草图平面，点击 确定 按钮，出现草图绘制区。

步骤：

（1）绘制辅助直线。在【草图曲线】工具栏中选择 ✏️（直线）图标，按照如图 4-90 所示绘制两条直线。注意直线端点 1 为坐标原点，直线端点 2 为圆心。

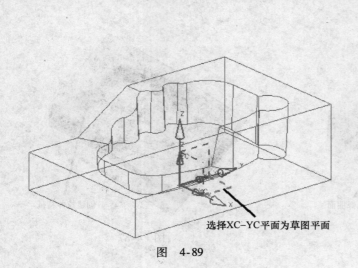

选择XC-YC平面为草图平面

图 4-89

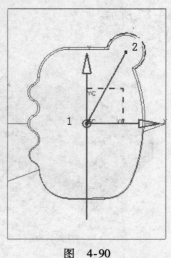

图 4-90

106

（2）在【草图约束】工具条中选择 （自动判断的尺寸）图标，按照如图 4-91 所示的尺寸进行标注。P199＝10。此时草图曲线已经转换成绿色，表示已经完全约束。

（3）绘制圆。在【草图曲线】工具条中选择 ○（圆）图标，在圆浮动工具栏中选择 （圆心和直径定圆）图标，选择直线端点为圆心绘制如图 4-92 所示的 3 个圆。

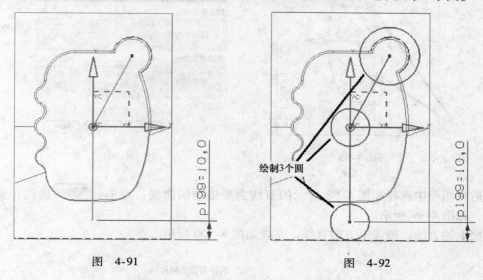

图 4-91　　　　　　　　　　　　　　图 4-92

（4）绘制直线。在【草图曲线】工具栏中选择 （直线）图标，按照如图 4-93 所示绘制两条直线。

（5）加上约束。在【草图约束】工具条中选择 （约束）图标，在草图中选择直线与直线，如图 4-94 所示。草图左上角出现浮动工具按钮，选择 //（平行）图标，然后选择直线与直线，如图 4-94 所示。草图左上角出现浮动工具按钮，选择 //（平行）图标，约束的结果如图 4-95 所示。在【草图约束】工具条选择 （显示所有约束）图标，使图形中的约束显示出来。

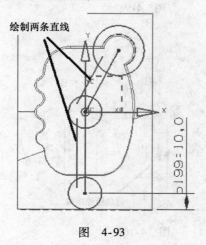

图 4-93

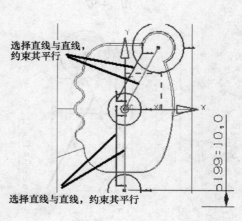

图 4-94

（6）镜像曲线。在【草图操作】工具栏中选择 ⊞（镜像曲线）图标，出现【镜像曲线】对话框，如图 4-96 所示。在图形中选择如图 4-97 所示的直线为镜像中心线。

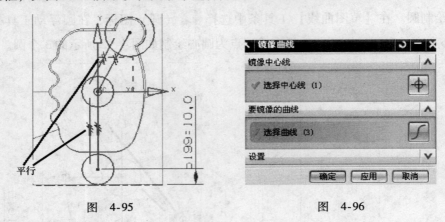

<table>
<tr><td>图 4-95</td><td>图 4-96</td></tr>
</table>

然后在图形中选择如图 4-98 所示的直线为要镜像的曲线，点击 确定 按钮，完成镜像曲线，如图 4-99 所示。

按照上述方法，镜像下方的直线，完成如图 4-100 所示。

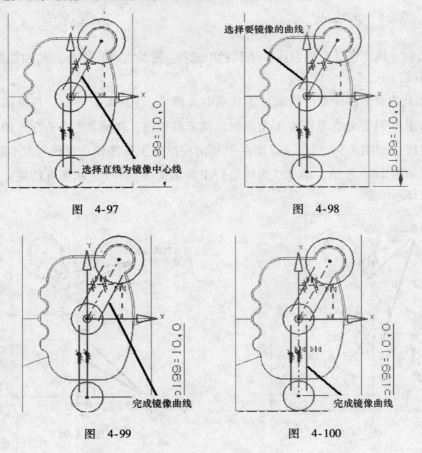

<table>
<tr><td>图 4-97</td><td>图 4-98</td></tr>
<tr><td>图 4-99</td><td>图 4-100</td></tr>
</table>

（7）在【草图曲线】工具条中选择 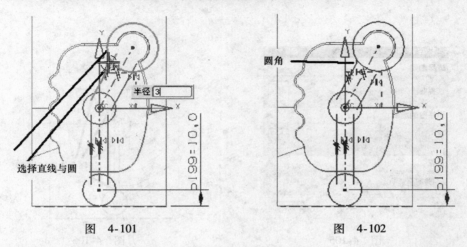（圆角）图标，然后选择直线与圆，如图 4-101 所示。在圆心所在位置按下鼠标左键并在【半径】栏中输入 3，按下回车键完成圆角如图 4-102 所示。按照同样的方法在创建其他倒圆角，最后完成如图 4-103 所示。

图　4-101　　　　　　　　　　　　　图　4-102

（8）在【草图约束】工具条中选择（自动判断的尺寸）图标，按照如图 4-104 所示的尺寸进行标注。P200 = 30，P201 = 20，P202 = 16，P203 = 6，P204 = 6，P205 = 3，P206 = 3，P207 = 3，P208 = 3，P209 = 3，P210 = 3，P211 = 3，P212 = 3。此时草图曲线已经转换成绿色，表示已经完全约束。

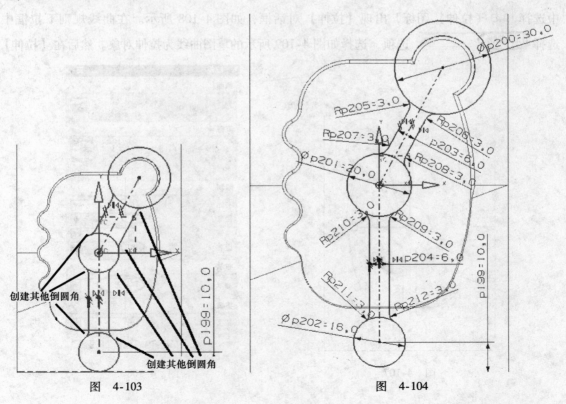

图　4-103　　　　　　　　　　　　　图　4-104

（9）快速修剪曲线。在【草图曲线】工具栏中选择  （快速修剪）图标，出现【快速修剪】对话框，如图 4-105 所示。然后在图形中选择如图 4-106 所示的曲线进行修剪（隐藏尺寸），修剪结果如图 4-107 所示。

图 4-105

图 4-106

（10）在【草图】工具条中选择 完成草图 图标，窗口回到建模界面。

2. 创建拉伸特征

选择菜单中的【插入(S)】/【设计特征(E)】/【拉伸(E)…】命令或在【特征】工具条中选择 （拉伸）图标，出现【拉伸】对话框，如图 4-108 所示。在曲线规则下拉框中选择 相连曲线 选项，选择如图 4-109 所示的草图曲线为拉伸对象。然后在【拉伸】

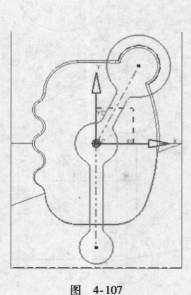

图 4-107

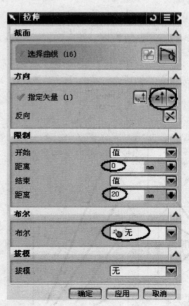

图 4-108

对话框 指定矢量 下拉框中选择 z↑ 选项，在【 开始 】\【 距离 】栏中输入【0】，在
【 结束 】\【 距离 】栏中输入【20】，然后在【布尔】下拉框中选择 无 选项，如
图 4-108 所示。点击 确定 按钮，完成创建拉伸特征，如图 4-110 所示。

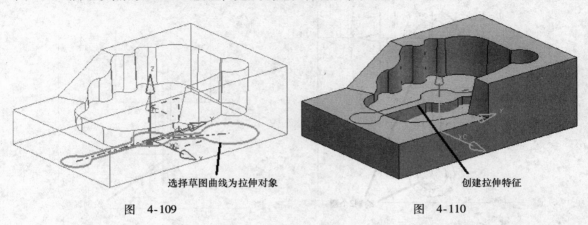

图 4-109　　　　　　　　　　　　　　　　　图 4-110

3. 草绘截面（二）

选择菜单中的【 插入(S) 】/【 草图(S)... 】或在【特征】工具条中选择 （草图）图
标，出现【创建草图】对话框，如图 4-111 所示。在 平面选项 下拉框中选择 创建平面
选项，在 指定平面 下拉框中选择 （XC-YC 平面）选项，图形中出现预览平面，在
距离 栏中输入 28，如图 4-112 所示。在【创建草图】对话框中点击 确定 按钮，出现草
图绘制区。

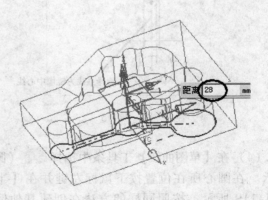

图 4-111　　　　　　　　　　　　　　　　　图 4-112

步骤：

（1）绘制圆。在【草图曲线】工具条中选择 （圆）图标，在圆浮动工具栏中选择

（圆心和直径定圆）图标，选择直线端点为圆心绘制如图 4-113 所示的 2 个圆。

（2）绘制直线。在【草图曲线】工具栏选择 ✏（直线）图标，按照如图 4-114 所示绘制直线。

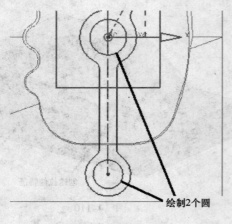

图　4-113

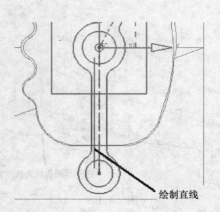

图　4-114

（3）镜像曲线。在【草图操作】工具栏中选择 ⊞（镜像曲线）图标，出现【镜像曲线】对话框，在图形中选择如图 4-115 所示的直线为镜像中心线。然后在图形中选择如图 4-116 所示的直线为要镜像的曲线，点击 确定 按钮，完成镜像曲线，如图 4-117 所示。

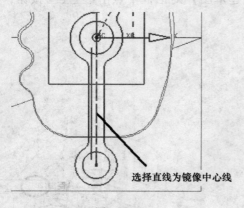

图　4-115

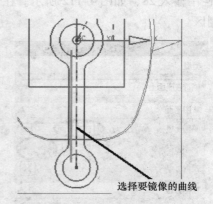

图　4-116

（4）在【草图曲线】工具条中选择 ⌐（圆角）图标，然后选择直线与圆，如图 4-118 所示。在圆心所在位置按下鼠标左键并在【半径】栏中输入 3，按下回车键完成圆角如图 4-119 所示。按照同样的方法在创建其他倒圆角，最后完成如图 4-120 所示。

（5）快速修剪曲线。在【草图曲线】工具栏中选择 ✕（快速修剪）图标，出现【快速修剪】对话框，如图 4-121 所示，然后在图形中选择如图 4-122 所示的曲线进行修剪，修剪结果如图 4-123 所示。

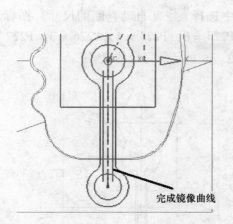

完成镜像曲线

图　4-117

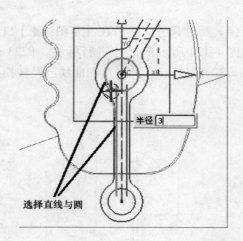

半径 3

选择直线与圆

图　4-118

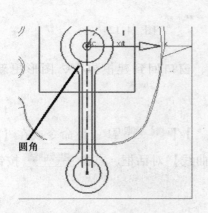

圆角

图　4-119

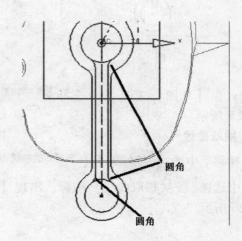

圆角

圆角

图　4-120

图　4-121

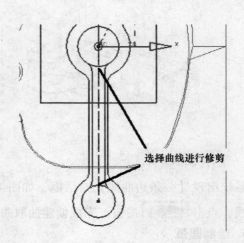

选择曲线进行修剪

图　4-122

（6）标注尺寸。然后在【草图约束】工具条中选择 [图标]（自动判断的尺寸）图标，按照如图 4-124 所示的尺寸进行标注。P223 = 6，P224 = 6，P225 = 4，P226 = 3，P227 = 3，P228 = 3，P229 = 3。此时草图曲线已经转换成绿色，表示已经完全约束。

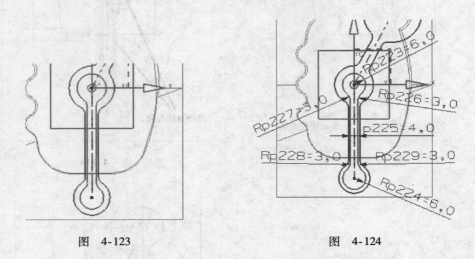

图 4-123　　　　　　　　　　　　　　图 4-124

（7）在【草图】工具条中选择 [完成草图] 按钮，窗口回到建模界面，图形更新为如图 4-125 所示。

4. 抽取曲线

选择菜单中的【 插入(S) 】/【 来自体的曲线(U) ▶ 】/【 抽取(E)... 】命令或在【曲线】工具栏中选择 [图标]（抽取曲线）图标，出现【抽取曲线】对话框，点击 边缘曲线 按钮，如图 4-126 所示。

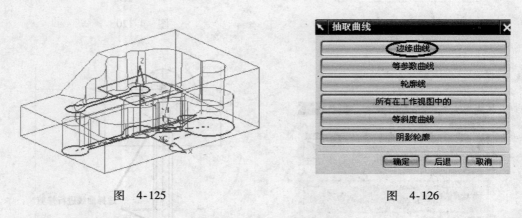

图 4-125　　　　　　　　　　　　　　图 4-126

系统出现【一条边曲线】对话框，如图 4-127 所示，在图形中依次选择如图 4-128 所示的边线，点击 确定 按钮，完成创建抽取曲线，如图 4-129 所示。

5. 绘制圆弧

选择菜单中的【 插入(S) 】/【 曲线(C) 】/【 基本曲线(B)... 】命令或在【曲线】工具条中选

择 （基本曲线）图标，出现【基本曲线】对话框，选择 ⌒（圆弧）图标，取消线串模式，在创建方式栏选择 ⊙中心，起点，终点 选项，如图 4-130 所示。在下方的【跟踪条】里【XC】、【YC】、【ZC】栏中输入【0】、【0】、【20】，如图 4-131 所示，然后按回车键，接着在图形中依次选择曲线端点，如图 4-132 所示，然后按回车键画出一条圆弧，如图 4-133 所示。

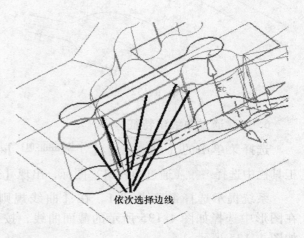

依次选择边线

图　4-127

图　4-128

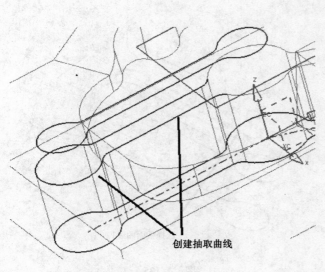

创建抽取曲线

图　4-129

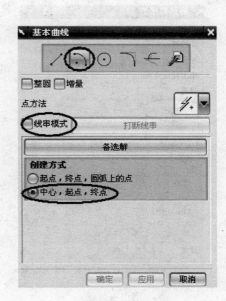

图　4-130

图　4-131

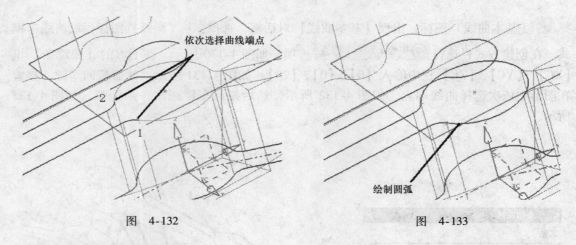

图 4-132　　　　　　　　　　　　图 4-133

6. 创建通过曲线组特征

选择菜单中的【 插入(S) 】/【 网格曲面(M) 】/【 通过曲线组(T)... 】命令或在【曲面】
工具栏中选择 （通过曲线组）图标，出现【通过曲线组】对话框，如图 4-134 所示。

系统提示选择截面曲线 1，在【曲线规则】下拉框中选择 相连曲线 选项，
在图形中选择如图 4-135 所示的截面曲线，按下鼠标中键确认。图形中出现矢量方向，
如图 4-135 所示。

图　4-134

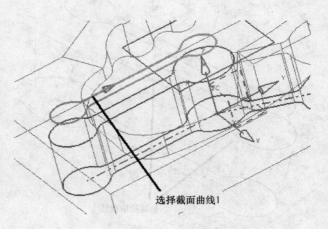

图　4-135

接着在图形中选择如图 4-136 所示的截面曲线 2，按下鼠标中键确认。图形中出现矢
量方向，如图 4-136 所示。注意选择截面曲线时要注意起始位置及矢量方向一致，然后在
【通过曲线组】对话框中取消选中 保留形状 选项，点击 确定 按钮，完成创建通过曲
线组特征，如图 4-137 所示。

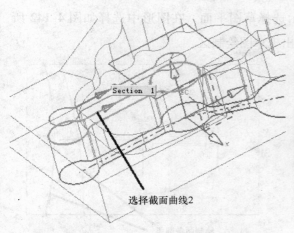

选择截面曲线2

图　4-136

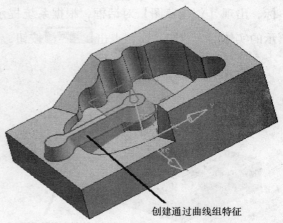

创建通过曲线组特征

图　4-137

7. 将曲线、基准与点移至 255 层

选择菜单中的【 格式(R) 】/【 移动至图层(M)... 】命令，出现【类选择】对话框，选择曲线、基准与点将其移动至 255 层（步骤略），图形更新后如图 4-138 所示。

8. 合并实体

选择菜单中的【 插入(S) 】/【 组合体(B) 】/【 求和(U)... 】命令或在【特征操作】工具条中选

图　4-138

择 （求和）图标，出现【求和】操作对话框，系统提示选择目标实体，按照图 4-139 所示依次选择目标实体和工具实体，在【求和】操作对话框点击 确定 按钮，完成合并实体，如图 4-140 所示。

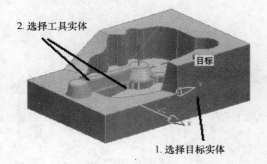

2. 选择工具实体

目标

1. 选择目标实体

图　4-139

图　4-140

4.4　创建零件上侧凹槽

1. 草绘引导线截面

选择菜单中的【 插入(S) 】/【 草图(S)... 】或在【特征】工具条中选择 （草图）图

标，出现【创建草图】对话框，根据系统提示选择草图平面，在图形中选择如图 4-142 所示的实体面为草图平面，点击 确定 按钮，出现草图绘制区。

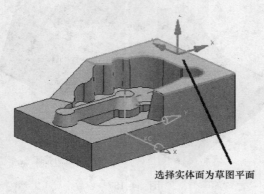

图　4-141

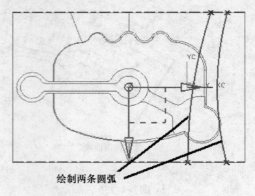

图　4-142

步骤：

（1）绘制圆弧。在【草图曲线】工具条中选择 ↘（圆弧）图标，在弧浮动工具栏中选择 ↷（三点定圆弧）图标，在捕捉点工具条中选择 ✓（点在曲线上）图标，按照如图 4-142 所示绘制两条圆弧。

（2）标注尺寸。然后在【草图约束】工具条中选择 ⬚（自动判断的尺寸）图标，按照如图 4-143 所示的尺寸进行标注。P238 = 15，P239 = 15，P240 = 35.8，P241 = 24.6，P242 = 150，P243 = 150。此时草图曲线已经转换成绿色，表示已经完全约束。

（3）在【草图】工具条中选择 ▶ 完成草图 按钮，窗口回到建模界面，图形更新后如图 4-144 所示。

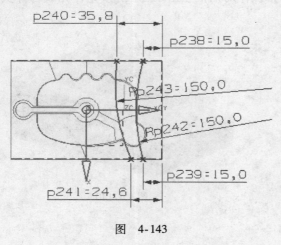

图　4-143

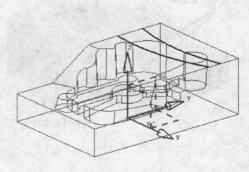

图　4-144

2. 草绘截面线截面

选择菜单中的【 插入(S) 】/【 ⬚ 草图(S)... 】或在【特征】工具条中选择 ⬚（草图）图标，出现【创建草图】对话框，根据系统提示选择草图平面，在图形中选择如图 4-145 所示的实体面为草图平面，点击 确定 按钮，出现草图绘制区。

步骤：

（1）绘制直线。在【草图曲线】工具栏中选择 ╱ （直线）图标，按照如图 4-146 所示绘制直线。注意，直线起点为曲线端点。

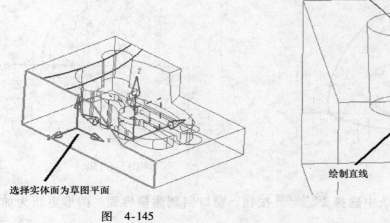

选择实体面为草图平面

图 4-145

绘制直线

图 4-146

（2）绘制圆弧。在【草图曲线】工具条中选择 ╲ （圆弧）图标，在弧浮动工具栏中选择 ╱ （三点定圆弧）图标，在捕捉点工具条中选择 ╱ （端点）图标，按照如图 4-147 所示绘制圆弧。

（3）加上约束。在【草图约束】工具条中选择 ╱⊥ （约束）图标，在图中选择圆弧与直线，如图 4-148 所示。草图左上角出现浮动工具按钮，在其中选择 ◯ （相切）图标，约束的结果如图 4-149 所示。在【草图约束】工具条选择 ╱⊥ （显示所有约束）图标，使图形中的约束显示出来。

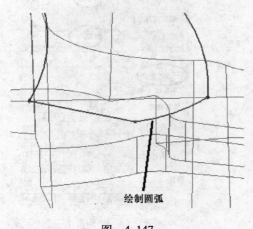

绘制圆弧

图 4-147

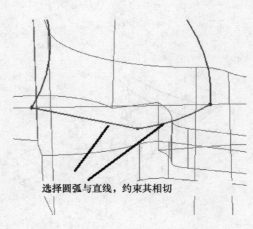

选择圆弧与直线，约束其相切

图 4-148

（4）标注尺寸。然后在【草图约束】工具条中选择 ![图标]（自动判断的尺寸）图标，按照如图 4-150 所示的尺寸进行标注。P248 = 165，P249 = 8。此时草图曲线已经转换成绿色，表示已经完全约束。

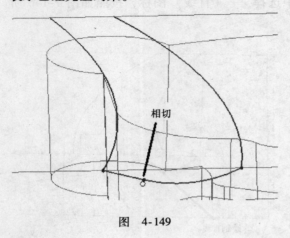

图 4-149　　　　　　　　　　　　　　　　　图 4-150

（5）在【草图】工具条中选择 ![图标]完成草图 按钮，窗口回到建模界面，图形更新为如图 4-151 所示。

3. 创建扫掠特征

选择菜单中的【 插入(S) 】/【 扫掠(W) 】/【 ![图标]扫掠(S)... 】命令或在【特征】工具条中选择 ![图标]（扫掠）图标，出现【扫掠】对话框，如图 4-152 所示。

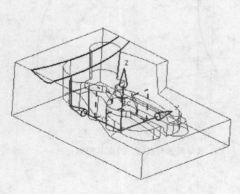

图 4-151

图 4-152

系统提示选择截面曲线，在曲线规则下拉框中选择 相切曲线 选项，在图形中选择曲线，如图 4-153 所示。按下鼠标中键确认。

然后在对话框中选择 （引导线）图标，或直接按下鼠标中键确认完成选择截面曲线，在图形中选择如图 4-154 所示的曲线为引导线 1、引导线 2。注意每条引导线选择完毕后按下鼠标中键确认。

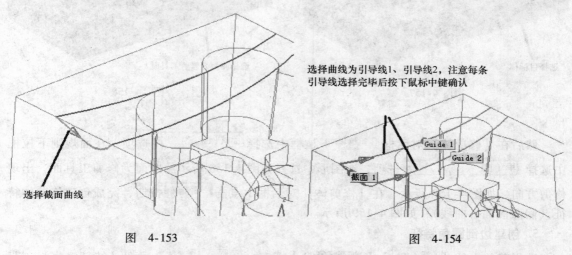

选择曲线为引导线1、引导线2，注意每条引导线选择完毕后按下鼠标中键确认

Guide 1　Guide 2

截面 1

选择截面曲线

图　4-153　　　　　　　　　　　　　　图　4-154

然后在【扫掠】对话框 截面选项 选项 对齐方法 \ 对齐 下拉框中选择 参数 选项，在 缩放方法 、 缩放 下拉框中选择 横向 选项，取消选中 保留形状 选项，如图 4-152 所示。最后在【扫掠】对话框中点击 确定 按钮，完成创建扫掠特征，如图 4-155 所示。

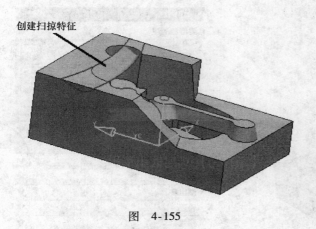

创建扫掠特征

图　4-155

图　4-156

4. 创建修剪体特征

选择菜单中的【 插入(S) 】/【 修剪(T) 】/【 修剪体(T)... 】命令或在【特征操作】工具栏中选择 （修剪体）图标，出现【修剪体】对话框，如图 4-156 所示。系统提示选择目标体，在图形区选择如图 4-157 所示的实体为目标体。

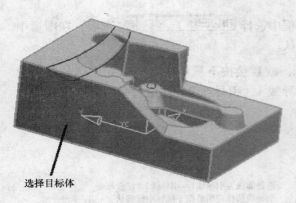

选择目标体　　　　　　　　　　　　　　　　修剪方向

选择曲面为修剪工具面

图　4-157　　　　　　　　　　　　　　　　图　4-158

然后在【修剪体】对话框 工具选项 下拉框中选择 面或平面 选项。在面规则下拉框中选择 单个面 选项，在图形中选择如图 4-158 所示的曲面为修剪工具面，出现修剪方向，如图 4-158 所示。在【修剪体】对话框中点击 确定 按钮，完成创建修剪体特征（隐藏曲面、曲线），如图 4-159 所示。

5. 创建边倒圆角特征

选择菜单中的【 插入(S) 】/【 细节特征(L) 】/【 边倒圆(E)... 】命令或在【特征操作】工具条中选择 （边倒圆）图标，出现【边倒圆】对话框，在 'Radius 1 （半径 1）栏中输入 2，如图 4-160 所示。在图形中选择如图 4-161 所示的边线作为倒圆角边，最后点击 确定 按钮，完成圆角特征，如图 4-162 所示。

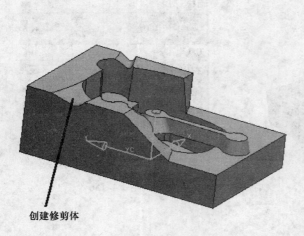

创建修剪体

图　4-159　　　　　　　　　　　　　　　　图　4-160

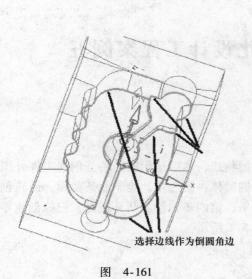

选择边线作为倒圆角边

图　4-161

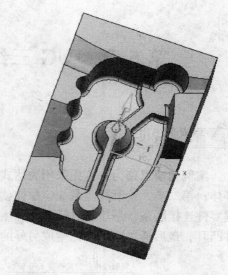

图　4-162

第5章 UG三维数字化设计工程案例五

案例说明

案例建模思路为：首先采用表达式的方法创建抛物线，然后运用回转特征创建零件外围环体；第二步，绘制椭圆截面，拉伸创建零件中央椭圆体；第三步，绘制肋条截面，回转创建零件连接肋条，最后通过圆形阵列生成另外的肋条；第四步，绘制凸耳截面，扫掠创建零件凸耳，最后通过圆形阵列生成另外的凸耳，如图5-1所示。

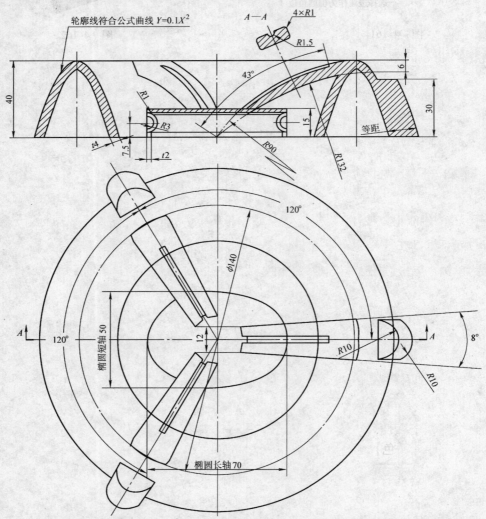

*注：如软件无公式曲线功能，可以用样条线拟合公式曲线，但拟合误差应控制在10%以内。

图 5-1

图　5-1（续）

案例训练目标

通过该案例的练习，使读者能熟练地掌握和运用草图工具，熟练掌握回转、扫掠实体、边倒圆、抽壳、片体加厚等基础特征的创建方法，通过本实例还可以进行修剪体，基准平面的创建练习，全面掌握综合运用特征分组、圆形阵列等实体造型的基本方法和技巧。

5.1　建立新文件

选择菜单中的【文件】/【新建】命令或选择 □ （New 建立新文件）图标，出现【新建】部件对话框，在【名称】栏中输入【dz】，选择【单位】下拉框中选择【毫米】选项，以毫米为单位，点击 确定 按钮，建立文件名为 dz.prt，单位为毫米的文件。

5.2　创建零件外围环体

1. 对象预设置

选择菜单中的【首选项(P)】/【对象(O)...　Ctrl+Shift+J】命令，出现【对象首选项】对话框，如图 5-2 所示。在【类型】下拉框中选择【实体】，在【颜色】栏中单击颜色区，出现【颜色】选择框，选择如图 5-3 所示的颜色，然后点击 确定 按钮，系统返回【对象首选项】对话框，最后点击 确定 按钮，完成预设置。

2. 建立表达式（方法一）

选择菜单中的【工具(T)】/【= 表达式(X)...】命令，

图　5-2

出现【表达式】对话框，如图 5-4 所示。在名称、公式栏中依次输入 t = 0。注意在上面单位下拉框内选择 恒定 选项，当完成输入后，选择 （接受编辑）图标，如图 5-4 所示。t = 0 // UG 规律曲线系统变量（0≤t≤1）。

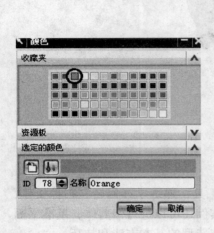

图　5-3 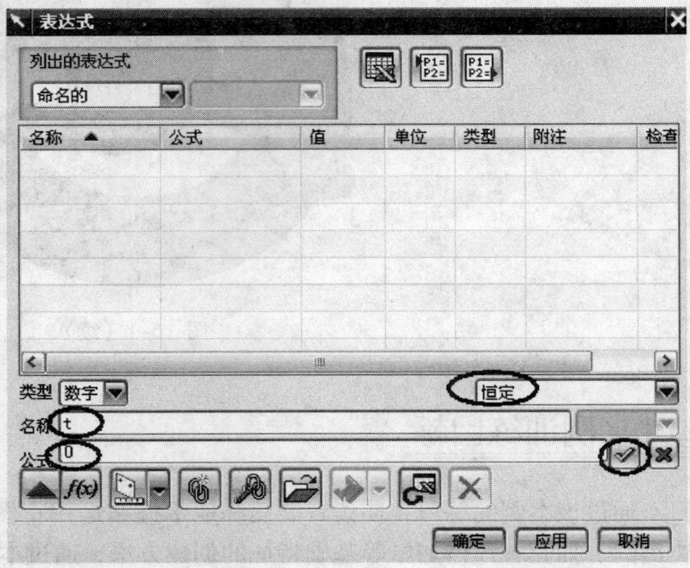　　　　　　　　　　　　　　　　　　图　5-4

继续输入公式，在【表达式】对话框中名称、公式栏依次输入 xt = −20 ∗ cos（180 ∗ t）。注意在上面单位下拉框中选择 恒定 选项，然后选择 （接受编辑）图标，如图 5-5 所示。

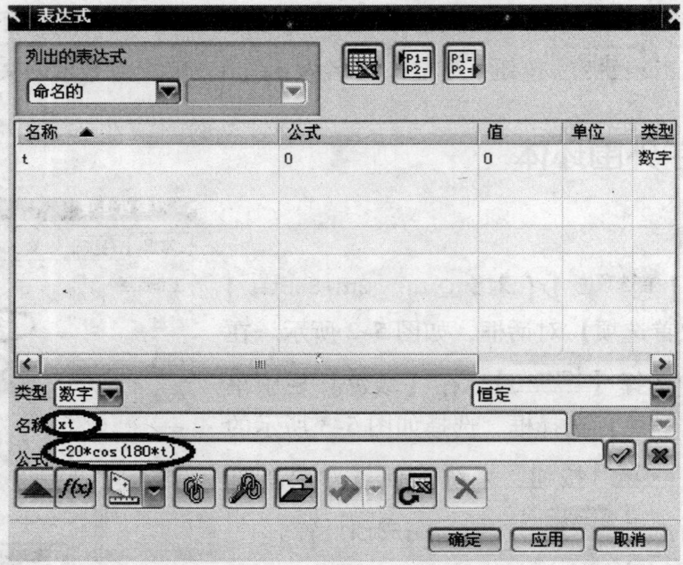

图　5-5

按照相同的方法输入 yt、zt 表达式，具体输入如下参数：

t = 0　　　　（系统变量）

xt = − 20 * cos（180 * t）

yt = 0

zt = 40 − 0.1 * xt * xt

完成输入如图 5-6 所示。

图　5-6

3. 建立表达式（方法二）

（1）用记事本建立表达式。先打开 Windows 附件程序中的记事本，将下列表达式输入记事本，每行一个参数，其中 t 仍为 UG 规律曲线系统变量（0≤t≤1），输入完毕后保存为后缀名为 exp 的文件。

（2）导入表达式。选择菜单中的【工具（T）】/【 ＝ 表达式（X） 】，出现【表达式】对话框，如图 5-8 所示。在对话框右上方选择 （从文件导入表达式）图标，出现【导入表达

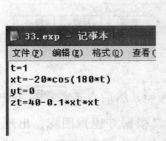

图　5-7

图　5-8

式文件】对话框，用浏览文件夹的方式选择已编辑好的 exp 文件，在【导入表达式文件】对话框中点击 OK 按钮。

将表达式导入系统，如图 5-9 所示。最后在【表达式】对话框中点击 确定 按钮，完成表达式的创建。

图 5-9

4. 绘制抛物线

选择菜单中的【 插入(S) 】/【 曲线(C) 】/【 规律曲线(W)... 】命令或在【曲线】工具栏中选择 （规律曲线）图标，出现【规律函数】对话框，系统提示栏提示选择规律选项，选择 （根据方程）图标，如图 5-10 所示。出现【规律曲线】输入定义 X 的参数表达式对话框，空白输入栏将自动出现系统变量 t，如图 5-11 所示。点击 确定 按钮。

图 5-10

图 5-11

系统出现【定义 X】输入函数表达式对话框，在空白栏输入 xt，然后点击 确定 按钮，如图 5-12 所示。系统返回【规律函数】对话框，选择 （根据方程）图标，出现【规律曲线】输入定义 Y 的参数表达式对话框，空白输入栏将自动出现系统变量 t，如图 5-13 所示。点击 确定 按钮。

图　5-12

图　5-13

系统出现【定义 Y】输入函数表达式对话框，在空白栏输入 yt，如图 5-14 所示，然后点击 确定 按钮，系统返回【规律函数】对话框，选择 ⚡ （根据方程）图标，出现【规律曲线】输入定义 Z 的参数表达式对话框，空白输入栏将自动出现系统变量 t，如图 5-15 所示。点击 确定 按钮。

图　5-14

图　5-15

系统出现【定义 Z】输入函数表达式对话框，在空白栏输入 zt，如图 5-16 所示，然后点击 确定 按钮，系统出现【规律曲线】指定基点或坐标系的方位对话框，点击 点构造器 按钮，如图 5-17 所示。点击 确定 按钮。

图　5-16

图　5-17

系统出现【点】构造器对话框，在【XC】、【YC】、【ZC】栏内输入【70】、【0】、【0】，如图 5-18 所示。点击 确定 按钮，系统返回【规律曲线】指定基点或坐标系的方位对话框，点击 确定 按钮，完成创建抛物线，如图 5-19 所示。

5. 创建回转特征

选择菜单中的【 插入(S) 】/【 设计特征(E) 】/【 🏮 回转(R)... 】命令或在【特征】工具条中选择 🏮 （回转）图标，出现【回转】对话框，如图 5-20 所示，然后在曲线规则下拉框中选择 相连曲线 🔽 选项，在图形中选择如图 5-19 所示的曲线。

图 5-18

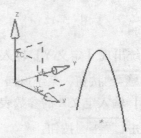

图 5-19

然后在【回转】对话框 指定矢量(1) 下拉框中选择 z↑▼ 选项，在【回转】对话框 指定点(0) 区域选择 ⊞ （点构造器）图标，出现【点】构造器对话框，在 XC 、 YC 、 ZC 栏中输入 0、0、0，然后点击 确定 按钮。系统返回【回转】对话框，在 【 开始 】\【 角度 】栏、【 结束 】\【 角度 】栏内输入【0】、【360】，如图 5-20 所示。点击 确定 按钮，完成创建 回转特征，如图 5-21 所示。

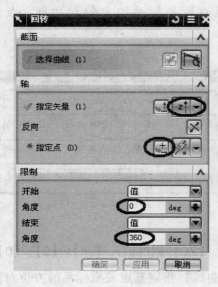

图 5-20

图 5-21

6. 创建加厚片体特征

选择菜单中的 【 插入(S) 】/【 偏置/缩放(O) 】/【 加厚(T)... 】命令或在【特征】工具条 中选择 （加厚片体）图标，出现【加厚】片体对话框，如图 5-22 所示。在面规则下拉 框中选择 体的面 ▼ 选项，然后在图形中选择如图 5-23 所示的面为要加厚的面，出现加厚方向，如图 5-23 所示，然后在【加厚】片体对话框中 偏置 1 栏输入 4，点击 确定 按钮，完成加厚片体特征，如图 5-24 所示。

图　5-22

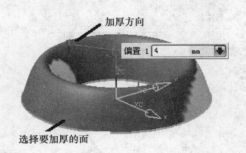

图　5-23

7. 将辅助曲面移至 255 层

选择菜单中的【 格式(R) 】/【 移动至图层(M)... 】命令，出现【类选择】对话框，选择辅助曲面将其移动至 255 层（步骤略）。然后设置 255 层为不可见，图形更新为如图 5-25 所示。

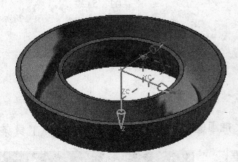

图　5-24

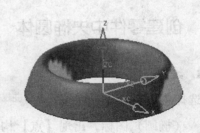

图　5-25

8. 创建修剪体特征

选择菜单中的【 插入(S) 】/【 修剪(T) 】/【 修剪体(T)... 】命令或在【特征操作】工具栏中选择 ▭ （修剪体）图标，出现【修剪体】对话框，如图 5-26 所示。系统提示选择目标体，在图形区选择如图 5-27 所示的实体为目标体。

然后在【修剪体】对话框 工具选项 下拉框中选择 面或平面 选项。在面规则下拉框中选择 单个面 选项，在图形中选择如图 5-28 所示的基准平面为修剪工具面，出现修剪方向，如图 5-28 所示。在【修剪体】对话框中点击 ✕ （反向）按钮，点击 确定 按钮，完成创建修剪体特征，如图 5-29 所示。

图 5-26

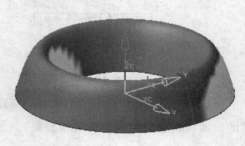

图 5-27

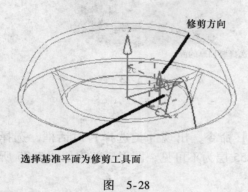

图 5-28

图 5-29

5.3 创建零件中央椭圆体

1. 绘制椭圆

选择菜单中的 【 插入(S) 】/【 曲线(C) 】/【 ⊙ 椭圆(E)... 】命令或在【曲线】工具条中选择 ⊙ （椭圆）图标，出现【点】构造器对话框，在 XC 、 YC 、 ZC 栏中输入 0、0、0，如图 5-30 所示。指定椭圆的中心，点击 确定 按钮，出现【椭圆】对话框，在 长半轴 、 短半轴 、 起始角 、 终止角 、 旋转角度 栏中分别输入 35、25、0、360、0，如图 5-31 所示。点击 确定 按钮，完成椭圆截面的绘制，如图5-32所示。

2. 创建拉伸特征

选择菜单中的 【 插入(S) 】/【 设计特征(E) 】/【 ▥ 拉伸(E)... 】命令或在【特征】工具条中选择

图 5-30

（拉伸）图标，出现【拉伸】对话框，如图 5-33 所示。选择如图 5-32 所示椭圆为拉伸对象。然后在【拉伸】对话框 指定矢量 下拉框中选择 z↑▼ 选项，在【 开始 】\【 距离 】栏、【 结束 】\【 距离 】栏中输入【0】、【15】，在【布尔】下拉框中点选 🍭无 ▼选项，如图 5-33 所示。点击 确定 按钮，完成创建拉伸特征，如图 5-34 所示。

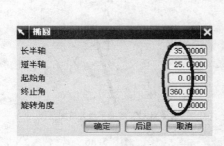

图　5-31

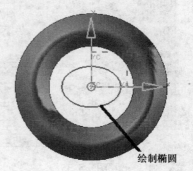

图　5-32

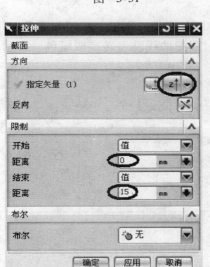

图　5-33

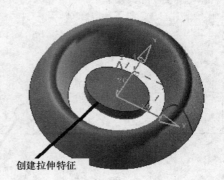

图　5-34

3. 草绘截面

选择菜单中的【 插入(S) 】/【 🔲 草图(S)... 】或在【特征】工具条中选择 🔲 （草图）图标，出现【创建草图】对话框，如图 5-35 所示。根据系统提示选择草图平面，在图形中选择如图 5-36 所示 XC-ZC 基准平面为草图平面，点击 确定 按钮，出现草图绘制区。

步骤：

（1）在【草图曲线】工具条中选择 ○ （圆）图标，在圆浮动工具栏中选择 ⊙ （圆心和直径定圆）图标，按照如图 5-37 所示绘制圆。

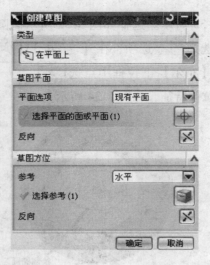

图 5-35

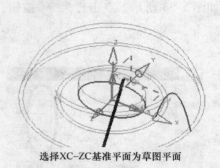

选择XC-ZC基准平面为草图平面

图 5-36

（2）在【草图约束】工具条中选择 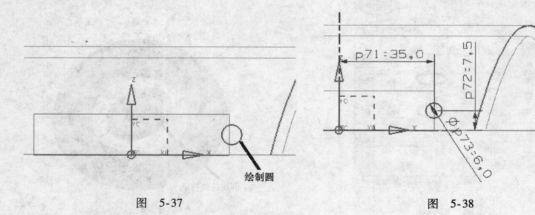 （自动判断的尺寸）图标，按照如图 5-38 所示的尺寸进行标注。P71 = 35，P72 = 7.5，P73 = 6。此时草图曲线已经转换成绿色，表示已经完全约束。

图 5-37

图 5-38

（3）在【草图】工具条中选择 完成草图 图标，窗口回到建模界面，截面如图 5-39 所示。

4. 创建扫掠特征

选择菜单中的【插入(S)】/【扫掠(W)】/【扫掠(S)...】命令或在【特征】工具条中选择 （扫掠）图标，出现【扫掠】对话框，如图 5-40 所示。

系统提示选择截面曲线，在曲线规则下拉框中选择 相连曲线 选项，在图形中选择圆，如图5-41

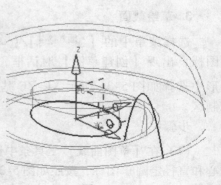

图 5-39

所示。按下鼠标中键确认。

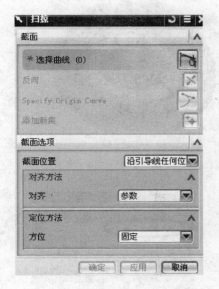

图　5-40

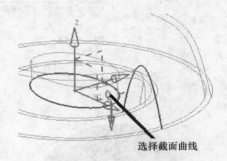

选择截面曲线

图　5-41

然后在对话框中选择 （引导线）图标，或直接按下鼠标中键确认完成选择截面曲线，在图形中选择如图 5-42 所示的曲线为引导线，按下鼠标中键确认。

然后在【扫掠】对话框 **截面选项** 选项 **对齐方法** \ **对齐** 下拉框中选择 **参数** 选项，如图 5-40 所示。最后在【扫掠】对话框中点击 **确定** 按钮，完成创建扫掠特征，如图 5-43 所示。

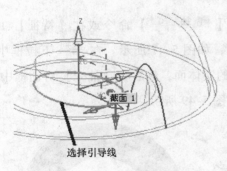

选择引导线

图　5-42

创建扫掠特征

图　5-43

5. 创建实体减操作

选择菜单中的【 插入(S) 】/【 组合体(B) 】/【 求差(S)... 】命令或在【特征操作】工具条中选择 （求差）图标，出现【求差】操作对话框，如图 5-44 所示。系统提示选择目标实体，按照图 5-45 所示依次选择目标实体和工具实体，完成求差操作，如图 5-46 所示。

图 5-44

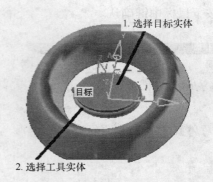

1. 选择目标实体

目标

2. 选择工具实体

图 5-45

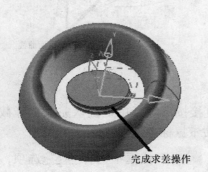

完成求差操作

图 5-46

图 5-47

6. 创建抽壳特征

选择菜单中的【 插入(S) 】/【 偏置/缩放(O) 】/【 抽壳(H)… 】命令或在【特征】工具条中选择 （抽壳）图标，出现【抽壳】对话框，如图5-47所示。在 类型 下拉框中选择 抽壳所有面 选项，在图形中选择如图5-48所示的实体面，然后在【抽壳】对话框中 厚度 栏输入2，点击 确定 按钮，完成抽壳特征，如图5-49所示。

选择实体面

厚度 2 mm

图 5-48

完成抽壳

图 5-49

7. 创建边倒圆角特征

选择菜单中的【 插入(S) 】/【 细节特征(L) 】/【 边倒圆(E)... 】命令或在【特征操作】工具条中选择 （边倒圆）图标，出现【边倒圆】对话框，在 'Radius 1 （半径 1）栏中输入 1，如图 5-50 所示。在图形中选择如图 5-51 所示的边线作为倒圆角边，最后点击 确定 按钮，完成圆角特征，如图 5-52 所示。

图　5-50

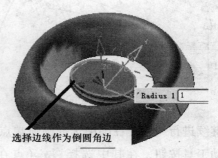

图　5-51

8. 将辅助曲线移至 255 层

选择菜单中的【 格式(R) 】/【 移动至图层(M)... 】命令，出现【类选择】对话框，选择辅助曲线将其移动至 255 层（步骤略），图形更新后如图 5-53 所示。

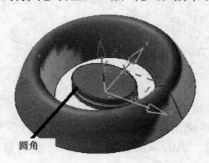

图　5-52

图　5-53

5.4　创建零件连接肋条

1. 草绘截面（一）

选择菜单中的【 插入(S) 】/【 草图(S)... 】或在【特征】工具条中选择 （草图）图标，出现【创建草图】对话框，根据系统提示选择草图平面，在图形中选择 XC-ZC 基准平面为草图平面，点击 确定 按钮，出现草图绘制区。

步骤：

（1）在【草图曲线】工具条中选择 （轮廓）图标，按照如图 5-54 所示绘制截面，直线 23 竖直。

（2）加上约束。在【草图约束】工具条中选择 ⊥（约束）图标，在图中选择圆弧端点 1，再选择 X 轴，如图 5-55 所示。草图左上角出现浮动工具按钮，在其中选择 ↑（点在曲线上）图标，约束的结果如图 5-57 所示。在【草图约束】工具条中选择 ↗（显示所有约束）图标，使图形中的约束显示出来。

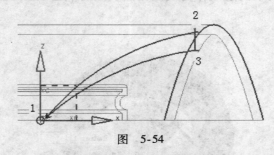

图 5-54

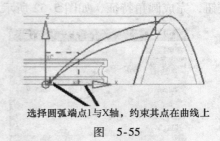

选择圆弧端点1与X轴，约束其点在曲线上

图 5-55

继续进行约束，在图中选择圆弧端点 1，再选择 Y 轴，如图 5-56 所示。草图左上角出现浮动工具按钮，在其中选择 ↑（点在曲线上）图标，约束的结果如图 5-57 所示。在【草图约束】工具条中选择 ↗（显示所有约束）图标，使图形中的约束显示出来。

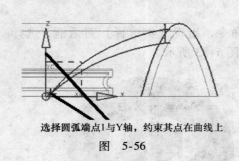

选择圆弧端点1与Y轴，约束其点在曲线上

图 5-56

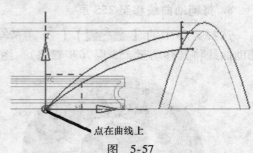

点在曲线上

图 5-57

（3）在【草图约束】工具条中选择 ↗（自动判断的尺寸）图标，按照如图 5-58 所示的尺寸进行标注。P99 = 70，P100 = 90，P101 = 132，P102 = 40，P103 = 34。此时草图曲线已经转换成绿色，表示已经完全约束。

（4）在【草图】工具条中选择 图标，窗口回到建模界面，截面如图 5-59 所示。

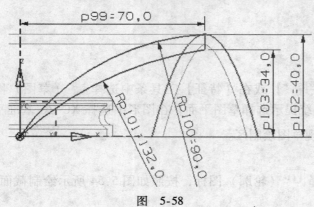

图 5-58

图 5-59

2. 创建回转特征

选择菜单中的【 插入(S) 】/【 设计特征(E) 】/【 🌀 回转(R)... 】命令或在【特征】工具条中选择 🌀（回转）图标，出现【回转】对话框，如图 5-60 所示，然后在曲线规则下拉框中选择 相连曲线 ▼ 选项，在图形中选择如图 5-59 所示草图曲线。

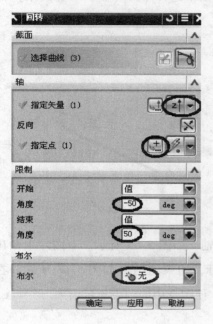

图　5-60

创建回转特征

图　5-61

然后在【回转】对话框 指定矢量(1) 下拉框中选择 z↑ ▼ 选项，在【回转】对话框 指定点(0) 区域内选择 ⊞（点构造器）图标，出现【点】构造器对话框，在 XC 、 YC 、 ZC 栏输入 0、0、0，然后点击 确定 按钮。系统返回【回转】对话框，在【 开始 】\【 角度 】栏、【 结束 】\【 角度 】栏中输入【 -50 】、【 50 】，如图 5-60 所示。点击 确定 按钮，完成创建回转特征，如图 5-61 所示。

3. 绘制旋转中心

选择菜单中的【 插入(S) 】/【 🖼 草图(S)... 】或在【特征】工具条中选择 🖼（草图）图标，出现【创建草图】对话框，根据系统提示选择草图平面，在图形中选择 XC-YC 基准平面为草图平面，点击 确定 按钮，出现草图绘制区。

步骤：

（1）绘制直线。在【草图曲线】工具栏中选择 ／（直线）图标，按照如图 5-62 所示绘制二条直线。注意：直线 23 竖直，直线端点 3

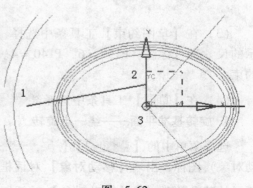

图　5-62

为圆弧端点。

（2）加上约束。在【草图约束】工具条中选择 ⟋⊥（约束）图标，在图中选择直线23，再选择 Y 轴，如图 5-63 所示。草图左上角出现浮动工具按钮，在其中选择 ∖（共线）图标，约束的结果如图 5-64 所示。在【草图约束】工具条中选择 ⟋（显示所有约束）图标，使图形中的约束显示出来。

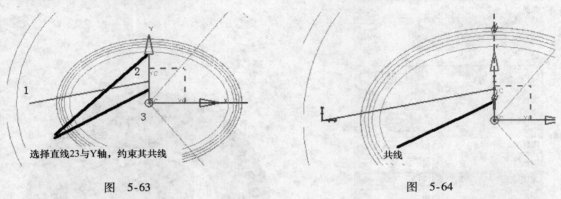

图 5-63　　　　　　　　　　　　　　　图 5-64

继续进行约束，在图中选择直线端点 1，再选择 X 轴，如图 5-65 所示。草图左上角出现浮动工具按钮，在其中选择 ↑（点在曲线上）图标，约束的结果如图 5-66 所示。在【草图约束】工具条中选择 ⟋（显示所有约束）图标，使图形中的约束显示出来。

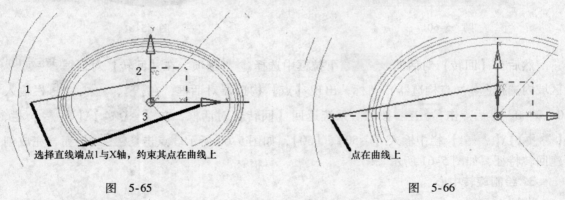

图 5-65　　　　　　　　　　　　　　　图 5-66

（3）在【草图约束】工具条中选择 ⟍（自动判断的尺寸）图标，按照如图 5-67 所示的尺寸进行标注。P139 = 6，P140 = 4。此时草图曲线已经转换成绿色，表示已经完全约束。

（4）在【草图】工具条中选择 完成草图 图标，窗口回到建模界面。

4. 旋转基准平面——绕一点旋转

选择菜单中的【编辑(E)】/【移动对象(O)...】命令或在【标准】工具栏中选择 🔲（移动对象）图标，出现【移动对象】对话框，如图 5-68 所示，然后在图形中选择如图 5-69 所示的基准平面。在【移动对象】对话框 运动 下拉框中选择 角度 选项，然后在

指定矢量 (1) 下拉框中选择 z↑▼ 选项，在 指定轴点 下拉框中选择 ↗▼ （端点）选项，然后在图形中选择如图 5-70 所示的直线端点，在 角度 栏中输入 4，在 结果 区域选中 ⊙复制原先的 选项，在 距离/角度分割 栏中输入 1，点击 确定 按钮，完成旋转基准平面，如图 5-71 所示。

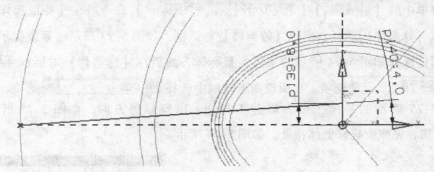

图　5-67

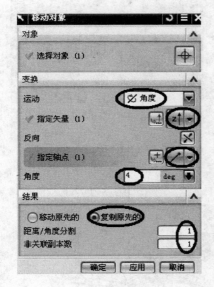

图　5-68

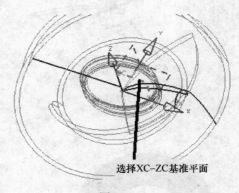

选择XC-ZC基准平面

图　5-69

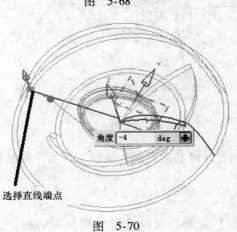

选择直线端点

图　5-70

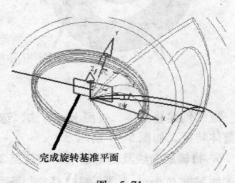

完成旋转基准平面

图　5-71

继续旋转基准平面，按照上述方法，在 角度 栏中输入 –4，完成旋转另一侧的基准平面，如图 5-72 所示。

5. 创建修剪体特征

选择菜单中的【 插入(S) 】/【 修剪(T) 】/【 修剪体(T)... 】命令或在【特征操作】工具栏中选择 （修剪体）图标，出现【修剪体】对话框，如图 5-73 所示。系统提示选择目标体，在图形区选择如图 5-74 所示的实体为目标体，然后在【修剪体】对话框 工具选项 下拉框中选择 面或平面 选项。在面规则下拉框中选择 单个面 选项，在图形中选择如图 5-75 所示的基准平面为修剪工具面，出现修剪方向，如图 5-75 所示。点击 确定 按钮，完成创建修剪体特征，如图 5-76 所示。

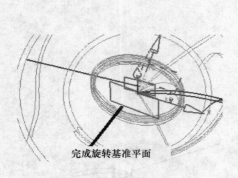

完成旋转基准平面

图 5-72

图 5-73

选择目标体

图 5-74

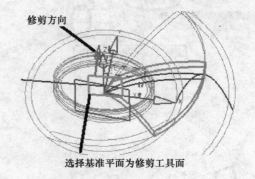

修剪方向

选择基准平面为修剪工具面

图 5-75

继续创建修剪体，按照上述方法，选择另一侧旋转的基准平面为修剪工具面，完成创建修剪体特征，如图 5-77 所示。

6. 将辅助曲线及辅助基准平面移至 255 层

选择菜单中的【 格式(R) 】/【 移动至图层(M)... 】命令，出现【类选择】对话框，选择辅助曲线及辅助基准平面将其移动至 255 层（步骤略）。

创建修剪体特征

图　5-76

创建修剪体

图　5-77

7. 草绘引导线

选择菜单中的【　插入(S)　】/【　草图(S)…　】或在【特征】工具条中选择 （草图）图标，出现【创建草图】对话框，根据系统提示选择草图平面，在图形中选择 XC-ZC 基准平面为草图平面，点击 按钮，出现草图绘制区。

步骤：

（1）在【草图曲线】工具条中选择 （圆弧）及 （直线）图标，按照如图 5-78 所示绘制截面。注意：直线端点 3 为圆弧 12 的圆心。

（2）加上约束。在【草图约束】工具条中选择 （约束）图标，在图中选择圆弧端点 1，再选择 X 轴，约束其点在曲线上，选择圆弧端点 1，再选择 Y 轴，约束其点在曲线上，结果如图 5-79 所示。在【草图约束】工具条中选择 （显示所有约束）图标，使图形中的约束显示出来。

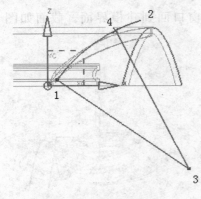

图　5-78

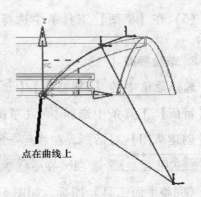

点在曲线上

图　5-79

（3）在【草图约束】工具条中选择 （自动判断的尺寸）图标，按照如图 5-79 所示的尺寸进行标注。P164 = 70，P165 = 40，P166 = 90，P167 = 43。此时草图曲线已经转换成绿色，表示已经完全约束。

（4）快速修剪曲线。在【草图曲线】工具栏中选择 ↘（快速修剪）图标，出现【快速修剪】对话框，如图 5-81 所示，然后在图形中选择如图 5-82 所示的曲线进行修剪，修剪结果如图 5-83 所示。

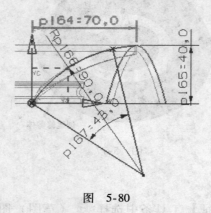

图 5-80

图 5-81

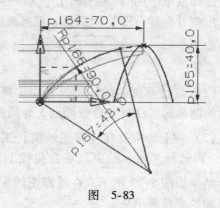

选择曲线进行修剪

图 5-82

图 5-83

（5）在【草图】工具条中选择 ▶完成草图 图标，窗口回到建模界面，截面如图 5-84 所示。

8. 草绘截面（二）

选择菜单中的【 插入(S) 】/【 ⬛草图(S)... 】或在【特征】工具条中选择 ⬛（草图）图标，出现【创建草图】对话框，在 平面选项 下拉框中选择 创建平面 ▼ 选项，在 指定平面 区域选择 ▣（完整平面工具）图标，如图 5-85 所示。出现【平面】对话框，在 类型 下拉框中选择 🗆在曲线上 选项，如图 5-86 所示。在图形中选择如图 5-87 所示的曲线。

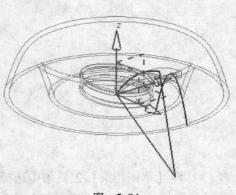

图 5-84

图　5-85　　　　　　　　　　　　　图　5-86

然后在 圆弧长 栏中输入 0，在 方向 下拉框中选择 垂直于轨迹 ▼ 选项，点击 确定 按钮，系统返回【创建草图】对话框，在 参考 下拉框中选择 水平 ▼ 选项，选择 ⬛ （选择参考）图标，在图形中选择如图 5-88 所示的 Y 轴为水平参考，在 草图平面 区域中点击 ✖ （反向）按钮，点击 确定 按钮，出现草图绘制区。

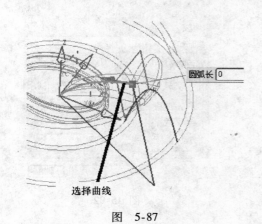

选择曲线

图　5-87

选择Y轴为水平参考

图　5-88

步骤：

（1）绘制圆。在【草图曲线】工具条中选择 ◯ （圆）图标，在圆浮动工具栏选择 ⊙ （圆心和直径定圆）图标，选择直线端点为圆心，绘制如图 5-89 所示的圆。

（2）在【草图约束】工具条中选择 ⬚ （自动判断的尺寸）图标，按照如图 5-90 所示的尺寸进行标注。P174＝3。此时草图曲线已经转换成绿色，表示已经完全约束。

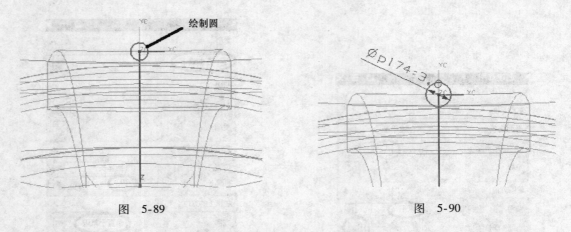

| 图 5-89 | 图 5-90 |

（3）在【草图】工具条中选择 ✗ 完成草图 图标，窗口回到建模界面，截面如图 5-91 所示。

9. 创建扫掠特征

选择菜单中的【 插入(S) 】/【 扫掠(W) 】/【 ◇ 扫掠(S)… 】命令或在【特征】工具条中选择 ◇ （扫掠）图标，出现【扫掠】对话框，如图 5-92 所示。

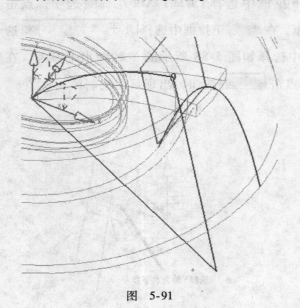

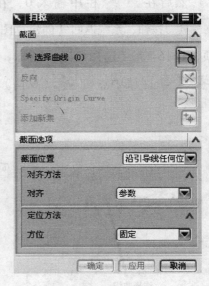

| 图 5-91 | 图 5-92 |

系统提示选择截面曲线，在曲线规则下拉框中选择 相连曲线 ▼ 选项，在图形中选择曲线，如图 5-93 所示。按下鼠标中键确认。

然后在对话框中选择 ◸ （引导线）图标，或直接按下鼠标中键确认完成选择截面曲线，在图形中选择如图 5-94 所示的曲线为引导线，按下鼠标中键确认。

然后在【扫掠】对话框 对齐方法 \ 对齐 下拉框中选择 参数 选项，最后在【扫掠】对话框中点击 确定 按钮，完成创建扫掠特征，如图 5-95 所示。

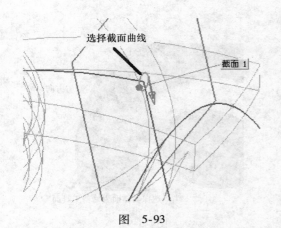

图　5-93

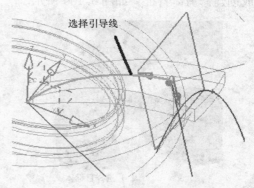

图　5-94

10. 创建实体减操作

选择菜单中的【 插入(S) 】/【 组合体(B) 】/【 求差(S)... 】命令或在【特征操作】工具条中选择 （求差）图标，出现【求差】操作对话框，系统提示选择目标实体，按照图 5-96 所示依次选择目标实体和工具实体，完成求差操作，如图 5-97 所示。

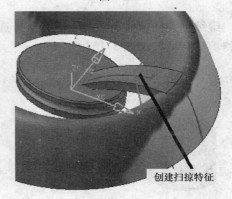

图　5-95

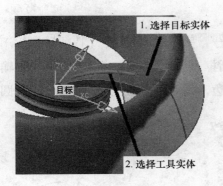

图　5-96

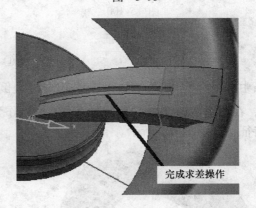

图　5-97

11. 创建修剪体特征

选择菜单中的【 插入(S) 】/【 修剪(T) 】/【 修剪体(T)... 】命令或在【特征操作】工具栏中选择 （修剪体）图标，出现【修剪体】对话框，系统提示选择目标体，在图形区选择如图 5-98 所示的实体为目标体，然后在【修剪体】对话框 工具选项 下拉框中选择 面或平面 选项。在面规则下拉框选择 单个面 选项，在图形中选择如图 5-99 所示的实体面为修剪工具面，出现修剪方向，如图 5-99 所示。点击 确定 按钮，完成创建修剪体特征，如图 5-100 所示。

1. 选择目标体

图 5-98

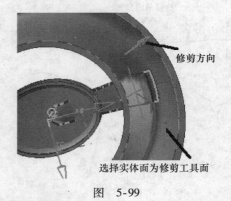

修剪方向

选择实体面为修剪工具面

图 5-99

继续创建修剪体，按照上述方法，选择如图 5-101 所示的实体面为修剪工具面，完成创建修剪体特征，如图 5-102 所示。

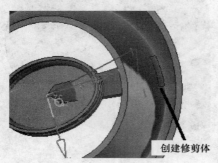

创建修剪体

图 5-100

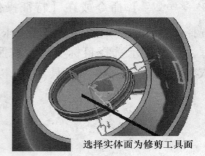

选择实体面为修剪工具面

图 5-101

12. 创建边倒圆角特征

选择菜单中的【 插入(S) 】/【 细节特征(L) 】/【 边倒圆(E)… 】命令或在【特征操作】工具条中选择 （边倒圆）图标，出现【边倒圆】对话框，在 'Radius 1 （半径 1）栏中输入 1，在图形中选择如图 5-103 所示的边线作为倒圆角边，最后点击 确定 按钮，完成圆角特征，如图 5-104 所示。

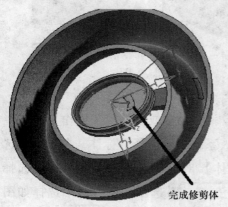

完成修剪体

图 5-102

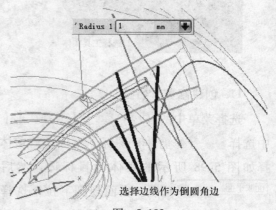

'Radius 1 | 1 | mm

选择边线作为倒圆角边

图 5-103

13. 特征分组

选择菜单中的【 格式(R) 】/【 特征分组(F)... 】命令，出现【特征集】对话框，如图 5-105 所示。用鼠标拖动的方法选择 回转(13) 至最后的特征，然后点击 ▶ （增加）按钮，将所选特征增加至右半窗口，然后在 特征集名称 栏中输入 letiao，最后点击 确定 按钮，即把 回转(13) 至最后的特征以编组特征 letiao 命名。

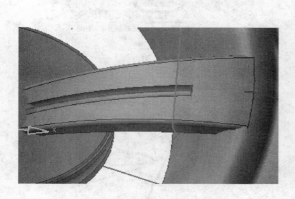

图　5-104

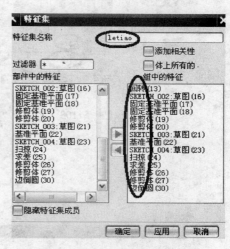

图　5-105

14. 创建实例特征——圆形阵列

选择菜单中的【 插入(S) 】/【 关联复制(A) 】/【 实例特征(I)... 】命令或在【特征操作】工具条中选择 （实例特征）图标，出现【实例】特征对话框，如图 5-106 所示。点击 圆形阵列 按钮，出现【实例】特征过滤对话框，如图 5-107 所示。在【实例的特征列表】框中选取最后一个【 letiao(31) 】特征，然后点击 确定 按钮。

图　5-106

图　5-107

系统出现【实例】输入参数对话框，如图 5-108 所示。在对话框【 方法 】中选择 ⊙常规 单选选项，在【 数字 】、【 角度 】栏中输入 3、120，然后点击 确定 按钮，系统出现【实例】选择旋转轴对话框，如图 5-109 所示。点击 基准轴 按钮，系统出现【选择一个基准轴】对话框，如图 5-110 所示。在图形中选择如图 5-111 所示的 Z 轴为旋转轴，完成圆形阵列，如图 5-112 所示。

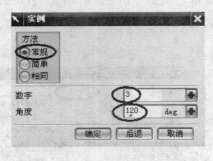

图　5-108

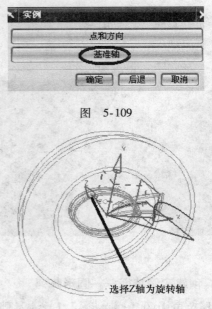

图　5-109

图　5-111

选择Z轴为旋转轴

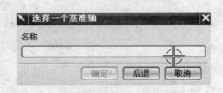

图　5-110

15. 合并实体

首先恢复显示叶轮体，选择菜单中的【 插入(S) 】/【 组合体(B) 】/【 求和(U)... 】命令或在【特征操作】工具条中选择 （求和）图标，出现【求和】操作对话框，如图 5-113 所示。系统提示选择目标实体，按照图 5-114 所示依次选择目标实体和工具实体，在【求和】操作对话框中点击 确定 按钮，完成合并实体，如图 5-115 所示。

图　5-112

图　5-113

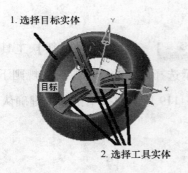

图　5-114

图　5-115

16. 将辅助曲线移至 255 层

选择菜单中的 【 格式(R) 】/【 ✧ 移动至图层(M)... 】命令，出现【类选择】对话框，选择辅助曲线将其移动至 255 层（步骤略）。

5.5　创建零件凸耳

1. 草绘凸耳截面

选择菜单中的 【 插入(S) 】/【 🖧 草图(S)... 】或在【特征】工具条中选择 🖧 （草图）图标，出现【创建草图】对话框，根据系统提示选择草图平面，在图形中选择 XC-YC 基准平面为草图平面，点击 确定 按钮，出现草图绘制区。

步骤：

（1）在【草图曲线】工具条中选择 ⚪ （圆）图标，在圆浮动工具栏中选择 ⊙ （圆心和直径定圆）图标，按照如图 5-116 所示绘制圆。注意圆心为曲线端点。

（2）在【草图约束】工具条中选择 🗡 （自动判断的尺寸）图标，按照如图 5-117 所示的尺寸进行标注。P242 = 20。此时草图曲线已经转换成绿色，表示已经完全约束。

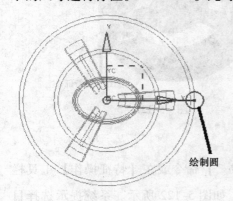

绘制圆

图　5-116

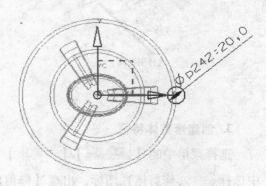

图　5-117

（3）在【草图】工具条中选择 🏁 完成草图 图标，窗口回到建模界面，截面如图 5-118 所示。

2. 创建扫掠特征

选择菜单中的【 插入(S) 】/【 扫掠(W) 】/【 ⌬ 扫掠(S)... 】命令或在【特征】工具条中选择 🖋 （扫掠）图标，出现【扫掠】对话框。系统提示选择截面曲线，在曲线规则下拉框中选择 相连曲线 ▼ 选项，在图形中选择圆，如图 5-119 所示，按下鼠标中键确认。

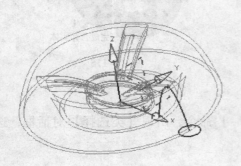

图 5-118

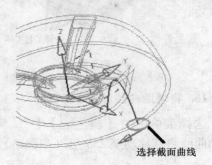

选择截面曲线

图 5-119

然后在对话框中选择 🔍 （引导线）图标，或直接按下鼠标中键确认完成选择截面曲线，在曲线规则下拉框中选择 单条曲线 ▼ ╫ （在相交处停止）选项，在图形中选择如图 5-120 所示的曲线为引导线，按下鼠标中键确认。然后在【扫掠】对话框 **截面选项** 选项 **对齐方法** \ **对齐** 下拉框中选择 参数 选项，最后在【扫掠】对话框中点击 确定 按钮，完成创建扫掠特征，如图 5-121 所示。

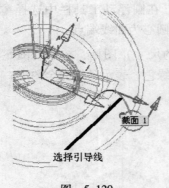

截面 1

选择引导线

图 5-120

创建扫掠特征

图 5-121

3. 创建修剪体特征

选择菜单中的【 插入(S) 】/【 修剪(T) 】/【 ◻ 修剪体(T)... 】命令或在【特征操作】工具栏中选择 ◻ （修剪体）图标，出现【修剪体】对话框，如图 5-122 所示。系统提示选择目标体，在图形区选择如图 5-123 所示的实体为目标体。

然后在【修剪体】对话框 **工具选项** 下拉框中选择 面或平面 ▼ 选项。在面规则下拉框中选择 单个面 ▼ 选项，在图形中选择如图 5-124 所示的实体面为修剪工具面，出现修剪方向，如图 5-124 所示。在【修剪体】点击 **确定** 按钮，完成创建修剪体特征，如图 5-125 所示。

图　5-122

选择修剪目标体

图　5-123

修剪方向

选择修剪工具面

图　5-124

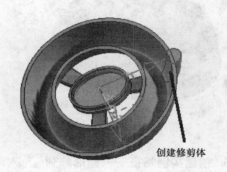

创建修剪体

图　5-125

　　继续创建修剪体，系统提示选择目标体，在图形区选择如图 5-123 所示的实体为目标体，然后在【修剪体】对话框 **工具选项** 下拉框中选择 **新平面** 选项，如图 5-126 所示。在图形中选择如图 5-127 所示的 XC-YC 基准平面，在 **距离** 栏中输入 30，出现修剪方向，如图 5-127 所示。在【修剪体】点击 **确定** 按钮，完成创建修剪体特征，如图 5-128 所示。

图　5-126

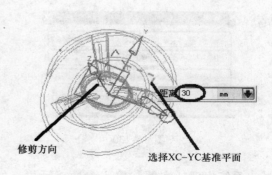

修剪方向

选择XC-YC基准平面

图　5-127

4. 特征分组

选择菜单中的【 格式(R) 】/【 特征分组(F)... 】命令，出现【特征集】对话框，如图 5-129 所示。用鼠标拖动的方法选择 扫掠(54) 至最后的特征，然后点击 ▶ （增加）按钮，将所选特征增加至右半窗口，然后在 特征集名称 栏中输入 tuer，最后点击 确定 按钮，即把 扫掠(54) 至最后的特征以编组特征 tuer 命名。

图 5-128

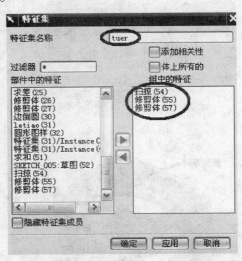

图 5-129

5. 创建实例特征——圆形阵列

选择菜单中的【 插入(S) 】/【 关联复制(A) 】/【 实例特征(I) 】命令或在【特征操作】工具条中选择 （实例特征）图标，出现【实例】特征对话框，如图 5-130 所示。点击 圆形阵列 按钮，系统出现【实例】特征过滤对话框，如图 5-131 所示。在【实例的特征列表】框中选取最后一个【 tuer(58) 】特征，然后点击 确定 按钮。

图 5-130

图 5-131

系统出现【实例】输入参数对话框，如图 5-132 所示。在对话框【 方法 】中选择

⊙常规 单选选项，在【数字】、【角度】栏中输入 3、120，然后点击 确定 按钮，系统出现【实例】选择旋转轴对话框，如图 5-133 所示。点击 基准轴 按钮。

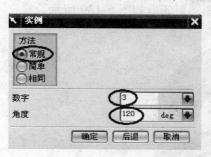

图 5-132

图 5-133

系统出现【选择一个基准轴】对话框，如图 5-134 所示。在图形中选择如图 5-135 所示的 Z 轴为旋转轴，完成圆形阵列，如图 5-136 所示。

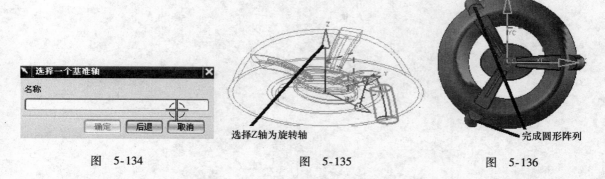

图 5-134　　　　　图 5-135　　　　　图 5-136

6. 合并实体

首先恢复显示叶轮体，选择菜单中的【插入(S)】/【组合体(B)】/【求和(U)...】命令或在【特征操作】工具条中选择 （求和）图标，出现【求和】操作对话框，系统提示选择目标实体，按照图 5-137 所示依次选择目标实体和工具实体，在【求和】操作对话框中点击 确定 按钮，完成合并实体，如图 5-138 所示。

图 5-137

图 5-138

7. 将辅助曲线、点及基准移至 255 层

选择菜单中的【 格式(R) 】/【 ⊗ 移动至图层(M)... 】命令，出现【类选择】对话框，选择辅助曲线、点及基准将其移动至 255 层（步骤略），图形更新后如图 5-139 所示。

图　5-139

第6章 UG三维数字化设计工程案例六

📖 案例说明

图6-1所示为一摩擦楔块锻模零件，零件中间凹，两二边有凸台，而且是一个2°的斜台，四周有一圈深6mm的飞边（跑料）槽，中间凹下去的部分是零件的型腔部分，Z-56最深处的形状是个矩形，它的四周是四个不同角度的斜面，这是整个锻模零件最核心的部分。为了避免应力集中，整个锻模曲面的交接处和四周角落都倒有3mm的过渡圆角。

案例建模思路为：先绘制4个截面，图样中确定零件形状的关键截面有4个：主视图的左端面、右端面和中间的A—A、B—B截面；图样中提供的最关键的尺寸是B—B截面尺寸和2°尺寸。根据这些数据可以推算出其余3个截面，最终根据这4个截面来造型。然后根据左右两端的截面线做通过曲线组特征，创建整个零件的主体；根据中间2个截面做通过曲线组特征切除，做出型腔中8.7mm部分；根据Z-56深处的长方形和四周的斜度作出延伸到上面的截面并做通过曲线组特征切除，得到Z-56型腔；然后做出6mm深槽的凸形，与零件主体进行布尔运算；最后倒出各圆角，效果如图6-1所示。

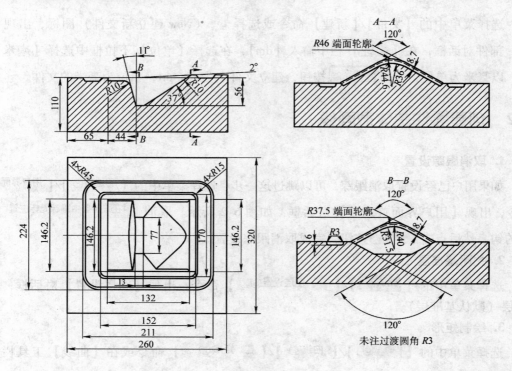

图 6-1

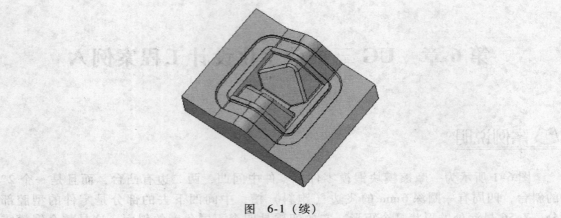

图 6-1（续）

📖 案例训练目标

通过该案例的练习，使读者能熟练掌握草图截面的绘制，通过曲线组、实体减等特征创建方法，并可以全面掌握综合运用拉伸、偏置曲线、偏置面、边倒圆角建模的基本方法和技巧。

6.1 建立新文件

选择菜单中的【文件】/【新建】命令或选择 ⬜（New 建立新文件）图标，出现【新建】部件对话框，在【名称】栏中输入【dm】，在选择【单位】下拉框中选择【毫米】选项，以毫米为单位，点击 确定 按钮，建立文件名为 dm. prt，单位为毫米的文件。

6.2 创建零件主体截面线

1. 取消跟踪设置

如果用户已经设置取消跟踪，可以跳过这一步，选择菜单中的【首选项(P)】/【用户界面(I)...】命令，出现【用户界面首选项】对话框，如图 6-2 所示。取消 ☐ 在跟踪条中跟踪光标位置 选项前的钩，然后点击 确定 按钮，完成取消跟踪设置。

2. 关闭基准层

选择菜单中的【格式(R)】/【 图层设置(S)... 】命令，出现【图层设置】对话框，关闭61 层（默认基准层）。

3. 绘制矩形

选择菜单中的【插入(S)】/【曲线(C)】/【 矩形(R)... 】命令或在【曲线】工具栏中选择 ⬜（矩形）图标，出现【点】构造器对话框，如图 6-3 所示。系统提示定义矩形顶点

1，在此对话框中基点 XC、YC、ZC 栏输入 160、130、0，如图 6-3 所示。点击 确定 按钮，系统提示定义矩形顶点 2，在此对话框中基点 XC、YC、ZC 栏输入 -160、-130、0，如图 6-4 所示，然后点击 确定 按钮，最后在【点】构造器对话框中点击 取消 按钮，完成矩形的绘制，如图 6-5 所示。

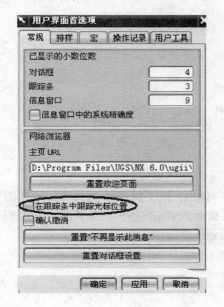

图 6-2

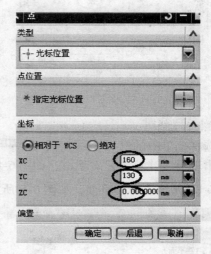

图 6-3

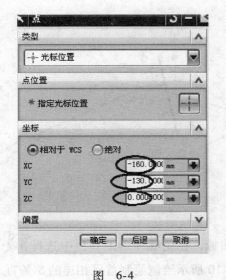

图 6-4

图 6-5

4. 移动工作坐标系

选择菜单中的【 格式(R) 】/【 WCS 】/【 原点(O)... 】命令或在【实用程序】工具条中选择 （WCS 原点）图标，出现【点】构造器对话框，在此对话框中基点 XC、YC、ZC 栏输入 0、

–65、110，如图6-6所示，然后点击 确定 按钮，将坐标系移至指定点，完成如图6-7所示。

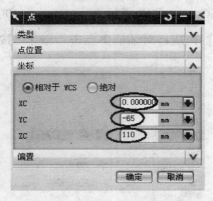

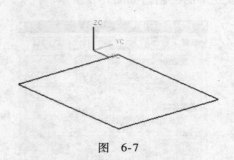

图 6-6   图 6-7

5. 草绘截面

选择菜单中的【 插入(S) 】/【 草图(S)... 】或在【特征】工具条中选择 （草图）图标，出现【创建草图】对话框，如图6-8所示。根据系统提示选择草图平面，在图形中选择 XC-ZC 平面为草图平面，如图6-9所示。点击 确定 按钮，出现草图绘制区。

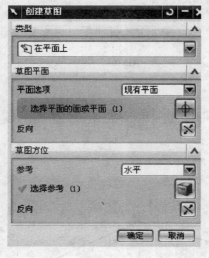

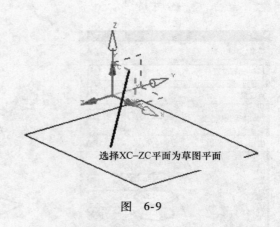

选择XC–ZC平面为草图平面

图 6-8   图 6-9

步骤：

（1）在【草图曲线】工具条中选择 （轮廓）图标，在轮廓浮动工具栏中选择 （直线）图标，适时切换 （圆弧）图标，按照如图6-10所示绘制绘制首尾相连的5条直线和1条圆弧。注意弧与直线相切。

（2）如上一步相切约束未出现，可以加上约束，在【草图约束】工具条中选择 （约束）图标，选择直线12与圆弧23，如图6-11所示。草图左上角出现浮动工具按钮，在其中选择 （相切）图标，在【草图约束】工具条中选择 （显示所有约束）图标，使图形中的约束显示出来，如图 6-12 所示。

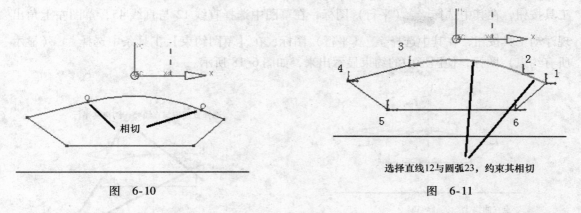

图　6-10

选择直线12与圆弧23，约束其相切

图　6-11

继续进行约束，按照上述方法，约束直线 34 与圆弧 23 相切，然后在草图中选择弧 23 与 XC 轴，如图 6-13 所示。草图左上角出现浮动工具按钮，在其中选择 ◎ （相切）图标，在【草图约束】工具条选择 ▶ （显示所有约束）图标，使图形中的约束显示出来，如图 6-14 所示。

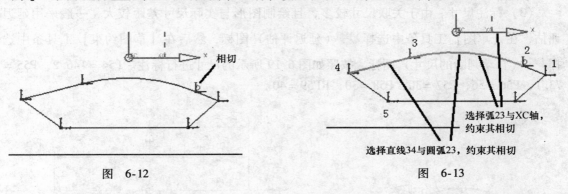

图　6-12

选择弧23与XC轴，约束其相切

选择直线34与圆弧23，约束其相切

图　6-13

继续进行约束，在草图中选择弧 23 的圆心与 YC 轴，如图 6-15 所示。草图左上角出现浮动工具按钮，在其中选择 ↑ （点在曲线上）图标，在【草图约束】工具条中选择 ▶ （显示所有约束）图标，使图形中的约束显示出来，如图 6-16 所示。

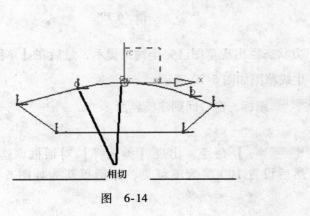

相切

图　6-14

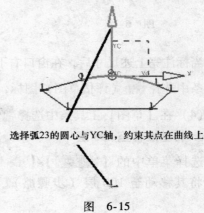

选择弧23的圆心与YC轴，约束其点在曲线上

图　6-15

继续进行约束，在草图中选择直线 16 与直线 34，如图 6-17 所示。草图左上角出现浮动工具按钮，在其中选择 // （平行）图标，在草图中选择直线 12 与直线 45，草图左上角出现浮动工具按钮，在其中选择 // （平行）图标，在【草图约束】工具条中选择 （显示所有约束）图标，使图形中的约束显示出来，如图 6-18 所示。

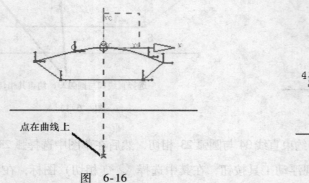

图 6-16

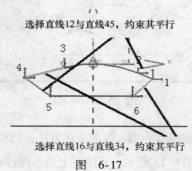

图 6-17

（3）标注尺寸。由于关联尺寸较多，且绘制图形与实际尺寸差距较大，一般采用延迟评估，在【草图】工具条中选择 （延迟评估）图标，然后在【草图约束】工具条中选择 （自动判断的尺寸）图标，按照如图 6-19 所示的尺寸进行标注。P54 = 146.2，P55 = 73.1，P56 = 56，P57 = 30，P58 = 30，RP59 = 40。

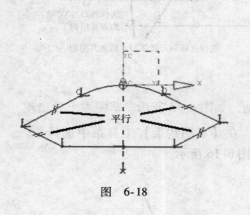

图 6-18

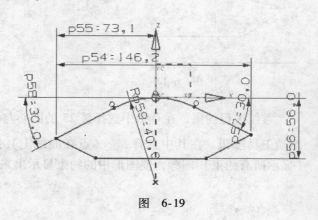

图 6-19

当标注完上述尺寸后，在窗口右下方状态栏出现草图已完全约束提示，最后在【草图】工具条中选择 （评估草图）图标，生成草图如图 6-20 所示。

（4）在【草图】工具条中选择 完成草图 图标，窗口回到建模界面。

6. 将基准移至 100 层

选择菜单中的【格式(R)】/【移动至图层(M)...】命令，出现【类选择】对话框，选择基准将其移动至 100 层（步骤略）。然后设置 100 层为不可见，图形更新为如图 6-21 所示。

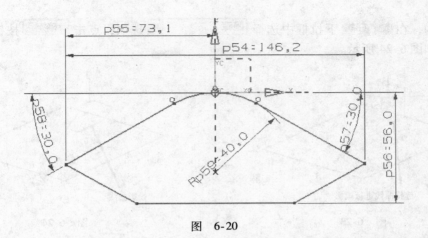

图 6-20

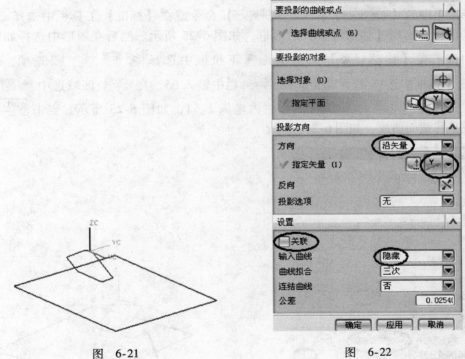

图 6-21　　　　　　　　　　　　　图 6-22

7. 投影曲线

选择菜单中的【 插入(S) 】/【 来自曲线集的曲线(F) 】/【 投影(P)... 】命令或在【曲线】工具栏中选择 （投影曲线）图标，出现【投影曲线】对话框，如图6-22所示。在【曲线规则】下拉框内选择 相连曲线 选项，在图形中选择如图6-23所示的曲线进行投影。

接着在【投影曲线】对话框 指定平面 下拉框中选择 （XC-ZC平面）选项，在 方向 下拉框中选择 沿矢量 选项，在 指定矢量 下拉框中选择 选项，取消 关联选项前的钩，在 输入曲线 下拉框中选择 隐藏 ▼ 选项，点击 确定 按钮，完成投影曲线，如图 6-24 所示。

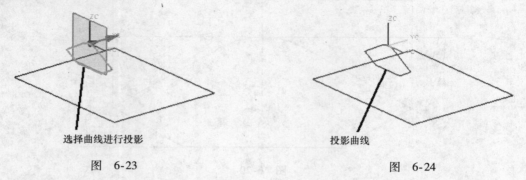

选择曲线进行投影

投影曲线

图 6-23　　　　　　　　　　　　　　　　　图 6-24

8. 平移截面曲线

选择菜单中的【 编辑(E) 】/【 移动对象(O)... 】命令或在【标准】工具栏中选择 （移动对象）图标，出现【移动对象】对话框，如图 6-25 所示。然后在图形中选择如图 6-24 所示的曲线。在【移动对象】对话框 运动 下拉框中选择 距离 ▼ 选项，然后在 指定矢量(1) 下拉框中选择 Y ▼ 选项，在 距离 栏中输入 65，在 结果 区域选中 复制原先的 选项，在 距离/角度分割 、 非关联副本数 栏内输入 1、1，如图 6-25 所示。点击 应用 按钮，完成平移截面曲线，如图 6-26 所示。

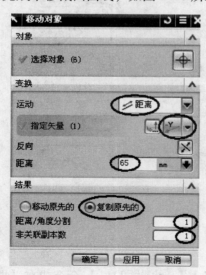

图 6-25

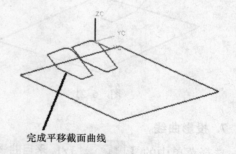

完成平移截面曲线

图 6-26

继续进行平移曲线，在图形中选择如图 6-26 所示的完成平移曲线，在【移动对象】对话框 运动 下拉框中选择 距离 ▼ 选项，然后在 指定矢量(1) 下拉框中选择 Y ▼ 选项，在 距离 栏中输入 197，在 结果 区域选中 复制原先的 选项，在 距离/角度分割 、 非关联副本数 栏中输入 1、1，如图 6-27 所示。点击 应用 按钮，完成平移曲线，如图 6-28 所示。

继续进行平移曲线，在图形中选择如图 6-28 所示的完成平移曲线，在【移动对象】对话框 运动 下拉框中选择 距离 选项，然后在 指定矢量(1) 下拉框中选择 Y 选项，在 距离 栏中输入 63，在 结果 区域选中 复制原先的 选项，在 距离/角度分割 、非关联副本数 栏中输入 1、1，点击 确定 按钮，完成平移曲线，如图 6-29 所示。

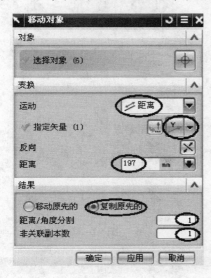

图　6-27

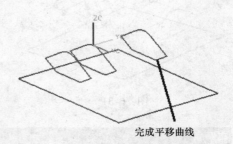

完成平移曲线

图　6-28

9. 旋转工作坐标系

选择菜单中的 【格式(R)】/【WCS】/【旋转(R)...】 命令或在【实用工具】工具条中选择 （旋转 WCS）图标，出现【旋转 WCS】工作坐标系对话框，如图 6-30 所示。选中 +XC 轴：YC--> ZC 选项，在旋转 角度 栏中输入【2】，点击 确定 按钮，将坐标系转成如图 6-31 所示。

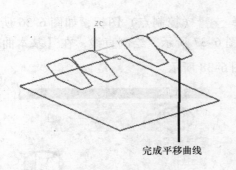

完成平移曲线

图　6-29

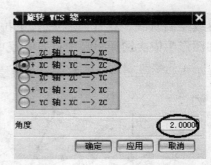

图　6-30

10. 绘制 2°斜直线

选择菜单中的 【插入(S)】/【曲线(C)】/【基本曲线(B)...】 命令或在【曲线】工具条中选择 （基本曲线）图标，出现【基本曲线】对话框，选择 （直线）图标，取消线串模式，如图 6-32 所示。在下方的【跟踪条】里【XC】、【YC】、【ZC】栏中输入【0】、【－70】、【0】，如图 6-33 所示。然后按回车键，接着在【跟踪条】里【XC】、【YC】、【ZC】栏中输入【0】、【210】、【0】，如图 6-34 所示。然后按回车键，绘制直线，如图 6-35 所示。

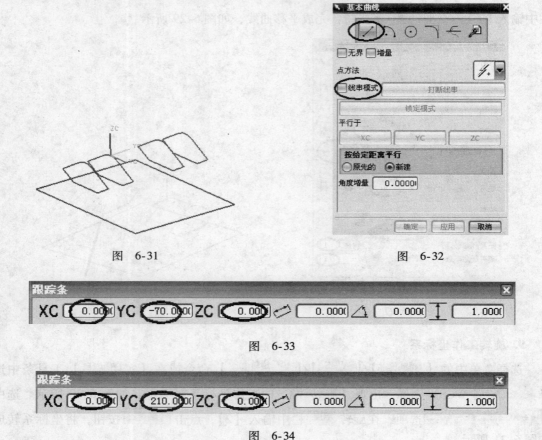

图 6-31   图 6-32

图 6-33

图 6-34

继续绘制直线，在【点方法】下拉框中选择 ⌇ （控制点）图标，如图 6-36 所示，然后在图形中依次选择圆弧中点及直线中点，如图 6-37 所示。绘制直线，在【基本曲线】对话框单击 取消 按钮，完成斜直线绘制，如图 6-38 所示。

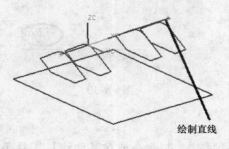

绘制直线

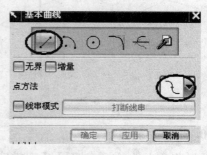

图 6-35   图 6-36

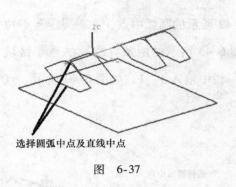

选择圆弧中点及直线中点

图　6-37

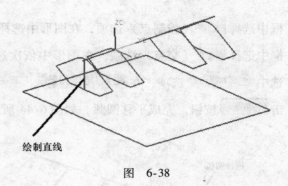

绘制直线

图　6-38

6.3　创建零件主实体

1. 对象预设置

选择菜单中的【 首选项(P) 】/【 对象(O)...　　Ctrl+Shift+J 】命令，出现【对象首选项】对话框，在【 类型 】下拉框中选择【 实体 】，在【颜色】栏点击颜色区，出现【颜色】选择框，选择如图 6-39 所示的颜色，然后点击 确定 按钮，系统返回【对象首选项】对话框，最后点击 确定 按钮，完成预设置。

2. 平移圆弧

选择菜单中的【 编辑(E) 】/【 移动对象(O)... 】命令或在【标准】工具栏中选择 （移动对象）图标，出现【移动对象】对话框，如图 6-40 所示。然后在图形中选择如图 6-41 所示的圆弧。

图　6-39

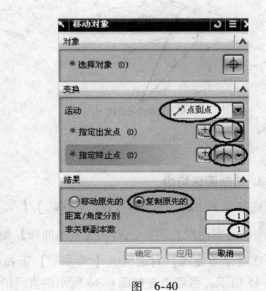

图　6-40

在【移动对象】对话框 运动 下拉框中选择 点到点 选项，然后在 指定出发点 下拉

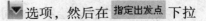

框中选择 （控制点）选项，在图形中选择如图 6-42 所示的圆弧中点，在 指定终止点 下拉框中选择 （交点）选项，在图形中依次选择如图 6-43 所示的两条直线。在 结果 区域选中 ⊙复制原先的 选项，在 距离/角度分割 、非关联副本数 栏中输入 1、1，如图 6-40 所示。点击 确定 按钮，完成平移圆弧，如图 6-44 所示。

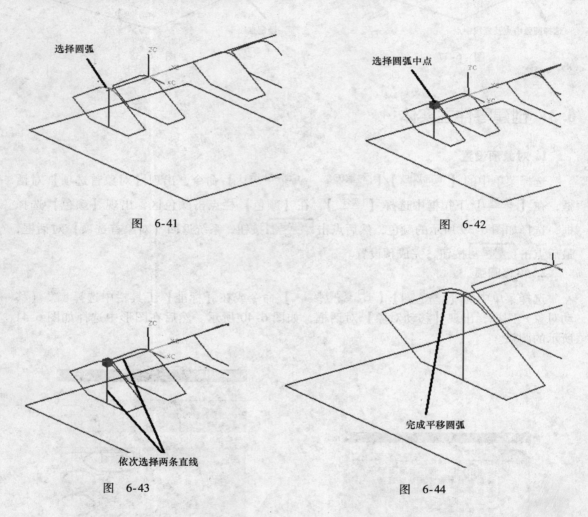

图 6-41

图 6-42

图 6-43

图 6-44

3. 绘制圆弧切线

选择菜单中的 【插入(S)】/【曲线(C)】/【基本曲线(B)...】命令或在【曲线】工具条中选择 （基本曲线）图标，出现【基本曲线】对话框，选择 （直线）图标，取消线串模式，在【基本曲线】对话框中【点方法】下拉框内选择 （自动判断的点）选项，如图 6-45 所示。然后选择如图 6-46 所示的直线的端点，接着选择如图 6-47 所示的圆弧位置，绘制一条切线，完成如图 6-48 所示。

按照上述方法，绘制右边同样的切线，完成结果如图 6-49 所示。

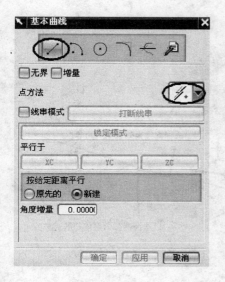

图 6-45

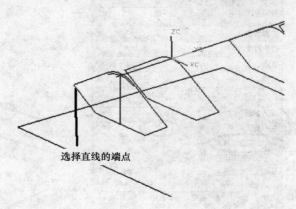

图 6-46

选择直线的端点

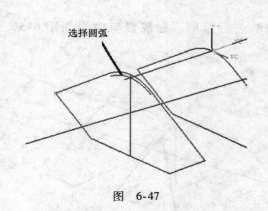

选择圆弧

图 6-47

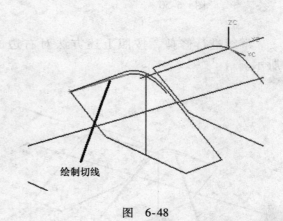

绘制切线

图 6-48

4. 修剪曲线

选择菜单中的【编辑(E)】/【曲线(V)】/【修剪(T)…】命令或在【编辑曲线】工具条中选择（修剪曲线）图标，出现【修剪曲线】对话框，取消 □关联 复选框前面的勾，在 曲线延伸段 下拉框中选择 自然 选项，并勾选 ☑修剪边界对象 选项，如图 6-50 所示。在图形中选择如图 6-51 所示的圆弧为要修剪的对象，然后在图形中选择如图 6-51 所示的直线为修剪第一边界，最后在【修剪曲线】对话框中点击 应用 按钮，完成修剪曲线，如图 6-52 所示。

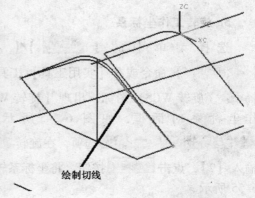

绘制切线

图 6-49

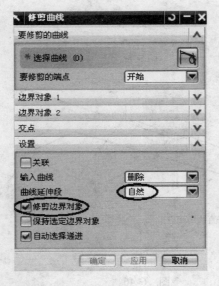

图 6-50

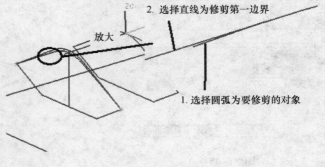

图 6-51

继续进行修剪，按照上述方法对右边的曲线进行修剪，完成修剪曲线如图 6-53 所示。

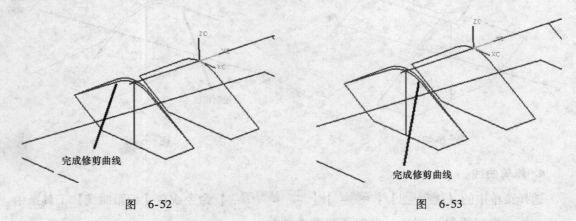

完成修剪曲线

图 6-52

完成修剪曲线

图 6-53

5. 旋转工作坐标系

选择菜单中的【 格式(R) 】/【 WCS 】/【 旋转(R)... 】命令或在【实用工具】工具条中选择 （旋转 WCS）图标，出现【旋转 WCS】工作坐标系对话框，如图 6-54 所示。选中 — XC 轴：ZC --> YC 选项，在旋转 角度 栏中输入【2】，点击 确定 按钮，将坐标系转成如图 6-55 所示。

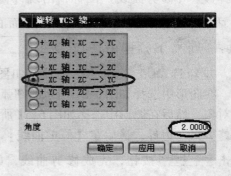

图 6-54

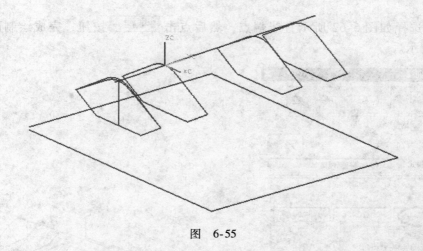

图　6-55

6. 绘制左端截面线

选择菜单中的【 插入(S) 】/【 曲线(C) 】/【 基本曲线(B)... 】命令或在【曲线】工具条中选择 （基本曲线）图标，出现【基本曲线】对话框，选择 （直线）图标，选中 线串模式 复选框前面的对勾，在【 点方法 】下拉框中选择 （端点）选项，如图 6-56 所示。然后在图形中选择直线端点，如图 6-57 所示，然后在【基本曲线】对话框中点击 XC 按钮，如图 6-58 所示。

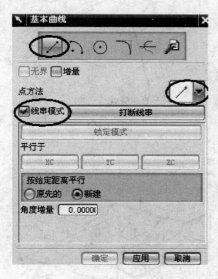

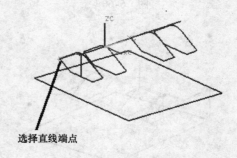

图　6-56

图　6-57

选择直线端点

接着继续在图形中选择如图 6-59 所示直线端点，再次选择如图 6-59 所示直线端点，然后点击 打断线串 按钮，完成绘制两条直线，如图 6-60 所示。

继续绘制直线，按照上述步骤，在图形中选择直线端点，如图 6-61 所示。然后在【基本曲线】对话框中点击 XC 按钮，接着继续在图形中选择如图 6-62 所示直线端点，再次选择如图 6-62 所示直线端点，然后点击 取消 按钮，完成绘制两条直线，如图 6-63所示。

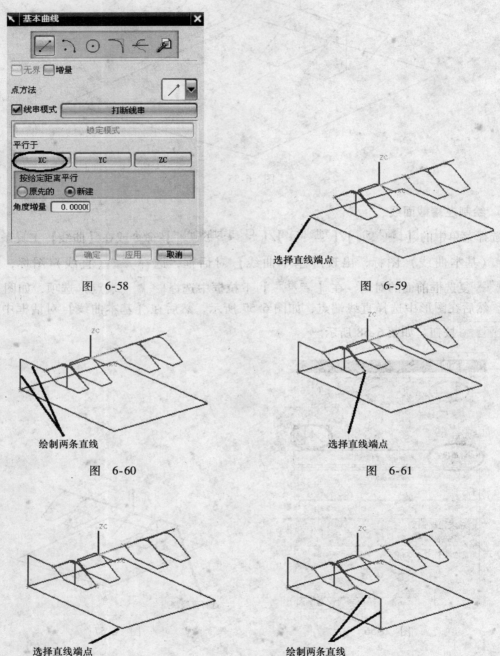

图 6-58

图 6-59

图 6-60

图 6-61

图 6-62

图 6-63

7. 绘制辅助线

选择菜单中的【 插入(S) 】/【 曲线(C) 】/【 基本曲线(B)... 】命令或在【曲线】工具条中选

择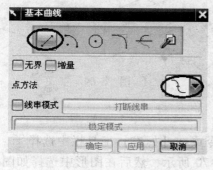（基本曲线）图标，出现【基本曲线】对话框，选择 （直线）图标，取消线串模式，在【点方法】下拉框中选择 （控制点）图标，如图 6-64 所示。然后在图形中依次选择圆弧中点及直线中点，如图 6-65 所示。绘制 1 条直线，在【基本曲线】对话框点击 取消 按钮，完成如图 6-66 所示。

图　6-64

图　6-65

依次选择圆弧中点及直线中点

8. 编辑曲线长度

选择菜单中的【编辑(E)】/【曲线(V)】/【长度(L)...】命令或在【编辑曲线】工具条中选择（编辑曲线长度）图标，出现编辑【曲线长度】对话框，如图 6-67 所示。在图形中选择如图 6-68 所示的曲线，在编辑【曲线长度】对话框中 长度 下拉框内选择 增量 选项，在 侧 下拉框中选择 起点和终点 选项，在 方法 下拉框中选择 自然 选项，在 开始 、结束 栏内输入 20、0，取消 关联 选项前的勾，在 输入曲线 下拉框中选择 替换 选项，然后点击 确定 按钮，完成延伸曲线，如图 6-69 所示。

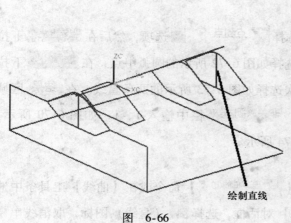

绘制直线

图　6-66

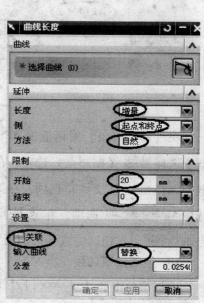

图　6-67

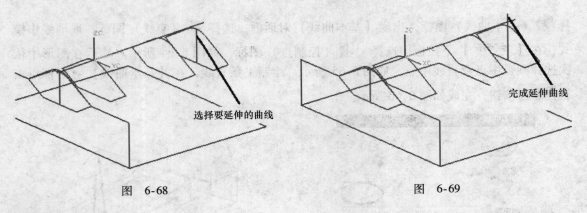

选择要延伸的曲线

完成延伸曲线

图 6-68 图 6-69

9. 平移圆弧

选择菜单中的【编辑(E)】/【移动对象(O)...】命令或在【标准】工具栏中选择 （移动对象）图标，出现【移动对象】对话框，如图 6-70 所示，然后在图形中选择如图 6-71 所示的圆弧。

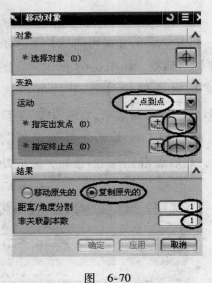

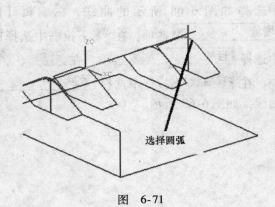

选择圆弧

图 6-70 图 6-71

在【移动对象】对话框 运动 下拉框中选择 点到点 选项，然后在 指定出发点 下拉框中选择 （控制点）选项，在图形中选择如图 6-72 所示的圆弧中点，在 指定终止点 下拉框中选择 （交点）选项，在图形中依次选择如图 6-73 所示的两条直线。在 结果 区域选中 复制原先的 选项，在 距离/角度分割 、 非关联副本数 栏中输入 1、1，如图 6-70 所示。点击 确定 按钮，完成平移圆弧，如图 6-74 所示。

10. 绘制圆弧切线

选择菜单中的【插入(S)】/【曲线(C)】/【基本曲线(B)...】命令或在【曲线】工具条中选择 （基本曲线）图标，出现【基本曲线】对话框，选择 （直线）图标，取消线串模式，在【基本曲线】对话框中【点方法】下拉框内选择 $\mathscr{S}$ ▼（自动判断的点）选项，如图 6-75 所示。然后选择如图 6-76 所示的直线的端点，接着选择如图 6-77 所示的圆弧位置，绘制一条切线，完成结果如图 6-78 所示。

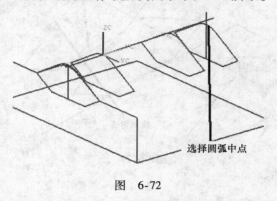

选择圆弧中点

图 6-72

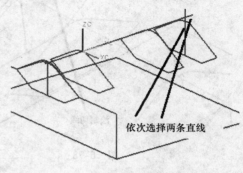

依次选择两条直线

图 6-73

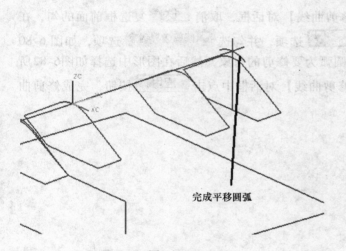

完成平移圆弧

图 6-74

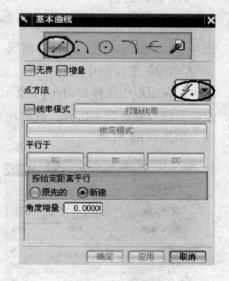

图 6-75

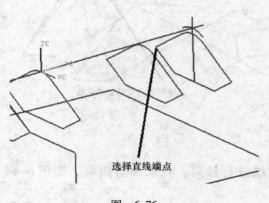

选择直线端点

图 6-76

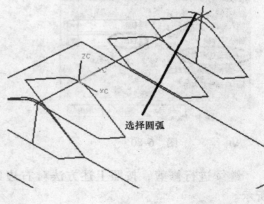

选择圆弧

图 6-77

按照上述方法，绘制右边同样的切线，完成结果如图 6-79 所示。

绘制切线

绘制切线

图　6-78　　　　　　　　　　　　　　　图　6-79

11. 修剪曲线

选择菜单中的【编辑(E)】/【曲线(V)】/【修剪(T)…】命令或在【编辑曲线】工具条中选择（修剪曲线）图标，出现【修剪曲线】对话框，取消关联复选框前面的勾，在曲线延伸段下拉框中选择自然选项，并勾选修剪边界对象选项，如图 6-80所示。在图形中选择如图 6-81 所示的圆弧为要修剪的对象，然后在图形中选择如图6-82所示的曲线为修剪第一边界，最后在【修剪曲线】对话框中点击应用按钮，完成修剪曲线，如图 6-83 所示。

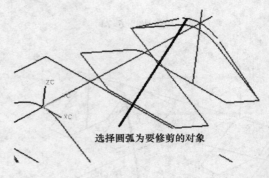

选择圆弧为要修剪的对象

图　6-80　　　　　　　　　　　　　　　图　6-81

继续进行修剪，按照上述方法对右边的曲线进行修剪，完成修剪曲线，如图 6-84所示。

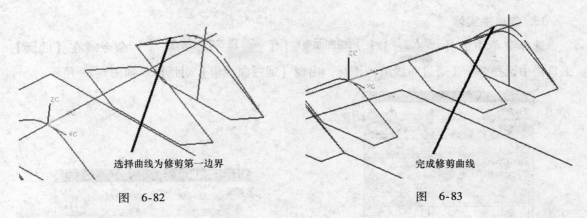

选择曲线为修剪第一边界

图　6-82

完成修剪曲线

图　6-83

12. 绘制右端截面线

按照步骤 6 的方法，绘制右端截面，完成如图 6-85 所示。

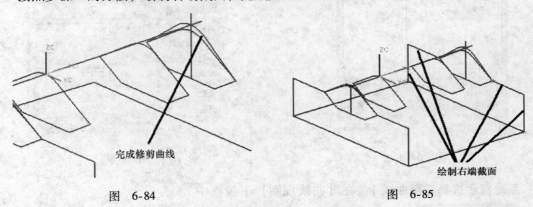

完成修剪曲线

图　6-84

绘制右端截面

图　6-85

13. 将辅助线移至 100 层

选择菜单中的【 格式(R) 】/【 ✎ 移动至图层(M)... 】命令，出现【类选择】对话框，选择如图 6-86 所示的辅助线移动至 100 层（步骤略），图形更新如图 6-87 所示。

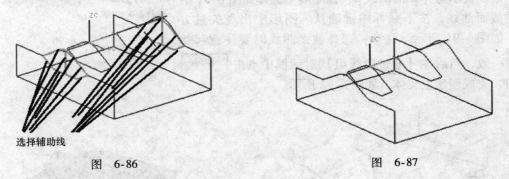

选择辅助线

图　6-86

图　6-87

14. 设定工作层

选择菜单中的【 格式(R) 】/【 ▦ 图层设置(S)... 】命令，出现【图层设置】对话框，如图 6-88 所示。在对话框中 工作图层 栏内输入 2，然后按下回车键，最后在【图层设置】对话框中点击 关闭 按钮，完成设定工作层。

15. 创建主实体

选择菜单中的【 插入(S) 】/【 网格曲面(M) 】/【 通过曲线组(T)... 】命令或在【曲面】工具栏中选择 （通过曲线组）图标，出现【通过曲线组】对话框，如图 6-89 所示。

图 6-88

图 6-89

系统提示选择截面曲线 1，在【曲线规则】下拉框中选择 相连曲线 选项，在图形中选择如图 6-90 所示的截面曲线，按下鼠标中键确认。图形中出现矢量方向，如图 6-90 所示。

系统提示选择截面曲线 2，在图形中选择如图 6-91 所示的截面曲线，按下鼠标中键确认。图形中出现矢量方向，如图 6-91 所示。注意：选择截面曲线时要注意起始位置一致，然后在【通过曲线组】对话框中点击 确定 按钮，完成创建主实体，如图 6-92 所示。

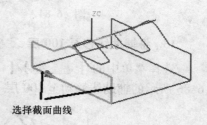

选择截面曲线

图 6-90

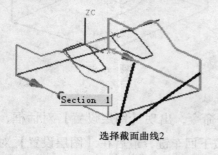

选择截面曲线2

图 6-91

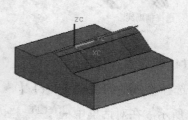

图 6-92

16. 设定工作层

选择菜单中的【 格式(R) 】/【 图层设置(S)... 】命令，出现【图层设置】对话框，如图 6-93 所示。在对话框中 工作图层 栏中输入 10，然后按下回车键，取消选中 □2 层，最后在【图层设置】对话框中点击 关闭 按钮，完成设定工作层。

17. 应用通过曲线组功能创建片体

选择菜单中的【 插入(S) 】/【 网格曲面(M) 】/【 通过曲线组(T)... 】命令或在【曲面】工具栏中选择 （通过曲线组）图标，出现【通过曲线组】对话框，如图 6-94 所示，

图　6-93　　　　　　　　　　　图　6-94

系统提示选择截面曲线 1，在【曲线规则】下拉框中选择 单条曲线 选项，在图形中选择如图 6-95 所示的截面曲线，按下鼠标中键确认。图形中出现矢量方向，如图 6-95 所示。

系统提示选择截面曲线 2，在图形中选择如图 6-96 所示的截面曲线，按下鼠标中键确认。图形中出现矢量方向，如图 6-96 所示。注意：选择截面曲线时要注意起始位置一致，然后在【通过曲线组】对话框中点击 确定 按钮，完成创建片体，如图 6-97 所示。

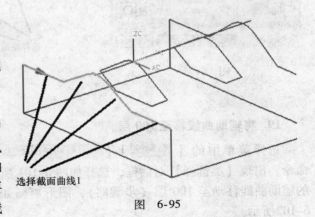

选择截面曲线 1

图　6-95

18. 创建偏置面

选择菜单中的【 插入(S) 】/【 偏置/缩放(O) 】/【 偏置面(F)... 】命令或在【特征】工具条中选择 （偏置面）图标，出现【偏置面】对话框，如图 6-98 所示。在【面规则】下拉框中选择 相切面 选项，然后在图形中选择如图 6-99 所示的面为要偏置的面，出现偏置方向，如图 6-99 所示。然后在【偏置面】对话框中 偏置 栏中输入 -6，点击

[确定] 按钮，完成偏置面特征，如图 6-100 所示。

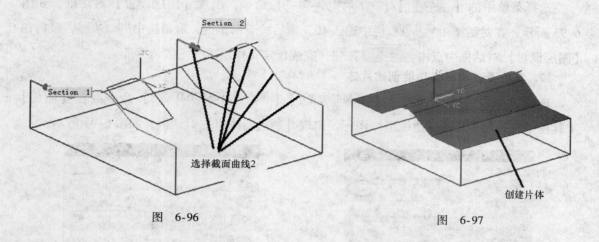

选择截面曲线2

图 6-96

创建片体

图 6-97

图 6-98

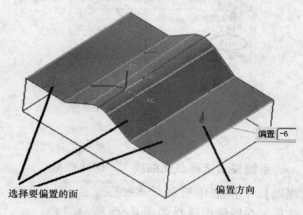

选择要偏置的面

偏置方向

偏置 -6

图 6-99

19. 将辅助曲线移至 100 层

选择菜单中的【 格式(R) 】/【 移动至图层(M)... 】
命令，出现【类选择】对话框，选择如图 6-101 所示
的辅助曲线移动至 100 层（步骤略），图形更新如图
6-102 所示。

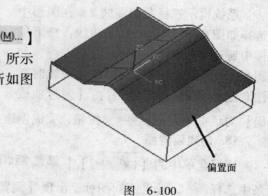

偏置面

图 6-100

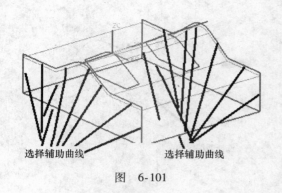

选择辅助曲线　　　　选择辅助曲线

图 6-101

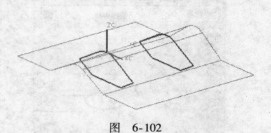

图 6-102

6.4　创建零件辅助实体一

1. 设定工作层

选择菜单中的【 格式(R) 】/【 图层设置(S)... 】命令，出现【图层设置】对话框，如图 6-103 所示，在对话框中 工作图层 栏中输入 3，然后按下回车键，并取消选中 10 层，最后在【图层设置】对话框中点击 关闭 按钮，完成图层设定，图形更新为如图 6-104 所示。

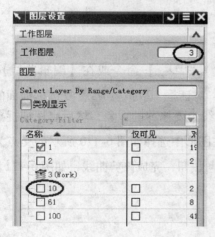

图 6-103

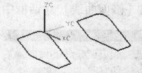

图 6-104

2. 创建偏置曲线

选择菜单中的【 插入(S) 】/【 来自曲线集的曲线(F) 】/【 偏置(O)... 】命令或在【曲线】工具条中选择 （偏置曲线）图标，出现【偏置曲线】对话框，如图 6-105 所示。在【曲线规则】下拉框中选择 相切曲线 选项，在图形中选择如图 6-106 所示的要偏置的曲线，图形中出现偏置方向箭头，如图 6-106 所示。然后在【偏置曲线】对话框中点击 （反向）按钮，并在【 距离 】栏中输入 8.7，并取消 关联 复选框前面的钩，在 输入曲线 下拉框中选择 保持 选项，点击 确定 按钮，完成偏置曲线，如图 6-107 所示。

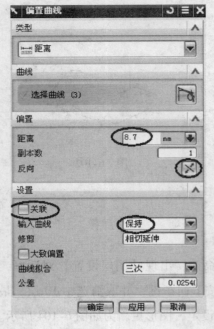

图 6-105

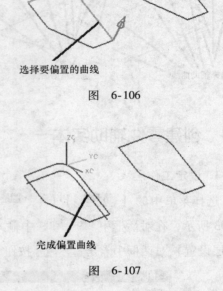

选择要偏置的曲线

图 6-106

完成偏置曲线

图 6-107

3. 修剪曲线

选择菜单中的【 编辑(E) 】/【 曲线(V) 】/【 ⇒ 修剪(T)… 】命令或在【编辑曲线】工具条中

选择 ⇒ （修剪曲线）图标，出现【修剪曲线】对话框，取消 □关联 复选框前面的勾，如图

6-108 所示。在图形中选择如图 6-109 所示的直线为要修剪的对象，然后启用捕捉点选项，然

后在捕捉点工具条中选择 ↑ （交点）选项，在图形中选择如图 6-110 所示的交点为修剪的边

界，最后在【修剪曲线】对话框中点击 应用 按钮，完成修剪曲线，如图 6-111 所示。

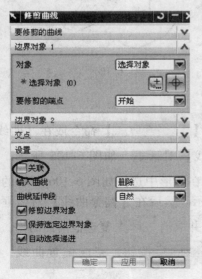

图 6-108

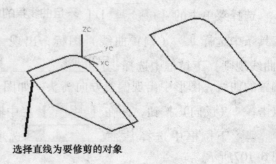

选择直线为要修剪的对象

图 6-109

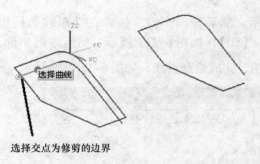

选择交点为修剪的边界

完成修剪曲线

图 6-110　　　　　　　　　　　　　图 6-111

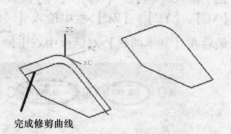

继续进行修剪，按照上述方法对右边的曲线进行修剪，完成修剪如图 6-112 所示。

4. 创建偏置曲线

按照本节步骤 2 的方法，创建偏置曲线，完成如图 6-113 所示。

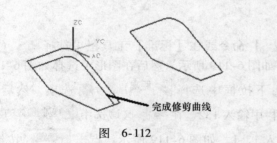

完成修剪曲线

创建偏置曲线

图 6-112　　　　　　　　　　　　　图 6-113

5. 修剪曲线

按照本节步骤 3 的方法，完成修剪曲线，如图 6-114 所示。

6. 绘制直线

选择菜单中的【 插入(S) 】/【 曲线(C) 】/【 基本曲线(B)... 】命令或在【曲线】工具栏中选择 （基本曲线）图标，出现【基本曲线】对话框，选择 （直线）图标，取消【线串模式】复选框前面的钩，如图 6-115 所示。在下方的【跟踪条】里【XC】、【YC】、【ZC】

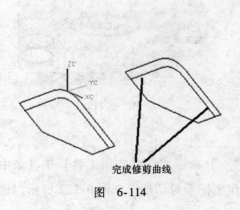

完成修剪曲线

图 6-114　　　　　　　　　　　　　图 6-115

栏中输入【80】、【0】、【50】，如图 6-116 所示。然后按回车键，接着在【跟踪条】里【XC】、【YC】、【ZC】栏中输入【-80】、【0】、【50】，如图 6-117 所示。然后按回车键，最后在【基本曲线】对话框中点击 取消 按钮，完成绘制直线，如图 6-118 所示。

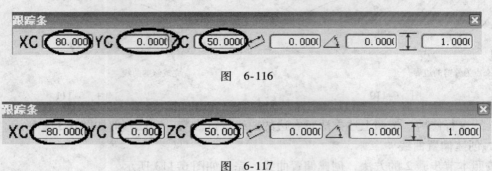

图 6-116

图 6-117

7. 平移曲线

选择菜单中的【编辑(E)】/【移动对象(O)...】命令或在【标准】工具栏中选择 （移动对象）图标，出现【移动对象】对话框，如图 6-119 所示。然后在图形中选择如图 6-120 所示的曲线。在【移动对象】对话框 运动 下拉框中选择 距离 选项，然后在 指定矢量(1) 下拉框中选择 Y 选项，在 距离 栏中输入 132，在 结束 区域选中 复制原先的 选项，在 距离/角度分割 、 非关联副本数 栏中输入 1、1，如图 6-119 所示。点击 确定 按钮，完成平移曲线，如图 6-121 所示。

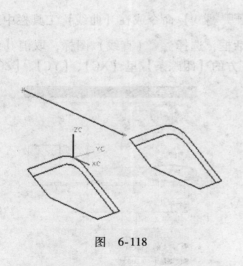

图 6-118

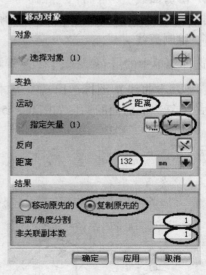

图 6-119

8. 旋转工作坐标系

选择菜单中的【格式(R)】/【WCS】/【旋转(R)...】命令或在【实用工具】工具条中选择 （旋转 WCS）图标，出现【旋转 WCS】工作坐标系对话框，如图 6-122 所示。选中

⊙+XC轴：YC--> ZC 选项，在旋转 角度 栏中输入【90】，点击 确定 按钮，将坐标系旋转成如图 6-123 所示的位置。

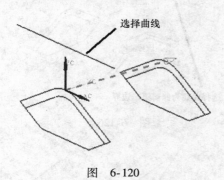

选择曲线

图　6-120

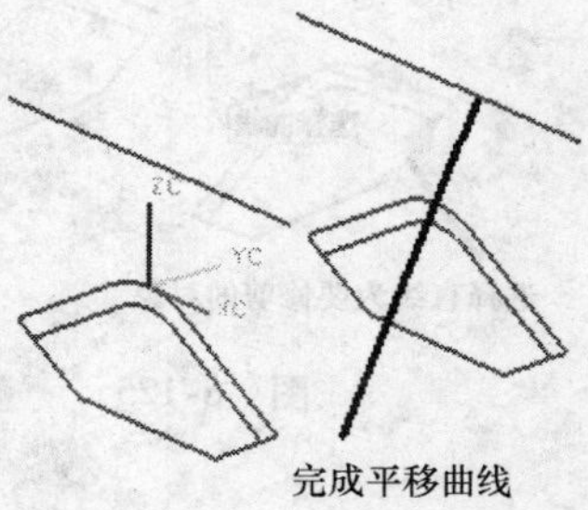

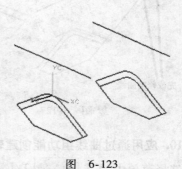

完成平移曲线

图　6-121

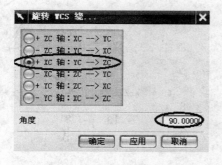

图　6-122

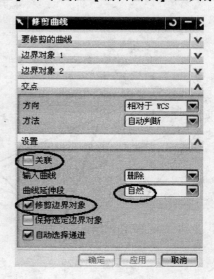

图　6-123

9. 修剪曲线

选择菜单中的【 编辑(E) 】/【 曲线(V) 】/【 ⤳ 修剪(T)... 】命令或在【编辑曲线】工具条中选择 ⤳ （修剪曲线）图标，出现【修剪曲线】对话框，取消 □关联 复选框前面的钩，在 曲线延伸段 下拉框中选择 自然 选项，并勾选 ☑修剪边界对象 选项，如图 6-124 所示。在图形中选择如图 6-125 所示的直线为要修剪的对象，然后在图形中选择如图 6-126 所示的曲线为修剪第一边界，最后在【修剪曲线】对话框中点击 应用 按钮，完成修剪曲线，如图 6-127 所示。

继续进行修剪，按照上述方法对右侧的曲线进行修剪，完成修剪如图 6-128 所示。

继续进行修剪，按照上述方法对右边的图形进行修剪，完成修剪如图 6-129 所示。

图　6-124

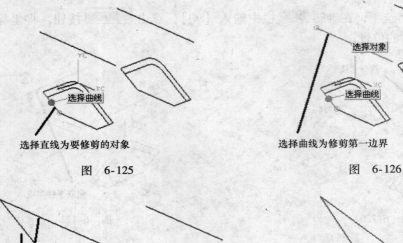

选择直线为要修剪的对象   选择曲线为修剪第一边界

图 6-125   图 6-126

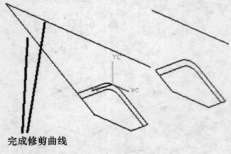 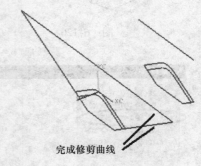

完成修剪曲线   完成修剪曲线

图 6-127   图 6-128

10. 应用通过曲线组功能创建辅助实体一

选择菜单中的【 插入(S) 】/【 网格曲面(M) 】/【 通过曲线组(T)... 】命令或在【曲面】
工具栏中选择 （通过曲线组）图标，出现【通过曲线组】对话框，如图 6-130 所示。

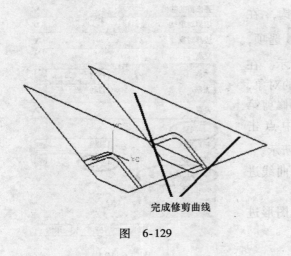

完成修剪曲线

图 6-129   图 6-130

系统提示选择截面曲线 1，在【曲线规则】下拉框中选择 相连曲线 ▼ ┼┼ （在相

交处停止）选项，在图形中选择如图 6-131
所示的截面曲线，按下鼠标中键确认。图形
中出现矢量方向，如图 6-131 所示。

　　系统提示选择截面曲线 2，在图形中选择
如图 6-132 所示的截面曲线，按下鼠标中键
确认。图形中出现矢量方向，如图 6-132 所
示。注意：选择截面曲线时要注意起始位置
一致，然后在【通过曲线组】对话框中点击
确定 按钮，完成创建辅助实体一，如图
6-133 所示。

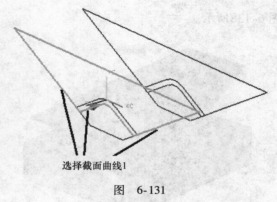

选择截面曲线1

图　6-131

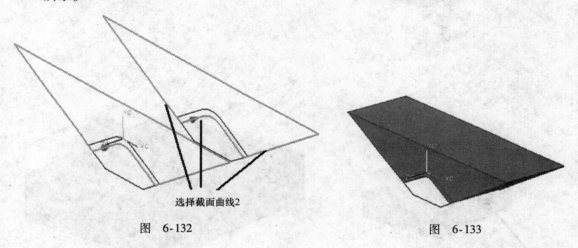

选择截面曲线2

图　6-132

图　6-133

6.5　创建零件主体凹腔

1. 设定工作层

　　选择菜单中的【 格式(R) 】/【 图层设置(S)... 】命
令，出现【图层设置】对话框，如图 6-134 所示。在对
话框中 工作图层 栏内输入 2，然后按下回车键，在【图
层设置】对话框中点击 关闭 按钮，完成图层设定，
图形更新如图 6-135 所示。

2. 创建实体减操作

　　选择菜单中的【 插入(S) 】/【 组合体(B) 】/
【 求差(S)... 】命令或在【特征操作】工具条中选择
（求差）图标，出现【求差】操作对话框，如
图 6-136 所示。系统提示选择目标实体，按照图 6-137
所示依次选择目标实体和工具实体，完成求差操作，如

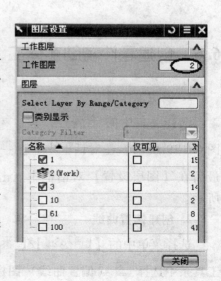

图　6-134

187

图 6-138 所示。

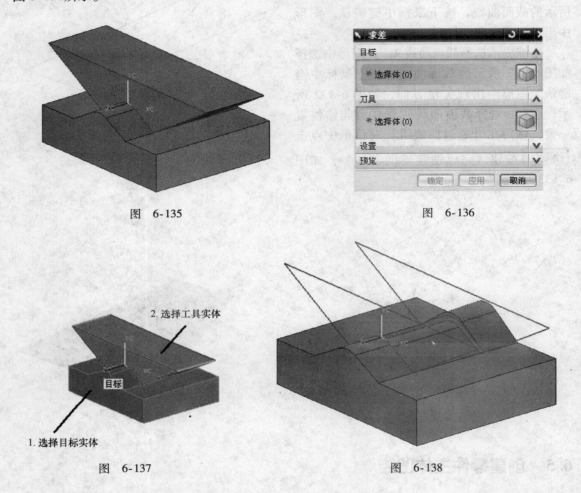

图 6-135

图 6-136

图 6-137

图 6-138

6.6 创建零件辅助实体二

1. 设定工作层

选择菜单中的【 格式(R) 】/【 图层设置(S)... 】命令，出现【图层设置】对话框，如图 6-139 所示。在对话框中 工作图层 栏内输入 4，然后按下回车键，并取消选中第 2 层，最后在【图层设置】对话框中点击 关闭 按钮，完成图层设定，图形更新如图 6-140 所示。

2. 创建偏置曲线

选择菜单中的【 插入(S) 】/【 来自曲线集的曲线(F) 】/【 偏置(O)... 】命令或在【曲线】工具条中选择 （偏置曲线）图标，出现【偏置曲线】对话框，如图 6-141 所示。根据提示在图形中选择如图 6-142 所示的要偏置的曲线。

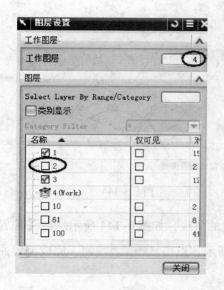

图 6-139

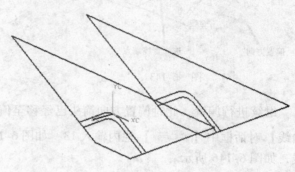

图 6-140

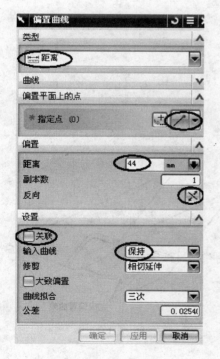

图 6-141

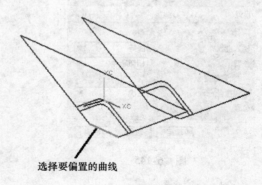

选择要偏置的曲线

图 6-142

然后在 指定点(1) 区域选择 （端点）图标，在图形中选择如图 6-143 所示的直线端点，出现偏置方向箭头，如图 6-143 所示。然后在【偏置曲线】对话框点击 （反向）按钮，并在【距离】栏中输入 44，并取消 关联 复选框前面的钩，在 输入曲线 下拉框中选择 保持 选项，点击 应用 按钮，完成偏置曲线，如图 6-144 所示。

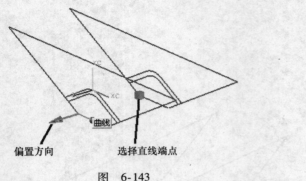

偏置方向　　　　　　　选择直线端点

图　6-143

完成偏置曲线

图　6-144

继续进行偏置，此时偏置方向箭头已经移至偏置出的曲线，如图 6-144 所示。在【偏置曲线】对话框中【 距离 】栏内输入 13，如图 6-145 所示。点击 确定 按钮，完成偏置曲线，如图 6-146 所示。

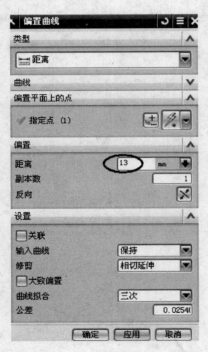

图　6-145

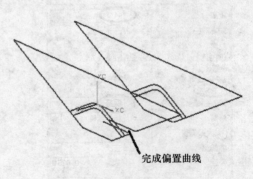

完成偏置曲线

图　6-146

3. 连接矩形两条边

选择菜单中的【 插入(S) 】/【 曲线(C) 】/【 基本曲线(B)... 】命令或在【曲线】工具条中选择 （基本曲线）图标，出现【基本曲线】对话框，选择 （直线）图标，取消【线串模式】复选框前面的钩，在【 点方法 】下拉框中选择 （端点）选项，如图 6-147 所示。接着在图形中选择端点 1、2，再选择端点 3、4，如图 6-148 所示。绘制 2 条直线，如图 6-149 所示。

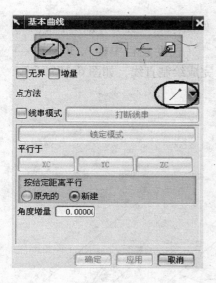

图　6-147

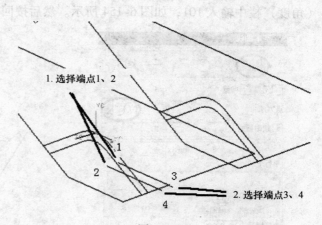

1. 选择端点1、2

2. 选择端点3、4

图　6-148

4. 旋转工作坐标系

选择菜单中的【 格式(R) 】/【 WCS 】/
【 旋转(R)... 】命令或在【实用工具】工
具条中选择 （旋转 WCS）图标，出
现【旋转 WCS】工作坐标系对话框，如
图 6-150 所示。选中 + YC 轴：ZC --> XC
选项，在旋转 角度 栏中输入【90】，点
击 确定 按钮，将坐标系转成如图
6-151 所示的位置。

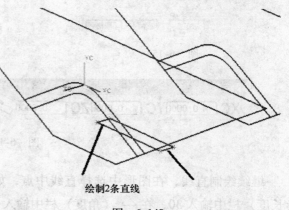

绘制2条直线

图　6-149

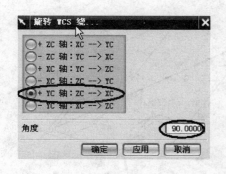

图　6-150

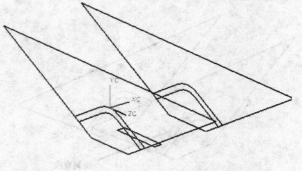

图　6-151

5. 绘制直线

选择菜单中的【 插入(S) 】/【 曲线(C) 】/【 基本曲线(B)... 】命令或在【曲线】工具条中选
择 （基本曲线）图标，出现【基本曲线】对话框，选择 （直线）图标，取消线串模

式，在【点方法】下拉框中选择 ✎▾（控制点）图标，如图 6-152 所示。然后在图形中选择直线中点，如图 6-153 所示。然后在【跟踪条】里 ✎（长度）栏中输入 30，在 △（角度）栏中输入 101，如图 6-154 所示。然后按回车键，完成绘制直线，如图 6-155 所示。

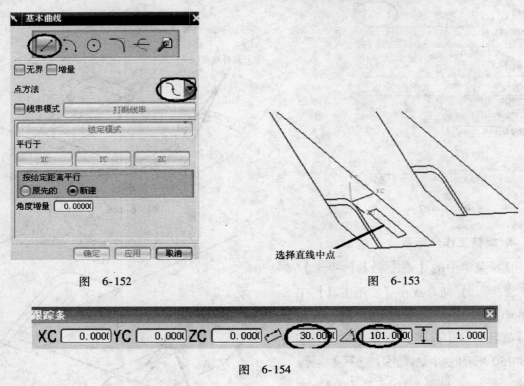

图 6-152　　　　　　　　　　　　　　　　　　　　图 6-153

图 6-154

继续绘制直线，在图形中选择直线中点，如图 6-156 所示。然后在【跟踪条】里 ✎（长度）栏中输入 30，在 △（角度）栏中输入 37，如图 6-157 所示。然后按回车键，完成绘制直线，如图 6-158 所示。

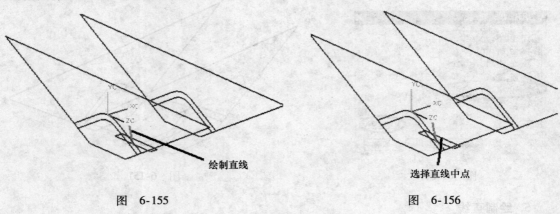

图 6-155　　　　　　　　　　　　　　　　　　　　图 6-156

6. 平移曲线

选择菜单中的【编辑(E)】/【移动对象(O)...】命令或在【标准】工具栏中选择 ⬚（移

图 6-157

动对象）图标，出现【移动对象】对话框，如图 6-159 所示。然后在图形中选择如图 6-160 所示的曲线。

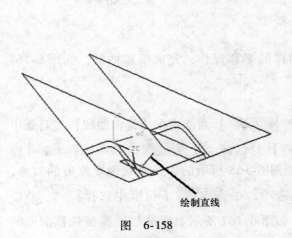

绘制直线

图 6-158

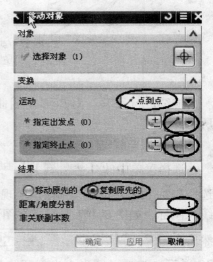

图 6-159

在【移动对象】对话框 运动 下拉框中选择 点到点 选项，然后在 指定出发点 下拉框中选择 （端点）选项，在图形中选择如图 6-161 所示的直线端点，在 指定终止点 下拉框中选择 （控制点）选项，在图形中选择如图 6-162 所示的直线中点。在 结果 区域内选中 复制原先的 选项，在 距离/角度分割 、 非关联副本数 栏中输入 1、1，如图 6-159 所示。点击 确定 按钮，完成平移曲线，如图 6-163 所示。

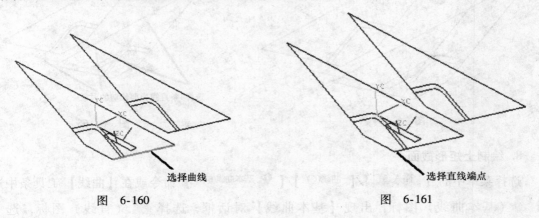

选择曲线

图 6-160

选择直线端点

图 6-161

193

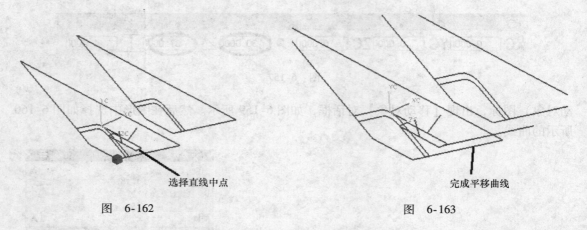

图 6-162

图 6-163

继续进行平移，对矩形左侧曲线进行同样的平移操作，完成平移曲线，如图6-164所示。

7. 修剪曲线

选择菜单中的【 编辑(E) 】/【 曲线(V) 】/【 ⟍ 修剪(T)... 】命令或在【编辑曲线】工具条中选择 ⟍ （修剪曲线）图标，出现【修剪曲线】对话框，在 选择曲线 区域中选择 （曲线）图标，如图6-167所示。在图形中选择如图6-165所示的4条直线为要修剪的对象，然后在 对象 下拉框中选择 指定平面 选项，在 指定平面 下拉框中选择 （XC-ZC 平面）选项，图形中出现预览基准平面，如图6-167所示。取消 关联 复选框前面的勾，在 曲线延伸段 下拉框中选择 自然 选项，并勾选 修剪边界对象 选项，如图6-166所示。最后在【修剪曲线】对话框中点击 应用 按钮，完成修剪曲线，如图6-168所示。

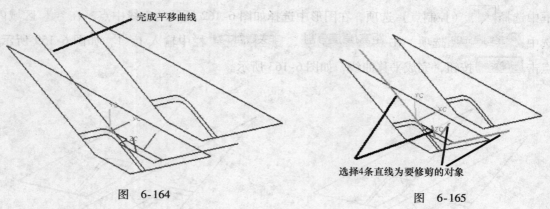

图 6-164

图 6-165

8. 绘制上矩形截面

选择菜单中的【 插入(S) 】/【 曲线(C) 】/【 基本曲线(B)... 】命令或在【曲线】工具条中选择 （基本曲线）图标，出现【基本曲线】对话框，选择 ╱ （直线）图标，选中 线串模式 复选框前面的对勾，在【 点方法 】下拉框中选择 ╱ （端点）选项，如图6-169

所示。然后在图形中选择直线端点，如图 6-170 所示。然后在【基本曲线】对话框中点击 XC 按钮，如图 6-171 所示。

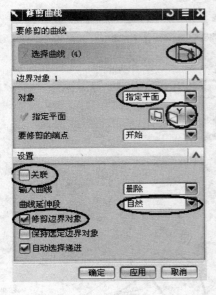

图　6-166

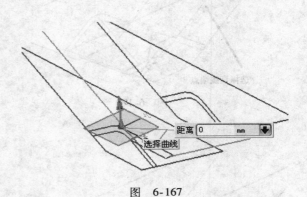

图　6-167

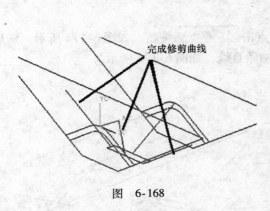

图　6-168

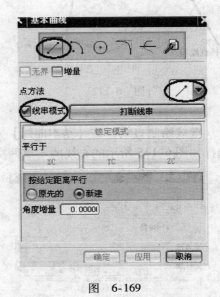

图　6-169

　　然后在图形中选择如图 6-172 所示的直线的端点，再次选择如图 6-172 所示的直线的端点，绘制两条直线，如图 6-173 所示。

图 6-171

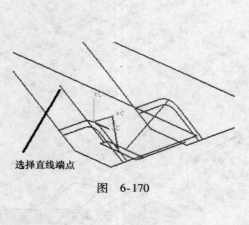

选择直线端点

图 6-170

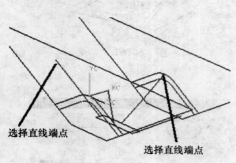

选择直线端点

选择直线端点

图 6-172

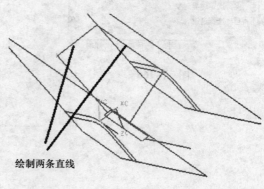

绘制两条直线

图 6-173

继续绘制直线，在【基本曲线】对话框中点击 ZC 按钮，如图 6-174 所示。然后选择如图 6-175 所示的直线的端点两次，绘制两条直线，如图 6-176 所示。

图 6-174

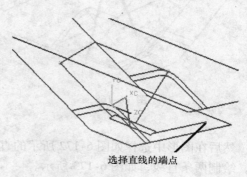

选择直线的端点

图 6-175

按照上述方法，绘制左侧的 4 条直线，完成如图 6-177 所示。

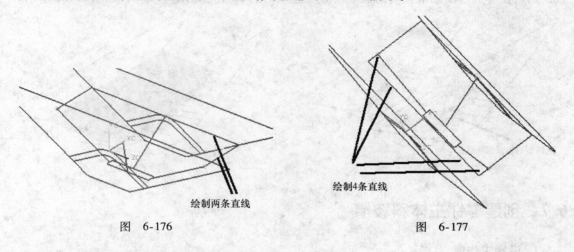

绘制两条直线

图　6-176

绘制4条直线

图　6-177

9. 应用通过曲线组功能创建辅助实体二

选择菜单中的【 插入(S) 】/【 网格曲面(M) 】/【 通过曲线组(T)... 】命令或在【曲面】工具栏中选择 （通过曲线组）图标，出现【通过曲线组】对话框，如图 6-178 所示，

系统提示选择截面曲线 1，在【曲线规则】下拉框中选择 单条曲线 选项，在图形中选择如图 6-179 所示的矩形为截面曲线 1，按下鼠标中键确认。图形中出现矢量方向，如图 6-179 所示。

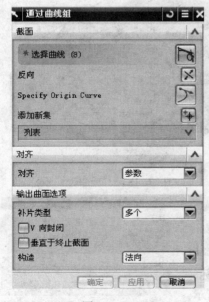

图　6-178

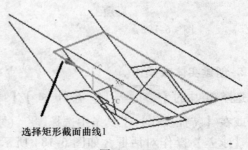

选择矩形截面曲线1

图　6-179

系统提示选择截面曲线 2，在图形中选择如图 6-180 所示的矩形为截面曲线 2，按下鼠标中键确认。图形中出现矢量方向，如图 6-180 所示。注意：选择截面曲线时要注意起始位置一

致，然后在【通过曲线组】对话框中点击 确定 按钮，完成创建主实体，如图 6-181 所示。

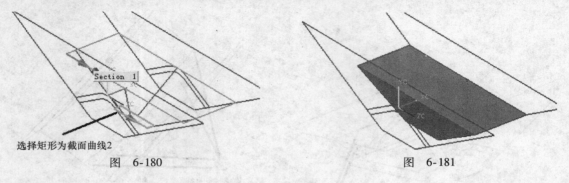

选择矩形为截面曲线2

图 6-180　　　　　　　　　　　　　　　　图 6-181

6.7　创建零件主体斜坡槽

1. 设定工作层

选择菜单中的【 格式(R) 】/【 图层设置(S)... 】命令，出现【图层设置】对话框，如图 6-182 所示。在对话框中 工作图层 栏内输入 2，然后按下回车键，最后在【图层设置】对话框中点击 关闭 按钮，完成设定工作层，图形更新如图 6-183 所示。

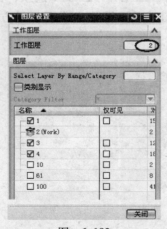

图　6-182

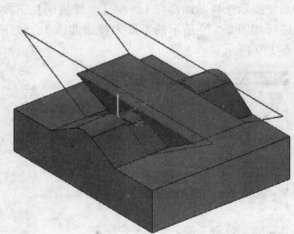

图　6-183

2. 创建实体减操作

选择菜单中的【 插入(S) 】/【 组合体(B) 】/【 求差(S)... 】命令或在【特征操作】工具条中选择 （求差）图标，出现【求差】操作对话框，如图 6-184 所示。系统提示选择目标实体，按照图 6-185 所示依次选择目标实体和工具实体，完成求差操作，如图 6-186 所示。

图　6-184

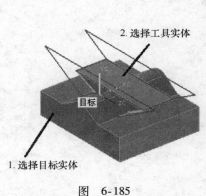

2. 选择工具实体

目标

1. 选择目标实体

图　6-185

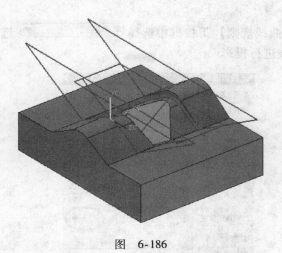

图　6-186

6.8　创建辅助实体三

1. 设定工作层

选择菜单中的【 格式(R) 】/【 图层设置(S)... 】命令，出现【图层设置】对话框，如图 6-187 所示。在对话框中 工作图层 栏内输入 5，然后按下回车键，并取消选中第 1、3、4 层，最后在【图层设置】对话框点击 关闭 按钮，完成图层设定，图形更新如图 6-188 所示。

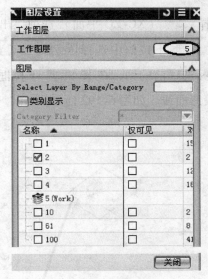

图　6-187

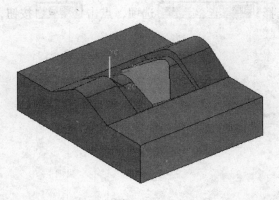

图　6-188

2. 创建投影曲线

选择菜单中的【 插入(S) 】/【 来自曲线集的曲线(F) 】/【 投影(P)... 】命令或在【曲线】工具栏中选择 （投影曲线）图标，出现【投影曲线】对话框，如图 6-189 所示。在

【曲线规则】下拉框中选择 单条曲线 选项，在图形中选择如图 6-190 所示的实体边线进行投影。

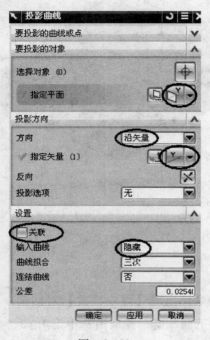

图 6-189

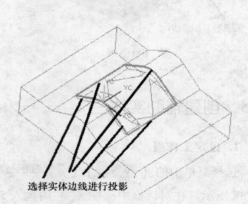

选择实体边线进行投影

图 6-190

接着在【投影曲线】对话框 指定平面 下拉框中选择 （XC-ZC 平面）选项，出现平面预览，在 距离 栏中输入 50，如图 6-191 所示。在 方向 下拉框中选择 沿矢量 选项，在 指定矢量 下拉框中选择 选项，取消 关联 选项前的钩，在 输入曲线 下拉框中选择 隐藏 选项，点击 确定 按钮，完成投影曲线，如图 6-192 所示。

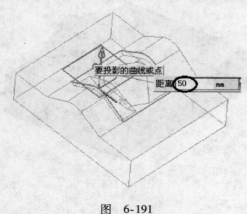

图 6-191

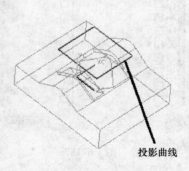

投影曲线

图 6-192

3. 创建偏置曲线

选择菜单中的 【 插入(S) 】/【 来自曲线集的曲线(F) 】/【 偏置(O)... 】命令或在【曲线】

工具条中选择 （偏置曲线）图标，出现【偏置曲线】对话框，如图 6-193 所示。根据提示在图形中选择如图 6-194 所示的要偏置的曲线。

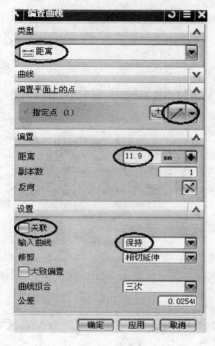

图　6-193

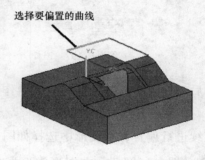

图　6-194

　　然后在 指定点(1) 区域中选择 （端点）图标，在图形中选择如图 6-195 所示的直线端点，出现偏置方向箭头，如图 6-195 所示。然后在【距离】栏中输入 11.9，并取消 □关联 复选框前面的钩，在 输入曲线 下拉框中选择 保持 选项，点击 应用 按钮，完成偏置曲线，如图 6-196 所示。

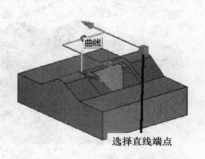

图　6-195

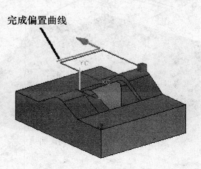

图　6-196

　　继续进行偏置，此时偏置方向箭头已经移至偏置出的曲线，如图 6-196 所示。在【偏置曲线】对话框中【距离】栏内输入 27，如图 6-197 所示。点击 确定 按钮，完成偏置曲线，如图 6-198 所示。

图 6-197

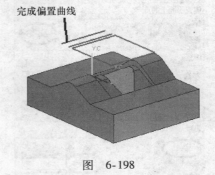

图 6-198

然后对右侧的矩形边进行同上操作，偏置参数相同，完成偏置曲线创建，如图 6-199 所示。

继续进行偏置，在图形中选择如图 6-200 所示的要偏置的曲线，在 指定点(1) 区域中选择 ✏️▾ （端点）图标，在图形中选择如图 6-201 所示的直线端点，出现偏置方向箭头，如图 6-201 所示。然后在【距离】栏中输入 10，并取消 □关联 复选框前面的钩，在 输入曲线 下拉框中选择 保持 ▾ 选项，点击 应用 按钮，完成偏置曲线，如图 6-202 所示。

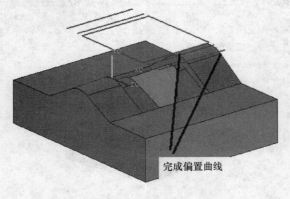

图 6-199

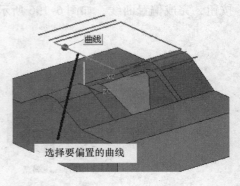

图 6-200

继续进行偏置，此时偏置方向箭头已经移至偏置出的曲线，如图 6-202 所示。在【偏置曲线】对话框中【距离】栏内输入 29.5，点击 确定 按钮，完成偏置曲线，如图 6-203 所示。

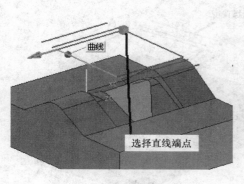

图 6-201

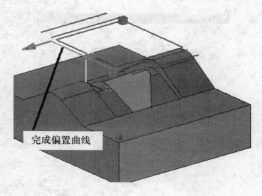

图 6-202

然后对后侧的矩形边进行同上操作，偏置参数相同，完成偏置曲线，如图 6-204所示。

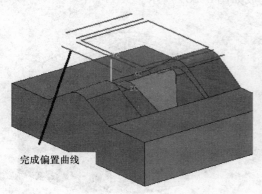

图 6-203

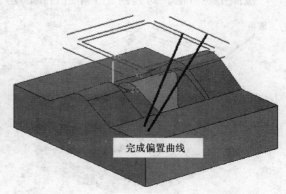

图 6-204

4. 创建曲线倒圆

选择菜单中的【 插入(S) 】/【 曲线(C) 】/【 基本曲线(B)... 】命令或在【曲线】工具条中选择 （基本曲线）图标，出现【基本曲线】对话框，如图 6-205 所示。选择 （曲线倒圆）图标，出现【曲线倒圆】对话框，如图6-206所示。选择 （2 曲线圆角）图标，选中 修剪第一条曲线 、 修剪第二条曲线 复选框前面的对勾，并且在【半径】栏中输入45，如图6-206所示。然后在图形中依次选择如图6-207所示的直线，完成圆角，如图 6-207所示。

图 6-205

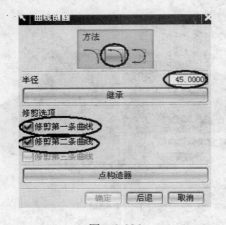

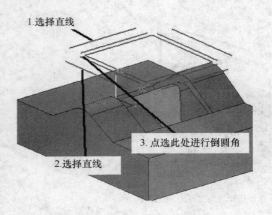

图 6-206

图 6-207

按照上述方法，对其余 3 个角进行倒圆角，完成如图 6-209 所示。

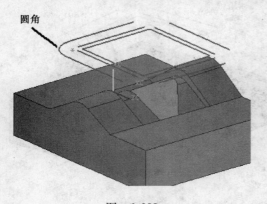

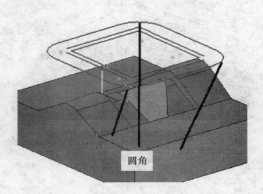

图 6-208

图 6-209

继续进行曲线倒圆角，在【曲线倒圆】对话框中【**半径**】栏中输入 15，然后在图形中依次选择如图 6-210 所示的直线，完成圆角，如图 6-211 所示。

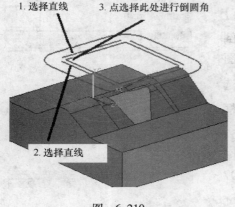

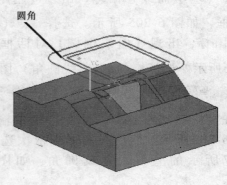

图 6-210

图 6-211

按照上述方法，对其余 3 个角进行倒圆角，完成结果如图 6-212 所示。

5. 创建拉伸特征

选择菜单中的【 插入(S) 】/【 设计特征(E) 】/【 ▥ 拉伸(E)... 】命令或在【特征】工具条中选择 ▥ （拉伸）图标，出现【拉伸】对话框，如图 6-213 所示。然后在【曲线规则】下拉框中选择 相切曲线 ▼ ☷ （在相交处停止）选项，选择如图 6-214 所示的曲线为拉伸对象。然后在【拉伸】对话框中 指定矢量 下拉框内选择 Y▼ 选项，在【 开始 】\【 距离 】栏、【 结束 】\【 距离 】栏中输入【0】、【120】，在 布尔 下拉框中选择 ⊙无 选项，如图 6-213 所示。点击 确定 按钮，完成如图 6-215 所示。

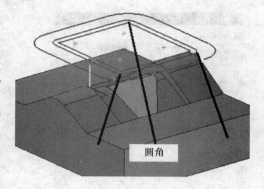

图　6-212

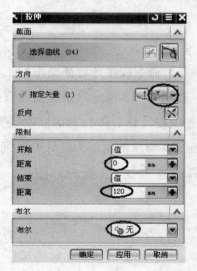

图　6-213

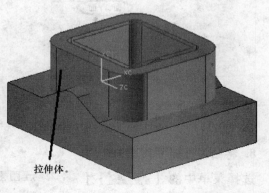

选择曲线为拉伸对象

图　6-214

6. 图层设置

选择菜单中的【 格式(R) 】/【 ▦ 图层设置(S)... 】命令，出现【图层设置】对话框，如图 6-216 所示。在对话框中取消选中第 2 层，勾选第 10 层，然后在【图层设置】对话框中点击 关闭 按钮，完成图层设置，图形更新如图 6-217 所示。

拉伸体

图　6-215

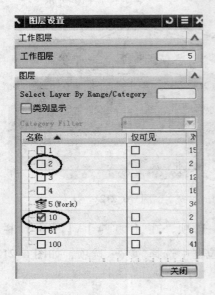

图　6-216

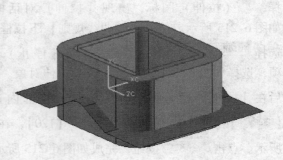

图　6-217

7. 修剪辅助实体三

选择菜单中的【 插入(S) 】/【 修剪(T) 】/【 ◻ 修剪体(T)... 】命令或在【特征操作】工具栏中选择 ◻ （修剪体）图标，出现【修剪体】对话框，如图 6-218 所示。系统提示选择目标体，在图形区选择如图 6-219 所示的实体为目标体，然后在【修剪体】对话框中 工具选项 下拉框内选择 面或平面 ▾ 选项。在图形中选择如图 6-220 所示的曲面为修剪工具面，出现修剪方向，如图 6-220 所示。在【修剪体】对话框中点击 ✕ （反向）按钮，点击 确定 按钮，完成创建修剪体特征，如图 6-221 所示。

图　6-218

图　6-219

8. 将曲线及曲面移至 100 层

选择菜单中的【 格式(R) 】/【 ⿸ 移动至图层(M)... 】命令，出现【类选择】对话框，选择曲线及曲面将其移动至 100 层（步骤略），图形更新如图 6-222 所示。

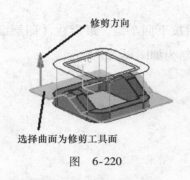

图　6-220

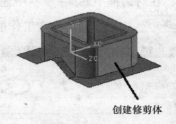

图　6-221

9. 创建边倒圆特征

选择菜单中的【 插入(S) 】/【 细节特征(L) 】/【 边倒圆(E) 】命令或在【特征操作】工具条中选择 （边倒圆）图标，出现【边倒圆】对话框，在 Radius 1 （半径 1）栏中输入 6，如图 6-223 所示。在图形中选择如图 6-224 所示的边线作为倒圆角边，最后点击 确定 按钮，完成圆角特征，如图 6-225 所示。

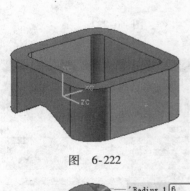

图　6-222

图　6-223

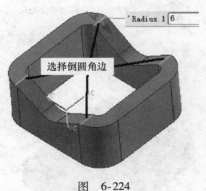

图　6-224

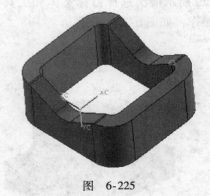

图　6-225

6.9　创建零件四周跑料槽

1. 设定工作层

选择菜单中的【 格式(R) 】/【 图层设置(S)... 】命令，出现【图层设置】对话框，如图

6-226 所示，在对话框中 工作图层 栏中输入 2，然后按下回车键，最后在【图层设置】对话框中点击 关闭 按钮，完成设定工作层，图形更新为如图 6-227 所示。

图 6-226

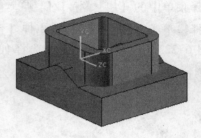

图 6-227

2. 创建实体减操作

选择菜单中的【 插入(S) 】/【 组合体(B) 】/【 求差(S)… 】命令或在【特征操作】工具条中选择 （求差）图标，出现【求差】操作对话框，如图 6-228 所示。系统提示选择目标实体，按照图 6-229 所示依次选择目标实体和工具实体，完成求差操作，如图 6-230 所示。

图 6-228

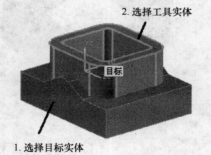

2.选择工具实体

目标

1.选择目标实体

图 6-229

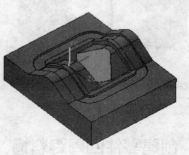

图 6-230

6.10　创建零件圆角特征

1. 创建边倒圆特征

选择菜单中的【 插入(S) 】/【 细节特征(L) 】/【 边倒圆(E)... 】命令或在【特征操作】工具条中选择 （边倒圆）图标，出现【边倒圆】对话框，在 'Radius 1 （半径 1）栏中输入 10，如图 6-231 所示。在曲线规则下拉框中选择 相切曲线 选项，在图形中选择如图 6-232 所示的边线作为倒圆角边，最后点击 应用 按钮，完成圆角特征，如图 6-233 所示。

图　6-231

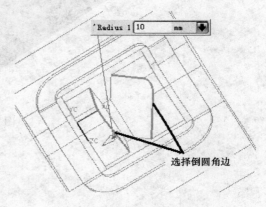

图　6-232

2. 继续进行倒圆角

选择如图 6-234 所示的倒圆角边，在 'Radius 1 （半径 1）栏中输入 3，最后完成如图 6-235 所示。

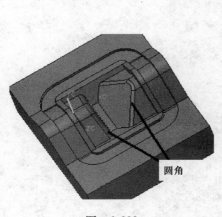

图　6-233

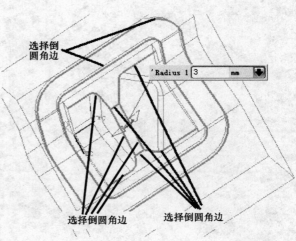

图　6-234

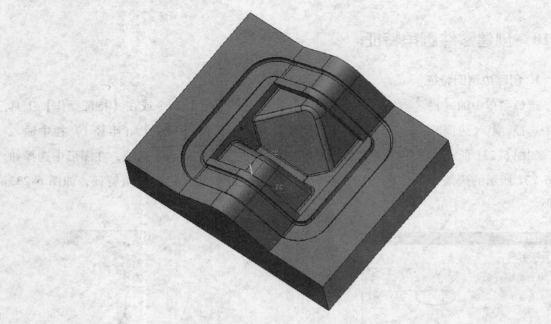

图 6-235

第7章 UG三维数字化设计工程案例七

案例说明

案例建模思路为：首先分析图形的组成，分别画出截面主要构造曲线等，然后采用拉伸、通过曲线网格、N边面等建模方法来创建实体及曲面，并缝合成实体，再在实体上创建各种孔、圆角等细节特征。

案例训练目标

通过该章案例的练习，使读者能熟练掌握曲面的构建方法，开拓构建思路及提高曲面的创建基本技巧。图形尺寸及模型如图7-1所示。

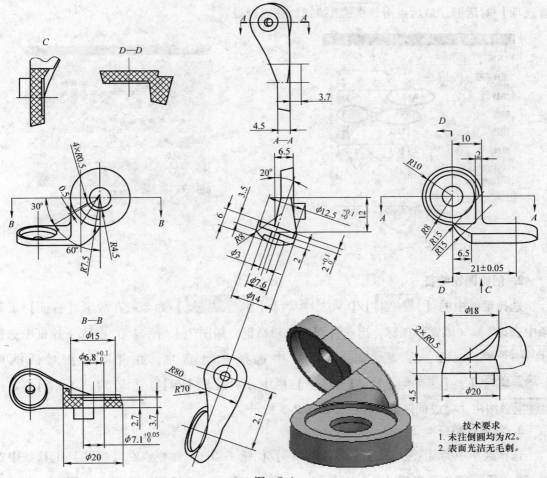

图 7-1

7.1 建立新文件

选择菜单中的【文件】/【新建】命令或选择 □ （New 建立新文件）图标，出现【新建】部件对话框，在【 名称 】栏中输入【zxq】，选择【单位】下拉框中选择【毫米】选项，以毫米为单位，点击 确定 按钮，建立文件名为 zxq. prt，单位为毫米的文件。

7.2 创建零件底座模型

1. 对象预设置

选择菜单中的【 首选项(P) 】/【 对象(O)... Ctrl+Shift+J 】命令，出现【对象首选项】对话框，如图 7-2 所示，在【 类型 】下拉框中选择【 实体 】，在【颜色】栏中点击颜色区，出现【颜色】选择框，选择如图 7-3 所示的颜色，然后点击 确定 按钮，系统返回【对象首选项】对话框，最后点击 确定 按钮，完成预设置。

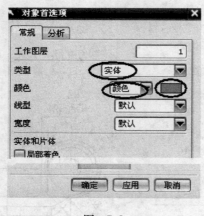

图 7-2

图 7-3

2. 创建圆锥特征

选择菜单中的【 插入(S) 】/【 设计特征(E) 】/【 　　　　　 】命令或在成形【特征】工具条中选择 △ （圆锥）图标，出现【圆锥】对话框，如图 7-4 所示。在 类型 下拉框中选择 △ 直径和高度 选项，在 指定矢量(1) 下拉框中选择 ZC↑ 选项，在【圆锥】对话框中【 底部直径 】、【 顶部直径 】、【 高度 】栏中分别输入【20】、【19.5】、【4.5】，点击 确定 按钮，完成创建圆锥特征，如图 7-5 所示。

3. 创建孔特征

选择菜单中的【 插入(S) 】/【 设计特征(E) 】/【 孔(H)... 】命令或在【特征】工具条中选择 （孔）图标，出现【孔】对话框，如图 7-6 所示。系统提示选择孔放置点，在捕捉

点工具条中选择 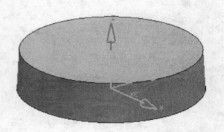 （圆弧中心）图标，然后在图形中选择如图 7-7 所示的实体圆弧边。

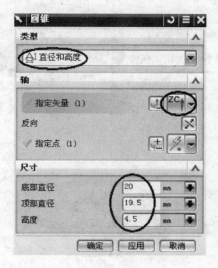

图　7-4

图　7-5

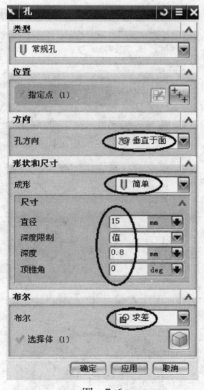

图　7-6

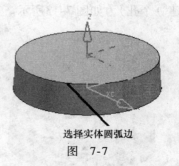

选择实体圆弧边

图　7-7

在 孔方向 下拉框中选择 ⊠ 垂直于面 ▾ 选项，在 成形 下拉框中选择 Ⅰ 简单 选项，在
直径 栏中输入 15，在 深度限制 ／ 深度 栏中输入 0.8，在 顶锥角 栏中输入 0，在 布尔 下拉

框中选择 求差 ▼选项，最后点击 确定 按钮，完成孔的创建，如图 7-8 所示。

继续创建孔，在图形中选择如图 7-9 所示的实体圆弧边。在 直径 栏中输入 6.8，在 深度限制 / 深度 栏中输入 1，在 顶锥角 栏中输入 0，在 布尔 下拉框中选择 求差 ▼选项，最后点击 确定 按钮，完成孔的创建，如图 7-10 所示。

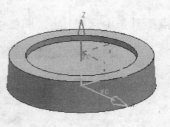

图 7-8

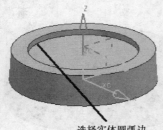

选择实体圆弧边

图 7-9

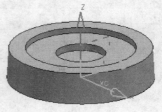

图 7-10

4. 创建圆柱特征

选择菜单中的【 插入(S) 】/【 设计特征(E) 】/【 圆柱体(C)... 】命令或在【特征】工具条中选择 （圆柱）图标，出现【圆柱】对话框，在 类型 下拉框中选择 轴、直径和高度 选项，如图 7-11 所示。在 指定矢量 (1) 下拉框中选择 ↑-ZC ▼选项，在 指定点 下拉框中选择 ⊙ ▼ （圆弧中心）选项，在图形中选择如图 7-12 所示的实体圆弧边，在 直径 、 高度 栏中输入 7.1、2.7，在 布尔 下拉框中选择 求差 ▼选项，然后点击 确定 按钮，完成创建圆柱（实际是创建一个孔），如图 7-13 所示。

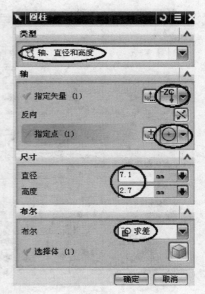

图 7-11

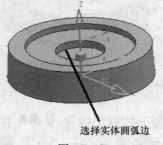

选择实体圆弧边

图 7-12

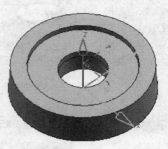

图 7-13

5. 草绘截面一

选择菜单中的【 插入(S) 】/【 品 草图(S)… 】或在【特征】工具条中选择 品 （草图）图标，出现【创建草图】对话框，如图7-14所示。根据系统提示选择草图平面，在图形中选择如图7-15所示的 XC-YC 基准平面为草图平面，点击 确定 按钮，出现草图绘制区。

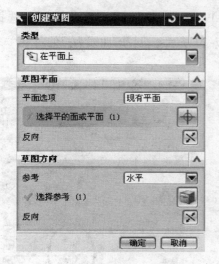

图　7-14

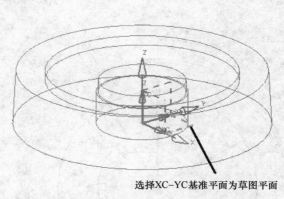

选择XC-YC基准平面为草图平面

图　7-15

步骤：

（1）绘制圆。在【草图曲线】工具条中选择 ○ （圆）图标，在捕捉点工具条中选择 十 （现有点）图标，按照如图7-16所示适当位置绘制2个圆。注意：圆的圆心为坐标原点；圆的半径尽量与图样接近。

（2）绘制直线。在【草图曲线】工具栏中选择 ／ （直线）图标，按照如图7-17所示绘制两条直线，注意：直线的一个端点为坐标原点；直线的另一个端点为圆弧上的点；其中一条直线与 Y 轴共线。

绘制圆

图　7-16

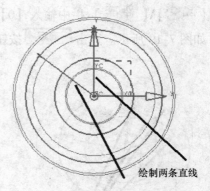

绘制两条直线

图　7-17

（3）标注尺寸。在【草图约束】工具条中选择 （自动判断的尺寸）图标，按照如图7-18所示的尺寸进行标注。P207 = 9，P208 = 15，P209 = 60。此时草图曲线已经转换成绿色，表示已经完全约束。

（4）在【草图】工具条中选择 完成草图 图标，窗口回到建模界面。

6. 创建拉伸特征

选择菜单中的【 插入(S) 】/【 设计特征(E) 】/【 拉伸(E)... 】命令或在【特征】工具条中选择 （拉伸）图标，出现【拉伸】对话框，如图 7-19 所示。在曲线规则下拉框中选择 相连曲线 （在相交处停止）选项，选择如图 7-20 所示 4 段轮廓曲线为拉伸对象。

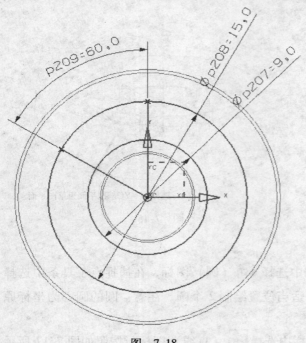

图 7-18

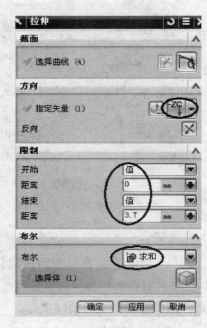

图 7-19

然后在【拉伸】对话框中 指定矢量 下拉框内选择 -ZC 选项，在【 开始 】\【 距离 】栏、【 结束 】\【 距离 】栏中输入【0】、【3.7】，在【布尔】下拉框中选择 求和 选项，如图 7-19 所示。点击 确定 按钮，完成创建拉伸特征，如图 7-21 所示。

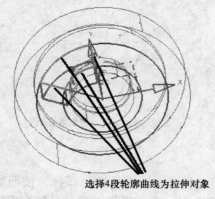

选择4段轮廓曲线为拉伸对象

图 7-20

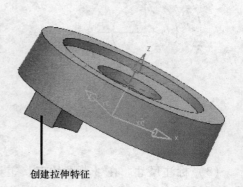

创建拉伸特征

图 7-21

7. 创建偏置面特征

选择菜单中的【 插入(S) 】/【 偏置/缩放(O) 】/【 偏置面(F)... 】命令或在【特征】工具条中选择 （偏置面）图标，出现【偏置面】对话框，如图 7-22 所示。在图形中选择如图 7-23 所示的面为要偏置的面，出现偏置方向，如图 7-23 所示。然后在【偏置面】对话框中 厚度 栏内输入 0.5，点击 确定 按钮，完成偏置面特征，如图 7-24 所示。

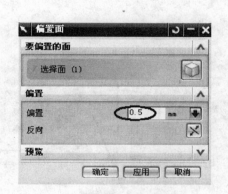

图　7-22

选择要偏置的面

图　7-23

8. 将曲线移至 255 层

选择菜单中的【 格式(R) 】/【 移动至图层(M)... 】命令，出现【类选择】对话框，选择曲线将其移动至 255 层（步骤略），然后设置 255 层为不可见，图形更新如图 7-25 所示。

完成偏置面

图　7-24

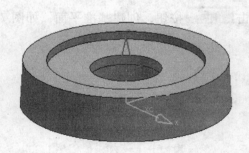

图　7-25

7.3　创建零件另一端实体模型

1. 创建基准平面

选择菜单中的【 插入(S) 】/【 基准/点(D) 】/【 基准平面(D)... 】命令或在【特征】工具栏中选择 （基准平面）图标，出现【基准平面】对话框，如图 7-26 所示。在 类型 下拉

框中选择 自动判断 选项，在图形中选择如图 7-27 所示的 XC-ZC 基准平面，在 距离 栏中输入 12，出现基准平面预览，然后在【基准平面】对话框中点击 应用 按钮，创建基准平面，如图 7-28 所示。

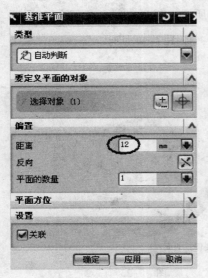

图 7-26

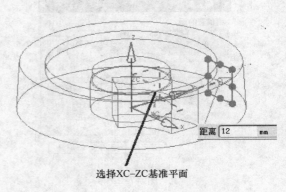

选择XC-ZC基准平面

图 7-27

继续创建基准平面，出现【基准平面】对话框中 类型 下拉框内选择 自动判断 选项，在图形中选择如图 7-29 所示的 XC-YC 基准平面，在 距离 栏中输入 6.5，然后在【基准平面】对话框中点击 确定 按钮，创建基准平面，如图 7-30 所示。

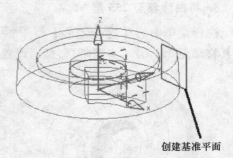

创建基准平面

图 7-28

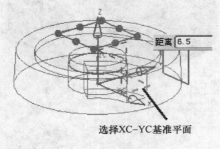

选择XC-YC基准平面

图 7-29

创建基准平面

图 7-30

2. 创建基准轴

选择菜单中的【 插入(S) 】/【 基准/点(D) 】/【 ↑ 基准轴(A)... 】命令或在【特征】工具栏中选择 ↑ （基准轴）图标，出现【基准轴】对话框，如图 7-31 所示。在 类型 下拉框中选择

自动判断 选项，在图形中选择如图 7-32 所示的基准平面，出现基准轴预览，然后在【基准轴】对话框中点击 确定 按钮，创建基准轴，如图 7-33 所示。

图　7-31

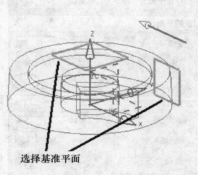

选择基准平面

图　7-32

3. 创建基准平面

选择菜单中的【 插入(S) 】/【 基准/点(D) 】/【 基准平面(D)... 】命令或在【特征】工具栏中选择 □（基准平面）图标，出现【基准平面】对话框，在 类型 下拉框中选择 自动判断 选项，在图形中选择如图 7-34 所示的基准平面与基准轴，在 角度 栏中输入 20，出现基准平面预览，然后在【基准平面】对话框中点击 确定 按钮，创建基准平面，如图 7-35 所示。

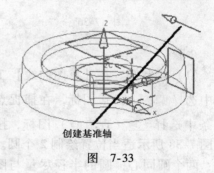

创建基准轴

图　7-33

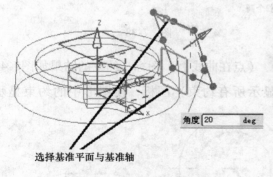

选择基准平面与基准轴

角度 20　　deg

图　7-34

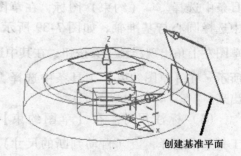

创建基准平面

图　7-35

4. 草绘截面二

选择菜单中的【 插入(S) 】/【 草图(S)... 】或在【特征】工具条中选择 品（草图）图标，出现【创建草图】对话框，如图 7-36 所示。根据系统提示选择草图平面，在图形中选择如图 7-37 所示的基准平面为草图平面，在【创建草图】对话框 草图平面 区域点击 ⊠

219

（反向）按钮，点击 确定 按钮，出现草图绘制区。

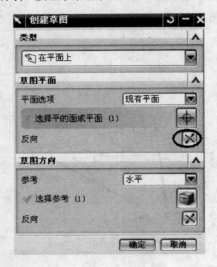

图 7-36

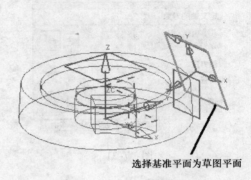

选择基准平面为草图平面

图 7-37

步骤：

（1）绘制圆。在【草图曲线】工具条中选择 ○（圆）图标，在捕捉点工具条中选择 ┴（现有点）图标，按照如图 7-38 所示适当位置绘制 2 个圆。注意：两个圆同心；圆的半径尽量与图样接近。

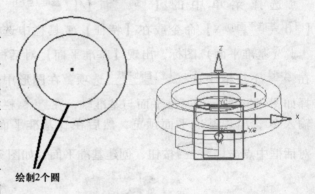

绘制2个圆

图 7-38

（2）加上约束。在【草图约束】工具条中选择 ⊥（约束）图标，在草图中选择圆心与基准轴，如图 7-39 所示。草图左上角出现浮动工具按钮，在其中选择 ↑（点在曲线上）图标，约束的结果如图7-40 所示。在【草图约束】工具条中选择 ⊥（显示所有约束）图标，使图形中的约束显示出来。

（3）标注尺寸。在【草图约束】工具条中选择 ⊿（自动判断的尺寸）图标，按照如图 7-41 所示的尺寸进行标注。P232 = 14，P233 = 12.5，P234 = 21。此时草图曲线已经转换成绿色，表示已经完全约束。

（4）在【草图】工具条中选择 完成草图 图标，窗口回到建模界面。

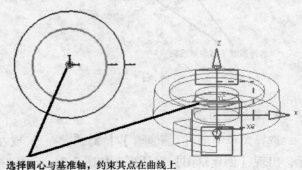

选择圆心与基准轴，约束其点在曲线上

图 7-39

5. 创建拉伸特征

选择菜单中的【 插入(S) 】/
【 设计特征(E) 】/【 拉伸(E)... 】命
令或在【特征】工具条中选择
（拉伸）图标，出现【拉伸】对话
框，如图 7-42 所示。在曲线规则下
拉框中选择 相连曲线 ▼ 选项，
选择如图 7-43 所示曲线为拉伸对象，
出现如图 7-43 所示的拉伸方向。

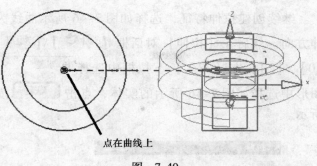

点在曲线上

图　7-40

然后在【拉伸】对话框【 开始 】\【 距离 】栏、【 结束 】\【 距离 】栏中输入【-1.5】、
【2】，在【布尔】下拉框中选择 无 ▼ 选项，如图 7-42 所示。点击 确定 按钮，
完成创建拉伸特征，如图 7-44 所示。

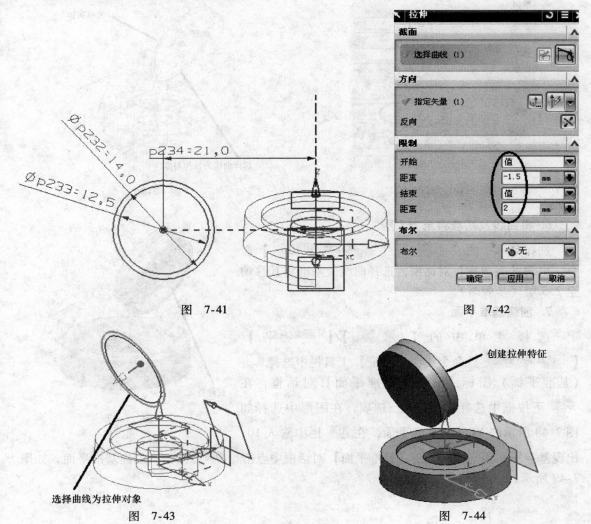

图　7-41

图　7-42

选择曲线为拉伸对象

图　7-43

创建拉伸特征

图　7-44

继续创建拉伸特征，选择如图 7-46 所示曲线为拉伸对象，出现如图 7-46 所示的拉伸方向。然后在【拉伸】对话框【开始】\【距离】栏、【结束】\【距离】栏中输入【0】、【2】，在【布尔】下拉框中选择 求差 选项，如图 7-45 所示。然后在图形中选择如图 7-46 所示的实体，点击 确定 按钮，完成创建拉伸特征，如图 7-47 所示。

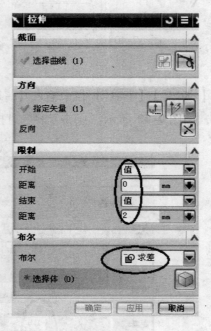

图 7-45

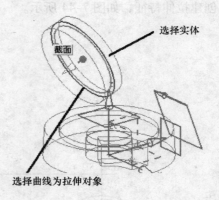

图 7-46

6. 将曲线及基准移至 255 层

选择菜单中的【格式(R)】/【移动至图层(M)...】命令，出现【类选择】对话框，选择曲线及基准将其移动至 255 层（步骤略）。

7. 创建基准平面

选择菜单中的【插入(S)】/【基准/点(D)】/【基准平面(D)...】命令或在【特征】工具栏中选择 （基准平面）图标，出现【基准平面】对话框，在类型下拉框中选择 自动判断 选项，在图形中选择如图 7-48 所示的 YC-ZC 基准平面，在距离栏中输入 10，出现基准平面预览，然后在【基准平面】对话框中点击 确定 按钮，创建基准平面，如图 7-49 所示。

图 7-47

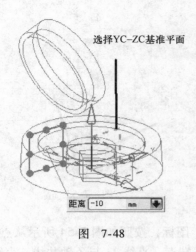

选择YC–ZC基准平面

距离 −10 mm

图 7-48

创建基准平面

图 7-49

8. 草绘截面三

选择菜单中的【 插入(S) 】/【 草图(S) 】或在【特征】工具条中选择 （草图）图标，出现【创建草图】对话框，如图 7-50 所示。根据系统提示选择草图平面，在图形中选择如图 7-51 所示的基准平面为草图平面，在【创建草图】对话框 草图方向 区域点击 （反向）按钮，在 草图方向 区域点击 （反向）按钮，点击 确定 按钮，出现草图绘制区。

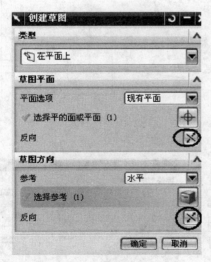

图 7-50

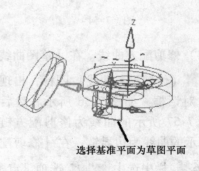

选择基准平面为草图平面

图 7-51

步骤：

（1）投影曲线。在【草图操作】工具条中选择 （投影曲线）图标，出现【投影曲线】对话框，如图 7-52 所示。选择如图 7-53 所示的实体边缘，点击 确定 按钮，完成创建投影曲线。

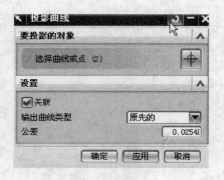

图 7-52

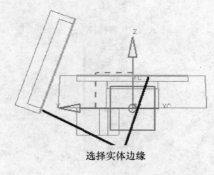

选择实体边缘

图 7-53

（2）在【草图曲线】工具条中选择 ⌒（轮廓）图标，按照如图 7-54 所示从点 1 到点 4 依次绘制直线。注意：直线 12 的端点 1 为投影曲线端点、直线 23 与 Z 轴共线、直线 34 与斜的投影曲线垂直。如果一次绘制不成功这些约束，可以追加约束。

（3）标注尺寸。在【草图约束】工具条中选择 （自动判断的尺寸）图标，按照如图 7-55 所示的尺寸进行标注。P256 = 1。此时草图曲线已经转换成绿色，表示已经完全约束。

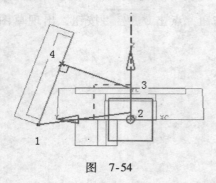

图 7-54

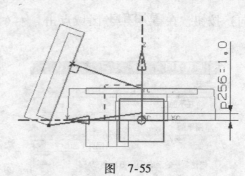

图 7-55

（4）修剪配方曲线。在【草图曲线】工具栏中选择 （修剪配方曲线）图标，出现【修剪配方曲线】对话框，如图 7-56 所示。然后在图形中选择如图 7-57 所示的曲线为修剪配方链，选择如图 7-57 所示的曲线为边界链，在【修剪配方曲线】对话框 **区域** 栏中选中 保持 选项，点击 确定 按钮，完成修剪，如图 7-58 所示。

（5）在【草图】工具条中选择 完成草图 图标，窗口回到建模界面。

9. 将曲线及基准移至 255 层

选择菜单中的【 格式(R) 】/【 移动至图层(M)... 】命令，出现【类选择】对话框，选择曲线及基准将

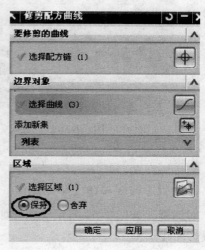

图 7-56

其移动至255层（步骤略），图形更新如图7-59所示。

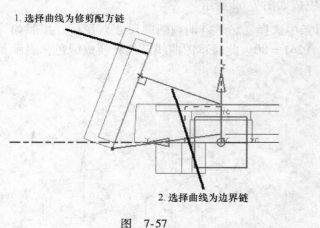

1. 选择曲线为修剪配方链

2. 选择曲线为边界链

图 7-57

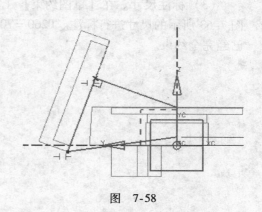

图 7-58

10. 草绘截面四

选择菜单中的【 插入(S) 】/【 草图(S)... 】或在【特征】工具条中选择 （草图）图标，出现【创建草图】对话框，根据系统提示选择草图平面，在图形中选择如图7-60所示的实体面为草图平面，点击 确定 按钮，出现草图绘制区。

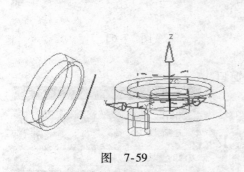

图 7-59

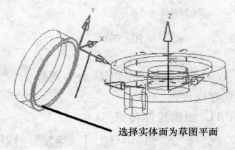

选择实体面为草图平面

图 7-60

步骤：

（1）投影曲线。在【草图操作】工具条中选择 （投影曲线）图标，出现【投影曲线】对话框，选择如图7-61所示的实体边缘，点击 确定 按钮，完成创建投影曲线。

（2）绘制圆弧。在【草图曲线】工具栏中选择 （圆弧）图标，出现弧浮动工具栏，选择 （三点定圆弧）图标，在捕捉点工具条中选择 （点在曲线上）图标，选择圆弧上点，然后在捕捉点工具条中选择 （端点）图标，选择直线端点，按照如图7-62所示绘制圆弧。

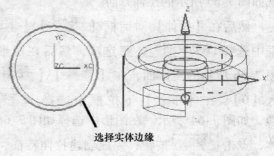

选择实体边缘

图 7-61

注意：圆弧与投影曲线圆相切。如果一次绘制不成功这些约束，可以追加约束。

按照上述方法，绘制下方一条圆弧，完成如图 7-62 所示。

（3）标注尺寸。在【草图约束】工具条中选择 （自动判断的尺寸）图标，按照如图 7-63 所示的尺寸进行标注。P260＝70，P261＝80。此时草图曲线已经转换成绿色，表示已经完全约束。

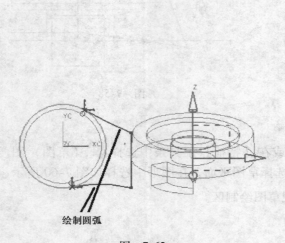

图 7-62

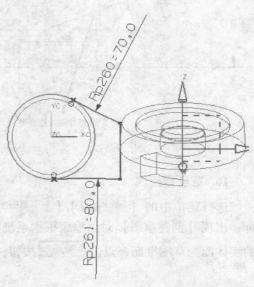

图 7-63

（4）在【草图】工具条中选择 ⚑完成草图 图标，窗口回到建模界面。

11. 创建拉伸特征

选择菜单中的【 插入(S) 】/【 设计特征(E) 】/【 ⬜ 拉伸(E)... 】命令或在【特征】工具条中选择 📖（拉伸）图标，出现【拉伸】对话框，如图 7-64 所示。在曲线规则下拉框中选择 相连曲线 ▼ |↟↟|（在相交处停止）选项，选择如图 7-65 所示曲线为拉伸对象，出现如图 7-65 所示的拉伸方向。

然后在【拉伸】对话框【 开始 】\【 距离 】下拉框中选择 直到被延伸 ▼ 选项，然后在图形中选择如图 7-66 所示的实体面，在【 结束 】\【 距离 】栏中输入【0】，在【布尔】下拉框中选择 🔩求和 ▼ 选项，如图 7-64 所示。在图形中选择如图 7-66 所示的实体，点击 确定 按钮，完成创建拉伸特征，如图 7-67 所示。

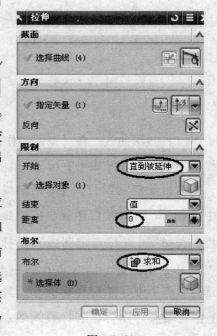

图 7-64

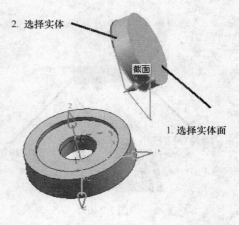

2. 选择实体

截面

1. 选择实体面

选择曲线为拉伸对象

图　7-65

图　7-66

12. 构造工作坐标系 CSYS

选择菜单中的【 格式(R) 】/【 WCS 】/【 定向(N)... 】命令或在【实用工具】工具条中选择 （WCS　方向）图标，出现【CSYS】构造器对话框，如图 7-68 所示。在对话框中类型 下拉框中选择 X 轴, Y 轴 选项，然后依次选择 X、Y 轴的方向，如图 7-69 所示。最后点击 确定 按钮，完成工作坐标系的构造，如图 7-70 所示。

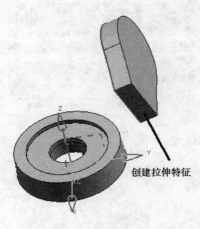

创建拉伸特征

图　7-67

图　7-68

13. 创建曲线倒圆

选择菜单中的【 插入(S) 】/【 曲线(C) 】/【 基本曲线(B)... 】命令或在【曲线】工具条中选择 （基本曲线）图标，出现【基本曲线】对话框，选择 （圆角）图标，出现【曲线倒圆】对话框，选择 （2 曲线倒圆）图标，并且在 半径 栏中输入 8，如图 7-71 所示。

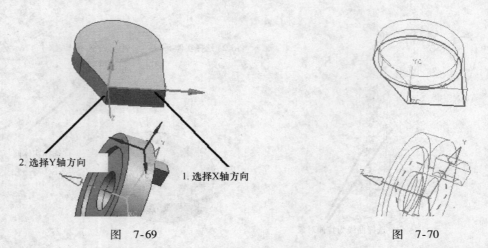

2. 选择 Y 轴方向　　　　　1. 选择 X 轴方向

图 7-69　　　　　　　　　　　　　　　　图 7-70

　　然后在【曲线倒圆】对话框中点击 **点构造器** 按钮，系统出现【点】构造器对话框，在 **类型** 下拉框中选择 ╱ 终点 选项，如图 7-72 所示。然后在图形中依次选择如图 7-73 所示的边线端点，接着系统提示选择圆角中心点，在如图 7-73 所示位置选择圆角中心点，创建圆角如图 7-74 所示。

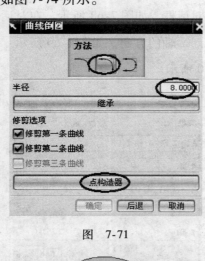

图　7-71

图　7-72

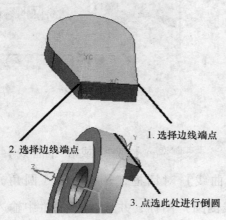

1. 选择边线端点

2. 选择边线端点

3. 点选此处进行倒圆

图　7-73

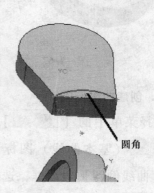

圆角

图　7-74

14. 抽取几何体（提取面）

选择菜单中的【 插入(S) 】/【 关联复制(A) 】/【 抽取(E)... 】命令或在【特征】工具条中选择 （抽取几何体）图标，出现【抽取】几何体对话框，如图 7-75 所示。在 类型 下拉框中选择 面 选项，在 面选项 下拉框中选择 单个面 选项，然后在图形中选择如图 7-76 所示的实体面，点击 确定 按钮，创建抽取几何体（提取面）特征。

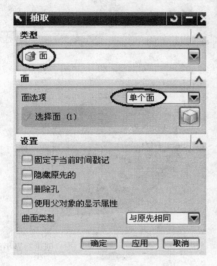

图　7-75

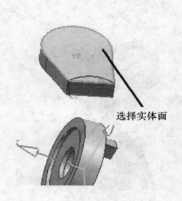

选择实体面

图　7-76

15. 创建 N 边曲面

在【曲面】工具条选择 （N 边曲面）图标，出现【N 边曲面】对话框，在 类型 下拉框中选择 已修剪 选项，在 设置 区域中勾选 修剪到边界 选项，如图 7-77 所示。在图形中选择如图 7-78 所示的曲线与边线，点击 确定 按钮，完成创建 N 边曲面如图 7-79 所示。

16. 创建有界平面

选择菜单中的【 插入(S) 】/【 曲面(R) 】/【 有界平面(B)... 】命令或在成形【特征】工具栏中选择 （有界平面）图标，出现【有界平面】对话框，如图 7-80 所示。系统提示选择边界线串，在图形中依次选择如图 7-81 所示的圆弧与边线，然后在【有界平面】对话框中点击 确定 按钮，完成创建有界平面，如图 7-82 所示。

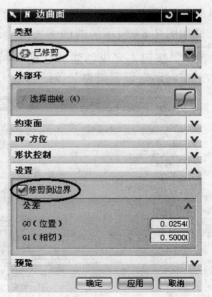

图　7-77

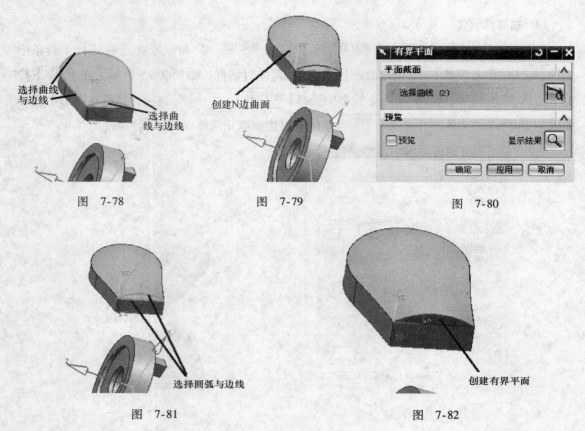

图 7-78 选择曲线与边线 / 选择曲线与边线

图 7-79 创建N边曲面

图 7-80

图 7-81 选择圆弧与边线

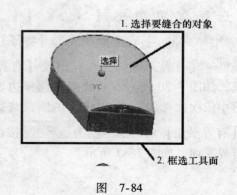

图 7-82 创建有界平面

17. 创建缝合曲面特征

选择菜单中的 【 插入(S) 】/【 组合体(B) 】/【 缝合(W)… 】曲面命令或在【特征操作】工具条中选择 （缝合曲面）图标，出现【缝合】曲面对话框，如图 7-83 所示。在图形中选择如图 7-84 所示的曲面为要缝合的对象，然后框选如图 7-84 所示的面为工具面，点击 确定 按钮，完成创建缝合曲面特征（注意：此时曲面已经缝合成实体，如缝合不成实体，在对话框设置里将公差适当改大即可）。

图 7-83

图 7-84

1. 选择要缝合的对象
2. 框选工具面

18. 移除参数

在【编辑特征】工具条中选择 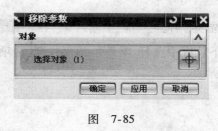（移除参数）图标，出现【移除参数】对话框，如图 7-85 所示。在图形中选择如图 7-86 所示的实体，然后点击 确定 按钮，系统出现【移除参数】确认对话框，如图 7-87 所示。点击 是 按钮，完成移除参数操作。

图　7-85

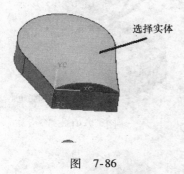

选择实体

图　7-86

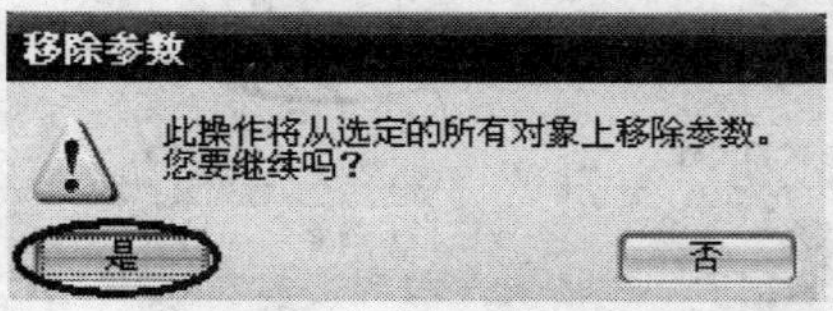

图　7-87

19. 创建求和特征

选择菜单中的【 插入(S) 】/【 组合体(B) 】/【 求和(U)... 】命令或在【特征操作】工具条中选择 （求和）图标，出现【求和】对话框，如图 7-88 所示。在图形中选择目标体与工具体，如图 7-89 所示。然后点击 确定 按钮，创建求和特征（合并实体）。

图　7-88

选择目标体与工具体

图　7-89

20. 创建孔特征

选择菜单中的【 插入(S) 】/【 设计特征(E) 】/【 孔(H)... 】命令或在【特征】工具条中选择 （孔）图标，出现【孔】对话框，如图 7-90 所示。系统提示选择孔放置点，在捕捉点工具条中选择 （圆弧中心）图标，然后在图形中选择如图 7-91 所示的实体圆弧边。

在 孔方向 下拉框中选择 垂直于面 选项，在 成形 下拉框中选择 简单选项，在 直径 栏中输入 3，在 深度限制 / 深度 栏中输入 2，在 顶锥角 栏中输入 0，在 布尔 下拉框中选择 求差 选项，最后点击 确定 按钮，完成孔的创建，如图 7-92 所示。

选择实体圆弧边

图 7-91

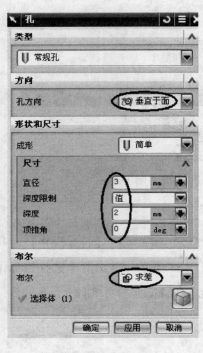

图 7-90

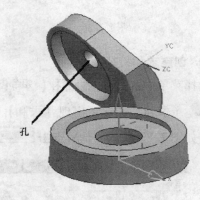

孔

图 7-92

21. 创建圆柱特征

选择菜单中的【 插入(S) 】/【 设计特征(E) 】/【 圆柱体(C)... 】命令或在【特征】工具条中选择 （圆柱）图标，出现【圆柱】对话框，在 类型 下拉框中选择 轴、直径和高度 选项，如图 7-93 所示。在 指定矢量(1) 下拉框中选择 （自动判断的矢量）选项，在图形中选择如图 7-94 所示的实体面，在 指定点 下拉框中选择 （圆弧中心）选项，在图形中选择如图 7-94 所示的实体圆弧边，在 直径 、 高度 栏内输入 7.6、2，在 布尔 下拉框中选择 求差 选项，在图形中选择如图 7-94 所示的实体，然后点击 确定 按钮，完成创建圆柱特征（实际是创建一个孔），如图 7-95 所示。

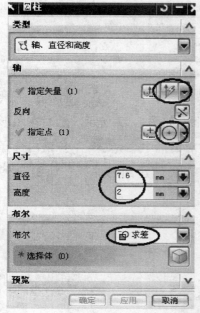

图　7-93

1. 选择实体面

2. 选择实体圆弧边

3. 选择实体

图　7-94

22. 将曲线移至 255 层

选择菜单中的【 格式(R) 】/【 移动至图层(M)... 】命令，出现【类选择】对话框，选择曲线将其移动至 255 层（步骤略）。

23. 恢复至绝对坐标

选择菜单中的【 格式(R) 】/【 WCS 】/【 定向(N)... 】命令，在【CSYS】对话框中 类型 下拉框内选择 绝对 CSYS 选项，或在【实用程序】工具栏中选择 （设置为绝对 WCS ）图标，将坐标恢复至绝对坐标，如图 7-96 所示。

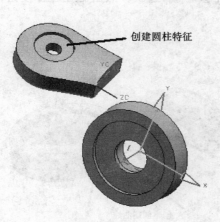

创建圆柱特征

图　7-95

图　7-96

7.4 创建零件中间过渡实体模型

1. 创建剖切曲线

选择菜单中的【 插入(S) 】/【 来自体的曲线(U) 】/【 截面(S)… 】命令或在【曲线】工具条中选择 （剖切曲线）图标，出现【剖切曲线】对话框，如图 7-97 所示。然后在图形中选择如图 7-98 所示的曲面为剖切对象，在【剖切曲线】对话框中 指定平面 下拉框内选择 选项，取消选中 关联 选项，点击 应用 按钮，完成创建剖切曲线，如图 7-99 所示。

图 7-97

选择曲面为剖切对象

图 7-98

继续创建剖切曲线，在图形中选择如图 7-98 所示的曲面为剖切对象，在【剖切曲线】对话框中 指定平面 下拉框中选择 选项，取消选中 关联 选项，点击 应用 按钮，完成创建剖切曲线，如图 7-100 所示。

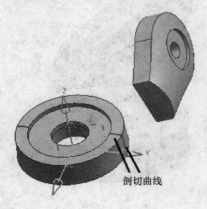

剖切曲线

图 7-99

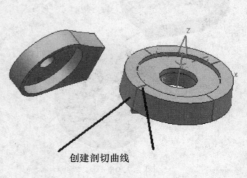

创建剖切曲线

图 7-100

继续创建剖切曲线，在图形中选择如图 7-101 所示的曲面为剖切对象，在【剖切曲线】对话框中 指定平面 下拉框内选择 ⚡▼ 选项，图形中出现预览平面，在 距离 栏中输入 3.5，如图 7-101 所示。取消选中 □关联 选项，点击 应用 按钮，完成创建剖切曲线，如图 7-102 所示。

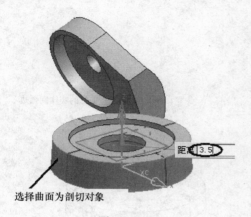

选择曲面为剖切对象

图　7-101

创建剖切曲线

图　7-102

继续创建剖切曲线，在图形中选择如图 7-101 所示的曲面为剖切对象，在【剖切曲线】对话框中 指定平面 下拉框内选择 ⚡▼ 选项，图形中出现预览平面，在 距离 栏中输入 1，取消选中 □关联 选项，点击 确定 按钮，完成创建剖切曲线，如图 7-103 所示。

2. 创建偏置曲线

选择菜单中的【 插入(S) 】/【 来自曲线集的曲线(F) 】/【 📷 偏置(O)... 】命令或在【曲线】工具条中选择 📷 （偏置曲线）图标，出现【偏置曲线】对话框，如图 7-104 所示。根据提示在图形中选择如图 7-105 所示的要偏置的实体圆弧边，图形中出现偏置方向箭头，然后在【偏置曲线】对话框中 距离 栏中输入 –0.5，取消选中 □关联 前的勾，如图 7-104 所示。最后点击 确定 按钮，完成偏置曲线如图 7-106 所示。

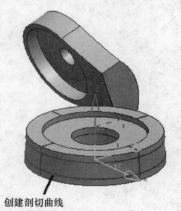

创建剖切曲线

图　7-103

3. 修剪曲线

选择菜单中的【 编辑(E) 】/【 曲线(V) 】/【 ✈ 修剪(T)... 】命令或在【编辑曲线】工具条中选择 ✈ （修剪曲线）图标，出现【修剪曲线】对话框，取消 □关联 复选框前面的勾，在 输入曲线 下拉框中选择 替换 选项，如图 7-107 所示。在图形中选择如图 7-108 所示的直线为要修剪的对象，然后选择 ❖ （启用点捕捉）图标，关闭点捕捉选项。

在图形中选择如图 7-108 所示的圆弧为修剪的第一边界，最后在【修剪曲线】对话框中点击 应用 按钮，完成修剪曲线，如图 7-109 所示。

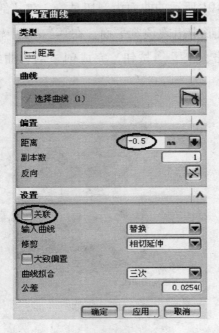

图 7-104

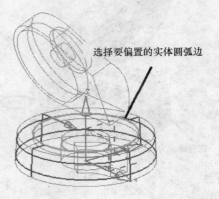

选择要偏置的实体圆弧边

图 7-105

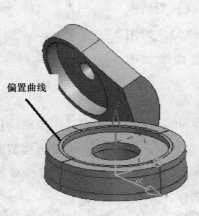

偏置曲线

图 7-106

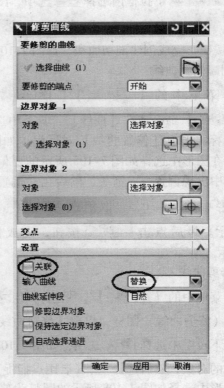

图 7-107

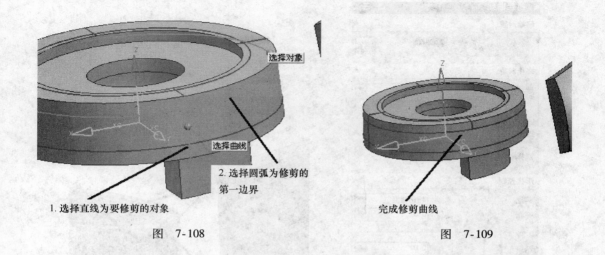

图 7-108   图 7-109

继续修剪曲线，按照上述方法，完成修剪如图 7-110 所示 3 条曲线。

4. 将曲线移至 255 层

选择菜单中的【 格式(R) 】/【 移动至图层(M)... 】命令，出现【类选择】对话框，选择曲线将其移动至 255 层（步骤略），图形更新如图 7-111 所示。

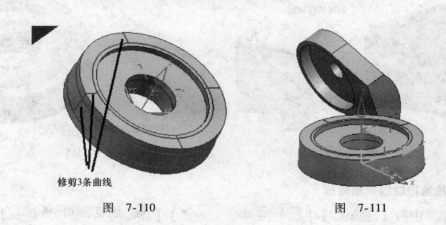

修剪3条曲线

图 7-110   图 7-111

5. 桥接曲线

选择菜单中的【 插入(S) 】/【 来自曲线集的曲线(F) ▶ 】/【 桥接(B)... 】命令或在【曲线】工具条中选择 （桥接曲线）图标，出现【桥接曲线】对话框，如图 7-112 所示。然后在图形中选择如图 7-113 所示的曲线，并把绿色箭头移动至绿色圆点位置，或在【桥接曲线】对话框 形状控制 区域中将 开始 、 结束 滑动块移至最小，取消 □关联 复选框前面的勾，点击 确定 按钮，完成创建桥接曲线，如图 7-114 所示。

继续创建桥接曲线，按照上述方法，桥接下方的曲线，完成如图 7-115 所示。

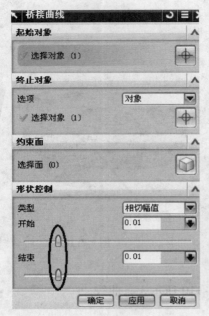

图 7-112

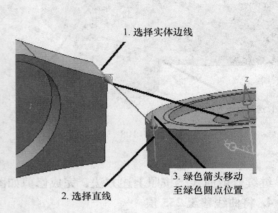

图 7-113

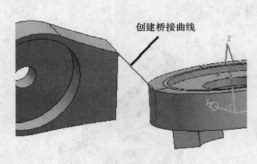

图 7-114

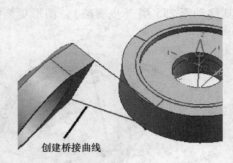

图 7-115

6. 创建通过曲线网格曲面

选择菜单中的【 插入(S) 】/【 网格曲面(M) ▶ 】/【 通过曲线网格(M)... 】命令或在【曲面】工具条中选择 （通过曲线网格）曲面图标，出现【通过曲线网格】曲面对话框，如图 7-116 所示。在图形中选择如图 7-117 所示的实体边线与曲线为第一主曲线、第二主曲线。注意：每条主要曲线选择后按下鼠标中键确认。

在【通过曲线网格】曲面对话框中交叉曲线区选择 （交叉曲线）图标，或直接按下鼠标中键，接着在图形中依次选择如图 7-118 所示的 2 条曲线为交叉曲线。注意：每条交叉曲线选择后按下鼠标中键确认。

最后在【通过曲线网格】曲面对话框中 最后主线串 下拉框内选择 G1（相切） 选项，如图 7-119 所示。在图形中选择如图 7-120 所示的实体面，点击 确定 按钮，完成创建通过曲线网格曲面，如图 7-121 所示。

图　7-116

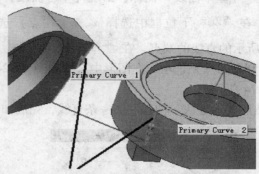

选择实体边线与曲线为第一主曲线、第二主曲线

图　7-117

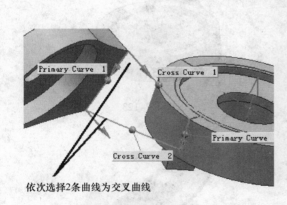

依次选择2条曲线为交叉曲线

图　7-118

图　7-119

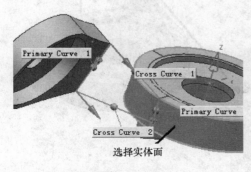

选择实体面

图　7-120

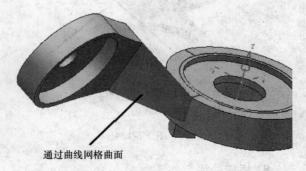

通过曲线网格曲面

图　7-121

239

7. 绘制直线

选择菜单中的【 插入(S) 】/【 曲线(C) 】/【 基本曲线(B)... 】命令或在【曲线】工具条中选择 （基本曲线）图标，出现【基本曲线】对话框，选择 （直线）图标，取消线串模式，在 点方法 下拉框中选择 （端点）选项，如图 7-122 所示。在图形中选择如图 7-123 所示的直线的端点，在 平行于 区域点击 ZC 按钮，在 点方法 下拉框中选择 （自动判断的点）选项，在图形中选择如图 7-124 所示的位置按下鼠标左键，绘制直线，如图 7-124 所示。

按照上述方法，创建左侧一条直线，完成如图 7-125 所示。

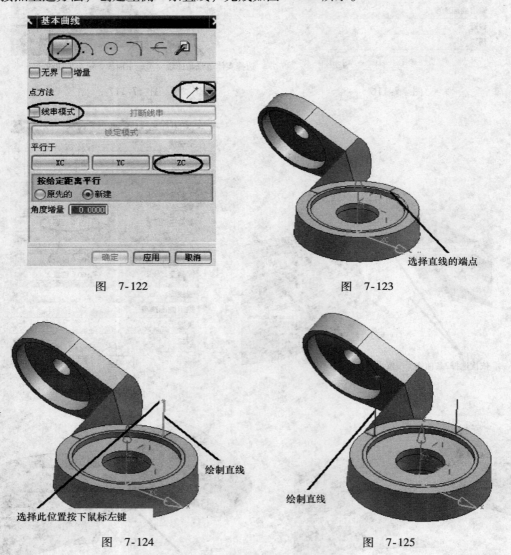

图 7-122　　　　　　　　　　　　　图 7-123

图 7-124　　　　　　　　　　　　　图 7-125

8. 桥接曲线

选择菜单中的【 插入(S) 】/【 来自曲线集的曲线(F) ▶ 】/【 桥接(B)... 】命令或在【曲

线】工具条中选择 （桥接曲线）图标，出现【桥接曲线】对话框，如图 7-126 所示。然后在图形中选择如图 7-127 所示的曲线与实体边线，并把绿色箭头移动适当位置，或在【桥接曲线】对话框 **形状控制** 区域将 **开始** 、 **结束** 滑动块移至适当位置，取消 □**关联** 复选框前面的勾，点击 **确定** 按钮，完成创建桥接曲线，如图 7-128 所示。

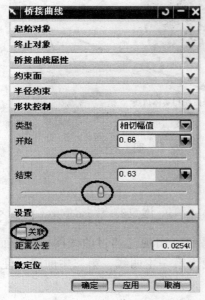

图　7-126

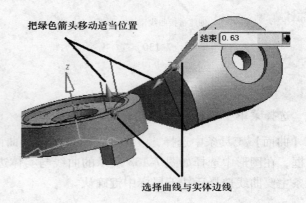

把绿色箭头移动适当位置

结束 0.63

选择曲线与实体边线

图　7-127

继续创建桥接曲线，在图形中选择如图 7-129 所示的曲线与实体边线，并把绿色箭头移动适当位置，或在【桥接曲线】对话框 **形状控制** 区域将 **开始** 、 **结束** 滑动块移至适当位置，取消 □**关联** 复选框前面的勾，点击 **确定** 按钮，完成创建桥接曲线，如图 7-130 所示。

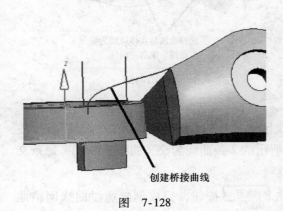

创建桥接曲线

图　7-128

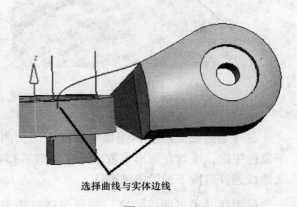

选择曲线与实体边线

图　7-129

241

继续创建桥接曲线，按照上述方法，选择如图 7-131 所示的曲线与实体边线，完成创建桥接曲线，如图 7-132 所示。

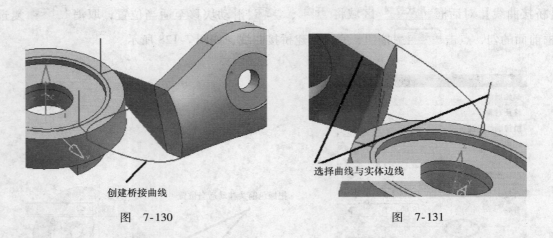

图 7-130   图 7-131

9. 创建通过曲线网格曲面

选择菜单中的【 插入(S) 】/【 网格曲面(M) ▶ 】/【 通过曲线网格(M)... 】命令或在【曲面】工具条中选择 （通过曲线网格）曲面图标，出现【通过曲线网格】曲面对话框，在图形中选择如图 7-133 所示的曲线与实体边线为第一主曲线、第二主曲线。注意：每条主要曲线选择后按下鼠标中键确认。

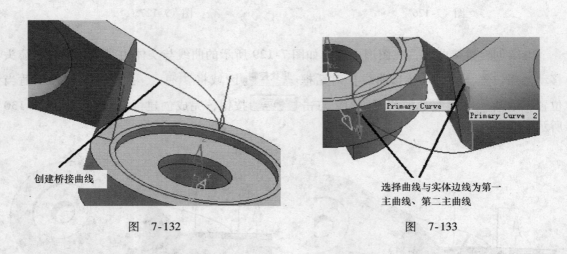

图 7-132   图 7-133

在【通过曲线网格】曲面对话框中交叉曲线区选择 （交叉曲线）图标，或直接按下鼠标中键，接着在图形中依次选择如图 7-134 所示的 2 条曲线为交叉曲线。注意：每条交叉曲线选择后按下鼠标中键确认。

最后在【通过曲线网格】曲面对话框中点击 确定 按钮，完成创建通过曲线网格曲面，如图 7-135 所示。

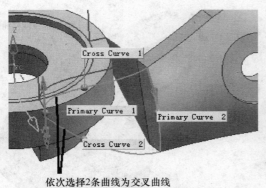

依次选择2条曲线为交叉曲线

图　7-134

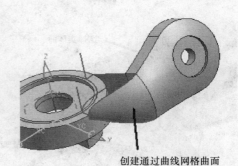

创建通过曲线网格曲面

图　7-135

　　继续创建通过曲线网格曲面，在图形中选择如图 7-136 所示的曲线与实体边线为第一主曲线、第二主曲线。注意：每条主要曲线选择后按下鼠标中键确认。

　　在【通过曲线网格】曲面对话框中交叉曲线区选择　　（交叉曲线）图标，或直接按下鼠标中键，接着在图形中依次选择如图 7-137 所示的 2 条曲线为交叉曲线。注意：每条交叉曲线选择后按下鼠标中键确认。

　　最后在【通过曲线网格】曲面对话框中 最后主线串 下拉框内选择 G1（相切）

选项，在图形中选择如图 7-138 所示的实体面，点击 确定 按钮，完成创建通过曲线网格曲面，如图 7-139 所示。

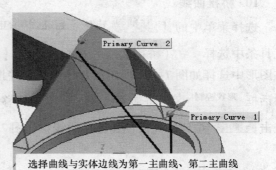

选择曲线与实体边线为第一主曲线、第二主曲线

图　7-136

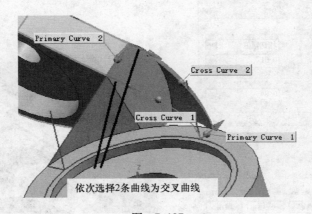

依次选择2条曲线为交叉曲线

图　7-137

243

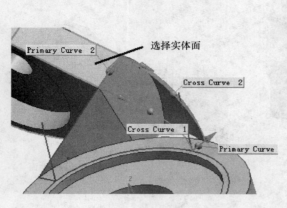

选择实体面

Primary Curve 2

Cross Curve 2

Cross Curve 1

Primary Curve

图　7-138

创建通过曲线网格曲面

图　7-139

10. 桥接曲线

选择菜单中的【 插入(S) 】/【 来自曲线集的曲线(F) 】/【 桥接(B)… 】命令或在【曲线】工具条中选择 （桥接曲线）图标，出现【桥接曲线】对话框，如图 7-140 所示。然后在图形中选择如图 7-141 所示的片体边线，并把绿色箭头移动适当位置，或在【桥接曲线】对话框 形状控制 区域将 开始 、 结束 滑动块移至适当位置，取消 关联 复选框前面的勾，点击 确定 按钮，完成创建桥接曲线，如图 7-142 所示。

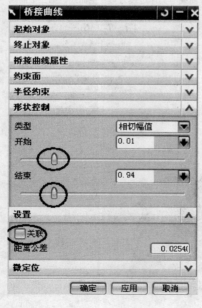

图　7-140

选择片体边线

图　7-141

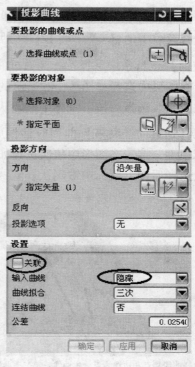

图　7-143

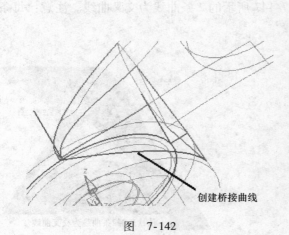

创建桥接曲线

图　7-142

11. 创建投影曲线

选择菜单中的【 插入(S) 】/【 来自曲线集的曲线(F) 】/【 投影(P)… 】命令或在【曲线】工具条中选择 （投影曲线）图标，出现【投影曲线】对话框，如图 7-143 所示。然后在图形中选择如图 7-144 所示的曲线，按下鼠标中键或在【投影曲线】对话框 要投影的对象 区域选择 （选择面）图标，在图形中选择如图 7-144 所示的曲面，在【投影曲线】对话框中 投影方向 / 方向 下拉框中选择 沿矢量 选项，在图形中选择如图 7-144 所示的矢量，取消选中 关联 选项，在 输入曲线 下拉框中选择 隐藏 选项，点击 确定 按钮，完成创建投影曲线，如图 7-145 所示。

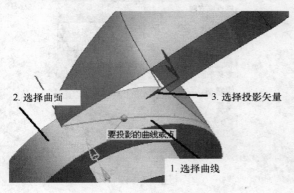

2. 选择曲面

3. 选择投影矢量

要投影的曲线或点

1. 选择曲线

图　7-144

创建投影曲线

图　7-145

12. 创建通过曲线网格曲面

选择菜单中的【 插入(S) 】/【 网格曲面(M) ▶ 】/【 通过曲线网格(M)... 】命令或在【曲面】工具条中选择 （通过曲线网格）曲面图标，出现【通过曲线网格】曲面对话框，在图形中选择如图 7-146 所示的曲线端点和边线为第一主曲线、第二主曲线。注意：每条主要曲线选择后按下鼠标中键确认。

在【通过曲线网格】曲面对话框中交叉曲线区选择 （交叉曲线）图标，或直接按下鼠标中键，接着在图形中依次选择如图 7-147 所示的 2 条曲线为交叉曲线。注意：每条交叉曲线选择后按下鼠标中键确认。

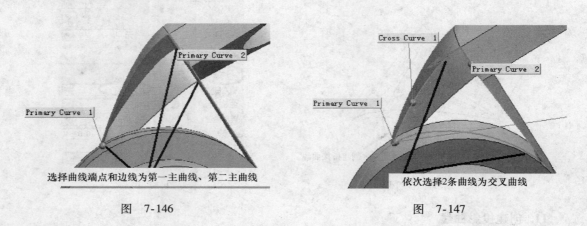

选择曲线端点和边线为第一主曲线、第二主曲线	依次选择2条曲线为交叉曲线
图 7-146	图 7-147

最后在【通过曲线网格】曲面对话框中点击 确定 按钮，完成创建通过曲线网格曲面，如图 7-148 所示。

创建通过曲线网格曲面

图 7-148

图 7-149

13. 绘制直线

选择菜单中的【 插入(S) 】/【 曲线(C) 】/【 ╱ 直线(L)… 】命令或在【曲线】工具条中选择 ╱ （直线）图标，出现【直线】对话框，在点捕捉工具栏中选择 ╱ （端点）选项，在图形中选择如图 7-150 所示的直线端点，然后在点捕捉工具栏中选择 ╱ （点在曲线上）选项，在图形中选择如图 7-150 所示的曲线上的点，取消 □关联 复选框前面的勾，点击 确定 按钮，完成创建直线，如图 7-151 所示。

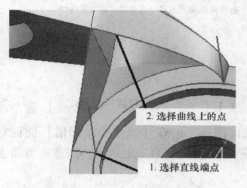

图　7-150

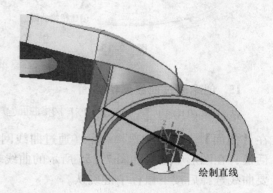

图　7-151

14. 桥接曲线

选择菜单中的【 插入(S) 】/【 来自曲线集的曲线(F) 】/【 ⛓ 桥接(B)… 】命令或在【曲线】工具条中选择 ⛓ （桥接曲线）图标，出现【桥接曲线】对话框，如图 7-152 所示。然后在图形中选择如图 7-153 所示的曲线，并把绿色圆点、箭头移动适当位置，或在【桥接曲线】对话框 形状控制 区域将 开始 、 结束 滑动块移至适当位置，取消 □关联 复选框前面的勾，点击 确定 按钮，完成创建桥接曲线，如图 7-154 所示。

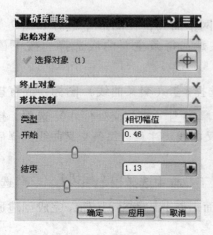

图　7-152

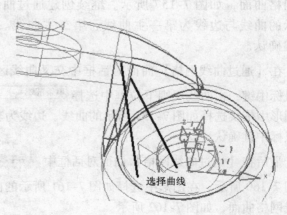

图　7-153

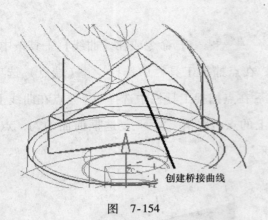

创建桥接曲线

图 7-154

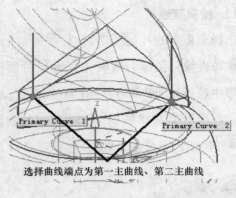

选择曲线端点为第一主曲线、第二主曲线

图 7-155

15. 创建通过曲线网格曲面

选择菜单中的【 插入(S) 】/【 网格曲面(M) ▶ 】/【 通过曲线网格(M)... 】命令或在【曲面】工具条中选择 （通过曲线网格）曲面图标，出现【通过曲线网格】曲面对话框，在图形中选择如图 7-155 所示的曲线端点为第一主曲线、第二主曲线。注意：每条主要曲线选择后按下鼠标中键确认。

在【通过曲线网格】曲面对话框中交叉曲线区选择 （交叉曲线）图标，或直接按下鼠标中键，在曲线规则下拉框中选择 单条曲线 ▼ （在相交处停止）选项，接着在图形中依次选择如图 7-156 所示的 2 条曲线为交叉曲线。注意：每条交叉曲线选择后按下鼠标中键确认。

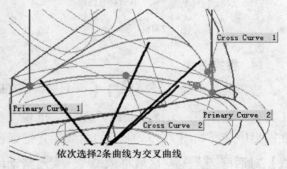

依次选择2条曲线为交叉曲线

图 7-156

最后在【通过曲线网格】曲面对话框中点击 确定 按钮，完成创建通过曲线网格曲面，如图 7-157 所示。继续创建通过曲线网格曲面，在图形中选择如图 7-158 所示的曲线与边线为第一主曲线、第二主曲线。注意：每条主要曲线选择后按下鼠标中键确认。

在【通过曲线网格】曲面对话框中交叉曲线区选择 （交叉曲线）图标，或直接按下鼠标中键，在曲线规则下拉框中选择 单条曲线 ▼ （在相交处停止）选项，接着在图形中依次选择如图 7-159 所示的曲线、边线为交叉曲线。注意：每条交叉曲线选择后按下鼠标中键确认。

最后在【通过曲线网格】曲面对话框中 最后主线串 下拉框中选择 G1（相切） ▼ 选项，如图 7-160 所示。在图形中选择如图 7-161 所示的曲面，点击 确定 按钮，完成创建通过曲线网格曲面，如图 7-162 所示。

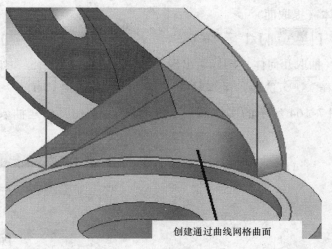

创建通过曲线网格曲面

图　7-157

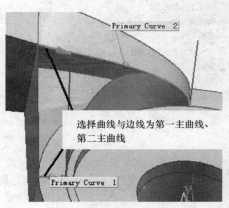

选择曲线与边线为第一主曲线、
第二主曲线

图　7-158

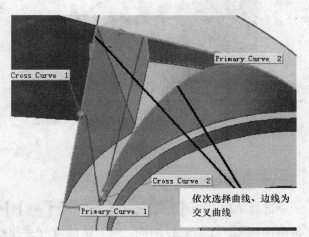

依次选择曲线、边线为
交叉曲线

图　7-159

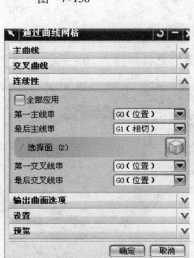

图　7-160

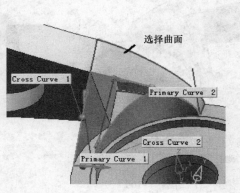

选择曲面

图　7-161

16. 抽取几何体（提取面）

选择菜单中的【 插入(S) 】/【 关联复制(A) ▶ 】/【 抽取(E)... 】命令或在【特征】工具条中选择 （抽取几何体）图标，出现【抽取】几何体对话框，如图 7-163 所示。在 类型 下拉框中选择 面 选项，在 面选项 下拉框中选择 单个面 选项，然后在图形中选择如图 7-164 所示的实体面，点击 确定 按钮，创建抽取几何体（提取面）特征。

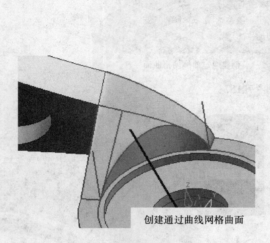

创建通过曲线网格曲面

图 7-162

图 7-163

17. 隐藏片体

选择菜单中的【 编辑(E) 】/【 显示和隐藏(H) 】/【 隐藏(H)... 】命令或在【实用工具】工具条中选择 （隐藏）图标，将片体隐藏（步骤略）。

18. 颠倒显示和隐藏

选择菜单中的【 编辑(E) 】/【 显示和隐藏(H) 】/【 颠倒显示和隐藏(I) 】命令或在【实用工具】工具条中选择 （颠倒显示和隐藏）图标，图形更新如图 7-165 所示。

选择实体面

图 7-164

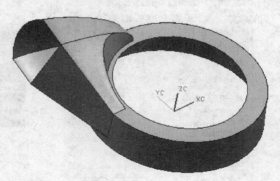

图 7-165

19. 修剪片体

选择菜单中的【 插入(S) 】/【 修剪(T) ▶ 】/【 修剪的片体(R)... 】命令或在【曲面】工具条中选择 （修剪的片体）图标，出现【修剪的片体】对话框，如图 7-166 所示。在图形中选择如图 7-167 所示的曲面为要修剪的对象，然后在对话框中 选择区域(0) 中选中 保持 单选按钮，在 边界对象 栏中点击 （对象）按钮，在图形中选择如图7-167 所示的曲面及边线为修剪边界，点击 应用 按钮，完成修剪的片体如图 7-168 所示。

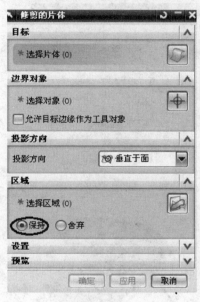

图　7-166

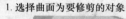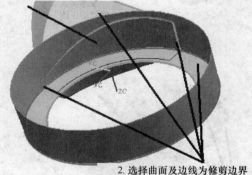

1. 选择曲面为要修剪的对象

2. 选择曲面及边线为修剪边界

图　7-167

继续进行修剪片体，在图形中选择如图 7-169 所示的曲面为要修剪的对象，注意选择保留区域，然后在对话框中 选择区域(0) 中选中 保持 单选按钮，在 边界对象 栏中点击 （对象）按钮，在图形中选择如图 7-169 所示的曲面及边线为修剪边界，点击 确定 按钮，完成修剪的片体如图 7-170 所示。

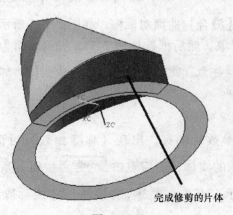

完成修剪的片体

图　7-168

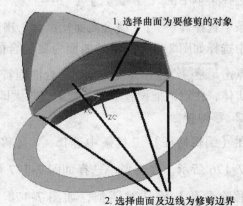

1. 选择曲面为要修剪的对象

2. 选择曲面及边线为修剪边界

图　7-169

20. 创建有界平面

选择菜单中的【 插入(S) 】/【 曲面(R) 】/【 有界平面(B)… 】命令或在成形【特征】工具栏中选择 （有界平面）图标，出现【有界平面】对话框，如图 7-171 所示。系统提示选择边界线串，在图形中依次选择如图 7-172 所示的边线，然后在【有界平面】对话框中点击 确定 按钮，完成创建有界平面，如图 7-173 所示。

完成修剪的片体

图 7-170

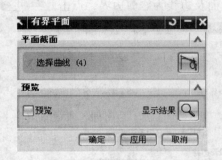

图 7-171

依次选择边线

图 7-172

创建有界平面

图 7-173

21. 创建缝合曲面特征

选择菜单中的【 插入(S) 】/【 组合体(B) 】/【 缝合(W)… 】曲面命令或在【特征操作】工具条中选择【 】（缝合曲面）图标，出现【缝合】曲面对话框，如图 7-174 所示。在图形中选择如图 7-175 所示的曲面为要缝合的对象，然后框选如图 7-175 所示的面为工具面，点击 确定 按钮，完成创建缝合曲面特征（注意：此时曲面已经缝合成实体，如缝合不成实体，在对话框设置里将公差适当改大即可）。

22. 移除参数

在【编辑特征】工具条中选择 （移除参数）图标，出现【移除参数】对话框，如图 7-176 所示。在图形中选择如图 7-177 所示的实体，然后点击 确定 按钮，系统出现【移除参数】确认对话框，如图 7-178 所示。点击 是 按钮，完成移除参数操作。

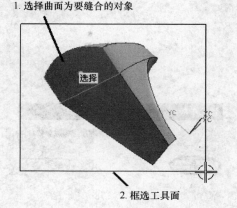

1. 选择曲面为要缝合的对象

2. 框选工具面

图　7-174　　　　　　　　　　图　7-175

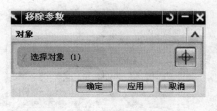

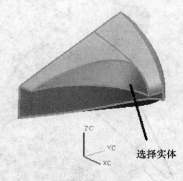

选择实体

图　7-176　　　　　　　　　　图　7-177

23. 全部显示

选择菜单中的【 编辑(E) 】/【 显示和隐藏(H) 】/【 全部显示(A) 】命令或在【实用工具】工具条中选择 （全部显示）图标（步骤略）。

24. 创建求和特征

选择菜单中的【 插入(S) 】/【 组合体(B) 】/【 求和(U)... 】命令或在【特征操作】工具条中选择 （求和）图标，出现【求和】对话框，如图 7-179 所示。在图形中选择目标体与工具体，如图 7-180 所示。然后点击 确定 按钮，创建求和特征（合并实体）。

25. 将曲线及基准移至 255 层

选择菜单中的【 格式(R) 】/【 移动至图层(M)... 】命令，出现【类选择】对话框，选择曲线及基准将其移动至 255 层（步骤略）。

26. 创建边倒圆特征

选择菜单中的【 插入(S) 】/【 细节特征(L) 】/【 边倒圆(E)... 】命令或在【特征操作】工具条中选择 （边倒圆）图标，出现【边倒圆】对话框，在 'Radius 1 （半径 1）栏中输入 2，如图 7-181 所示。在图形中选择如图 7-182 所示的边线作为倒圆角边，最后点击 确定 按钮，完成圆角特征，如图 7-183 所示。

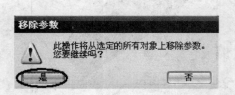

图　7-178

图　7-179

选择目标体与工具体

图　7-180

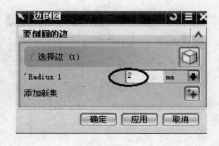

图　7-181

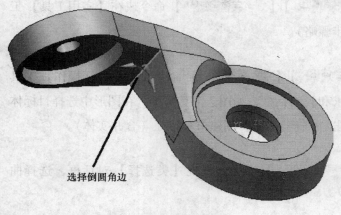

选择倒圆角边

图　7-182

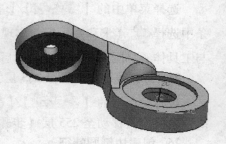

图　7-183

第 8 章　UG 三维数字化设计工程案例八

📖 案例说明

图 8-1 所示为鼠标上盖零件及鼠标上盖模芯和模腔。案例建模思路为：第一步，绘制模型轮廓线，拉伸创建鼠标上盖主体，再创建鼠标上盖曲面，抽壳完成鼠标上盖原始模型，最后绘制细节部分截面线来创建细节特征；第二步，根据鼠标上盖模型，采用分割、求差等建模方法，创建鼠标上盖模芯和模腔，如图 8-1 所示。

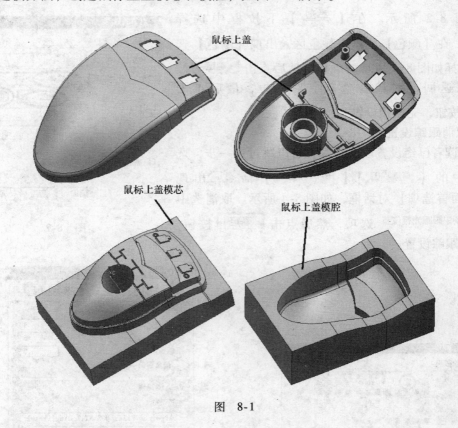

鼠标上盖

鼠标上盖模芯

鼠标上盖模腔

图　8-1

📖 案例训练目标

通过该案例的练习，读者能熟练掌握曲线的多种构建方法，提高综合运用实体特征、曲面、特征操作，开拓复杂三维图形的构建思路，融合基本技巧于整个设计过程。

8.1 建立新文件

选择菜单中的【文件】/【新建】命令或选择 ▢（New 建立新文件）图标，出现【新建】部件对话框，在【名称】栏中输入【shubiaog】，在【单位】下拉框中选择【毫米】选项，以毫米为单位，点击 确定 按钮，建立文件名为 shubiaog.prt，单位为毫米的文件。

8.2 创建鼠标上盖轮廓线

1. 对象预设置

选择菜单中的【首选项(P)】/【对象(O)... Ctrl+Shift+J】命令，出现【对象首选项】对话框，如图 8-2 所示。在【类型】下拉框中选择【实体】，在【颜色】栏点击颜色区，出现【颜色】选择框，选择如图 8-3 所示的颜色，然后点击 确定 按钮，系统返回【对象首选项】对话框，最后点击 确定 按钮，完成预设置。

2. 取消跟踪设置

如果读者已经设置取消跟踪，可以跳过这一步，选择菜单中的【首选项(P)】/【用户界面(U)...】命令，出现【用户界面首选项】对话框，如图 8-4 所示。取消选中 ☐在跟踪条中跟踪光标位置 选项，然后点击 确定 按钮，完成取消跟踪设置。

图 8-2

图 8-3

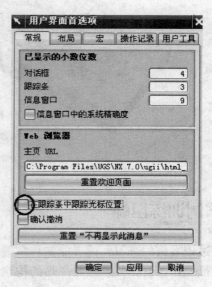

图 8-4

3. 绘制矩形

选择菜单中的【 插入(S) 】/【 曲线(C) 】/【 □ 矩形(R)... 】命令或在【曲线】工具栏中选择 □ （矩形）图标，出现【点】构造器对话框，如图 8-5 所示。系统提示定义矩形顶点 1，在此对话框中【XC】、【YC】、【ZC】栏中输入【 –32】、【 –56.5】、【0】，然后点击 确定 按钮，系统提示定义矩形顶点 2，在此对话框中【XC】、【YC】、【ZC】栏中输入【32】、【56.5】、【0】，如图 8-6 所示。然后点击 确定 按钮，最后在【点构造器】对话框中点击 取消 按钮，完成绘制矩形，如图 8-7 所示。

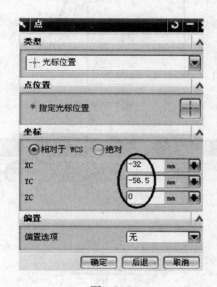

图 8-5

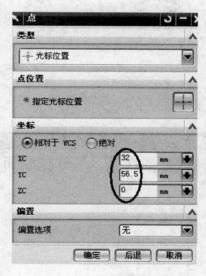

图 8-6

4. 绘制水平直线、竖直直线

选择菜单中的【 插入(S) 】/【 曲线(C) 】/【 ⊘ 基本曲线(B)... 】命令或在【曲线】工具条中选择 ⊘ （基本曲线）图标，出现【基本曲线】对话框，选择 ✎ （直线）图标，取消线串模式，在 点方法 下拉框中选择 ✎ ▾ （自动判断的点）选项，在 按给定距离平行 区域选中 ⊙ 原先的 选项，如图 8-8 所示。在图形中选择如图 8-9 所示的直线（不要选择直线控制点，且选择球中心位于该直线下方），然后在下方的【跟踪条】里 Ⅰ （偏置）栏中输入【34】，如图 8-10 所示。然后按回车键，绘制直线，如图 8-11 所示。

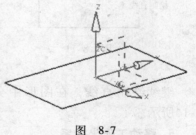

图 8-7

继续绘制直线，在下方的【跟踪条】里 Ⅰ （偏置）栏中输入【42】，绘制直线，如图 8-12 所示。

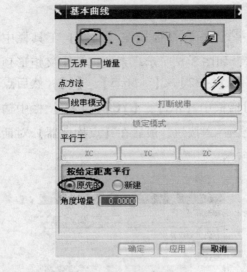

图 8-8

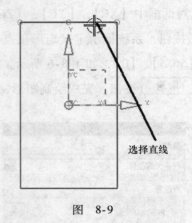

图 8-9

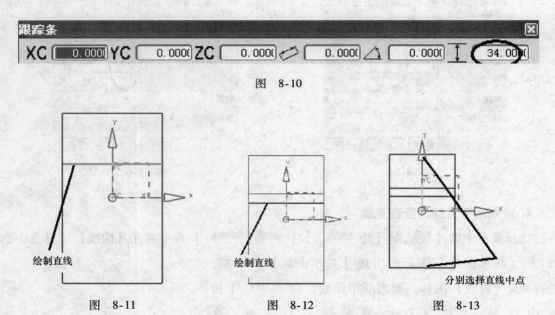

图 8-10

图 8-11　　　　　　图 8-12　　　　　　图 8-13

继续绘制直线，在图形中分别选择如图 8-13 所示的直线中点，绘制直线，如图 8-14所示。

5. 移动工作坐标系

选择菜单中的【 格式(R) 】/【 WCS 】/【 ⌐ 原点(O) 】命令或在【实用工具】工具条中选择 ⌐ （WCS 原点）图标，出现【点】构造器对话框，在 类型 下拉框中选择 终点 选项，如图 8-15 所示。在图形中选择如图 8-16 所示的直线端点，然后点击 确定 按钮，将坐标系移至指定点，如图 8-17 所示。

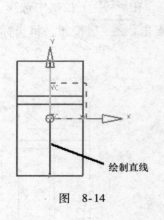

图　8-14

图　8-15

6. 绘制圆弧

选择菜单中的【 插入(S) 】/【 曲线(C) 】/【 ⋄ 基本曲线(B)... 】命令或在【曲线】工具条中选择 ⋄ （基本曲线）图标，出现【基本曲线】对话框，选择 ⌒ （圆弧）图标，取消线串模式，在创建方式栏选择 ◉中心点，起点，终点 选项，如图 8-18 所示。在下方的【跟踪条】里【XC】、【YC】、【ZC】栏中输入【400】、【0】、【0】，继续在【跟踪条】里 ↗ （半径）栏中输入 400，在 ∠ （起始角度）栏中输入 175，在 ∠ （终止角度）栏中输入 180，如图 8-19 所示。然后按回车键画出一条圆弧，如图 8-20 所示。

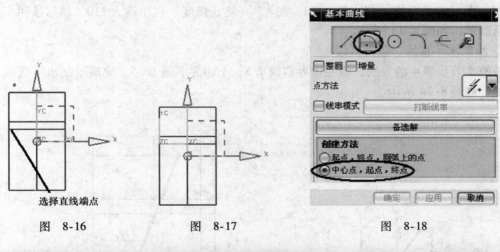

选择直线端点

图　8-16　　　　　　　图　8-17　　　　　　　　图　8-18

图　8-19

7. 移动工作坐标系

选择菜单中的【 格式(R) 】/【 WCS 】/【 ↙ 原点(O)... 】命令或在【实用工具】工具条中

选择 ◣（WCS 原点）图标，出现【点】构造器对话框，在 **类型** 下拉框中选择 **控制点** 选项，在图形中选择如图 8-21 所示的直线中点，然后点击 **确定** 按钮，将坐标系移至指定点，如图 8-22 所示。

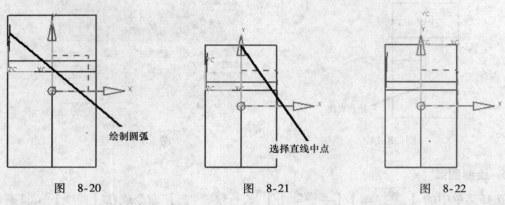

图 8-20   图 8-21   图 8-22

8. 绘制圆弧

选择菜单中的【 **插入(S)** 】/【 **曲线(C)** 】/【 **基本曲线(B)...** 】命令或在【曲线】工具条中选择 **（基本曲线）** 图标，出现【基本曲线】对话框，选择 **（圆弧）** 图标，取消线串模式，在创建方式栏选择 **⊙中心点，起点，终点** 选项，在下方的【跟踪条】里【XC】、【YC】、【ZC】栏中输入【0】、【-100】、【0】，继续在【跟踪条】里 **（半径）** 栏中输入 100，在 **（起始角度）** 栏中输入 90，在 **（终止角度）** 栏中输入 110，然后按回车键画出一条圆弧，如图 8-23 所示。

9. 绘制水平直线、竖直直线

按照本节步骤 4 的方法，将左边界右偏 7.5，上边界下偏 10.5，完成绘制水平直线、竖直直线，如图 8-24 所示。

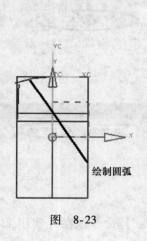

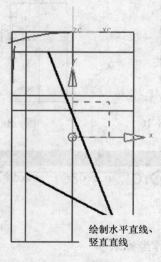

图 8-23   图 8-24

10. 修剪曲线

选择菜单中的【 编辑(E) 】/【 曲线(V) 】/【 ⤳ 修剪(T)... 】命令或在【编辑曲线】工具条中选择 ⤳ （修剪曲线）图标，出现【修剪曲线】对话框，取消 ☐关联 复选框前面的勾，如图 8-25 所示。在图形中选择如图 8-26 所示的圆弧为要修剪的对象，然后在图形中选择如图 8-26 所示的直线为修剪第一边界，最后在【修剪曲线】对话框中点击 应用 按钮，完成修剪曲线，如图 8-27 所示。

继续修剪曲线，在图形中选择如图 8-28 所示的圆弧为要修剪的对象，选择如图 8-28 所示的直线为修剪的第一边界，在【修剪曲线】对话框中点击 应用 按钮，完成修剪曲线，如图 8-29 所示。

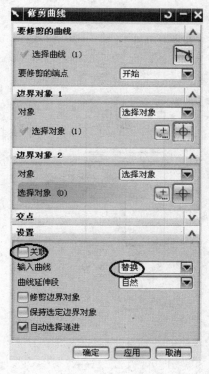

图　8-25　　　　　　　　　　　　　图　8-26

11. 将辅助曲线移至 255 层

选择菜单中的【 格式(R) 】/【 移动至图层(M)... 】命令，出现【类选择】对话框，选择辅助直线将其移动至 255 层（步骤略），然后设置 255 层为不可见，图形更新为如图 8-30 所示。

12. 桥接曲线

选择菜单中的【 插入(S) 】/【 来自曲线集的曲线(F) ▶ 】/【 桥接(B)... 】命令或在【曲线】工具条中选择 （桥接曲线）图标，出现【桥接曲线】对话框，如图 8-31 所示。然后在图形中选择如图 8-32 所示的曲线，然后在【桥接曲线】对话框中点击 确定 按钮，完成创建桥接曲线，如图 8-33 所示。

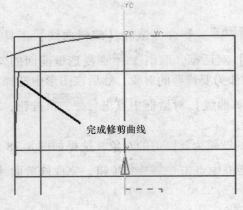

完成修剪曲线

图 8-27

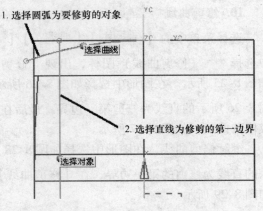

1.选择圆弧为要修剪的对象

选择曲线

2.选择直线为修剪的第一边界

选择对象

图 8-28

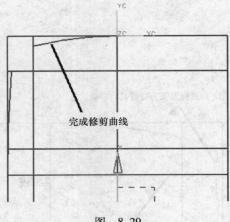

完成修剪曲线

图 8-29

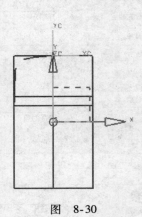

图 8-30

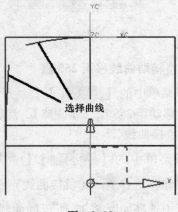

图 8-31

选择曲线

图 8-32

13. 绘制椭圆圆弧

选择菜单中的【 插入(S) 】/【 曲线(C) 】/【 ⊙ 椭圆(E)… 】命令或在【曲线】工具条中选择 ⊙ （椭圆）图标，出现【点】构造器指定椭圆中心对话框，在【XC】、【YC】、【ZC】栏中输入【0】、【-42】、【0】，如图 8-34 所示。点击 确定 按钮，系统出现【椭圆】对话框，在 长半轴 、 短半轴 、 起始角 、 终止角 、 旋转角度 栏中输入 71、32、90、180、90，点击 确定 按钮，完成创建椭圆圆弧，如图 8-36 所示。

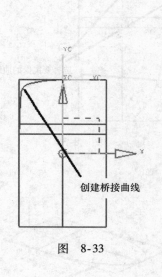

图　8-33

图　8-34

图　8-35

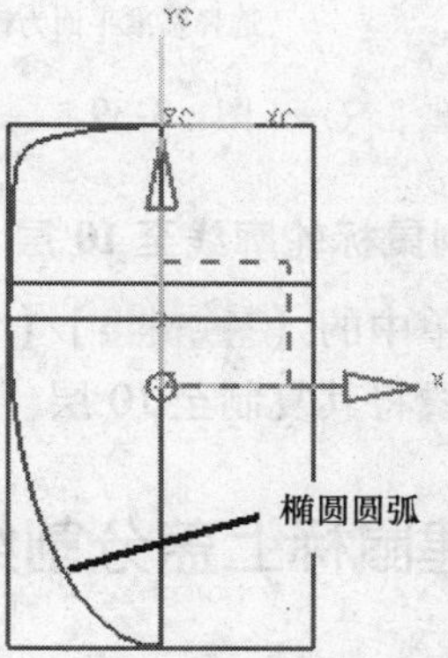

图　8-36

14. 创建镜像曲线

选择菜单中的【 插入(S) 】/【 来自曲线集的曲线(F)　▶ 】/【 镜像(M)… 】命令或在【曲线】工具条中选择 （镜像曲线）图标，出现【镜像曲线】对话框，如图 8-37 所示。然后在图形中选择如图 8-38 所示要镜像的曲线，在【镜像曲线】对话框 平面 下拉框中选择

现有平面 选项，在图形中选择如图 8-39 所示的基准平面为镜像对称面，在【镜像曲线】对话框中取消选中 关联 选项，在 输入曲线 下拉框中选择 保持 选项，点击 确定 按钮，完成创建镜像曲线，如图 8-40 所示。

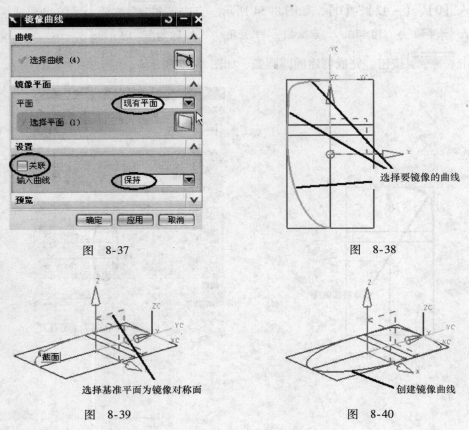

图 8-37

图 8-38

选择要镜像的曲线

选择基准平面为镜像对称面

图 8-39

创建镜像曲线

图 8-40

15. 复制鼠标轮廓线至 10 层

选择菜单中的【 格式(R) 】/【 复制至图层(O)... 】命令，出现【类选择】对话框，选择鼠标轮廓线将其复制至 10 层（步骤略），然后设置 10 层为不可见。

8.3 创建鼠标上盖分割线

1. 绘制直线

选择菜单中的【 插入(S) 】/【 曲线(C) 】/【 基本曲线(B)... 】命令或在【曲线】工具条中选择 （基本曲线）图标，出现【基本曲线】对话框，选择 （直线）图标，取消线串模式，在 点方法 下拉框中选择 （端点）选项，如图 8-41 所示。在图形中选择如图 8-42 所示的直线的端点，在 点方法 下拉框中选择 （控制点）选项，在图形中选择如图 8-42 所示的直线的中点，然后按回车键，绘制直线，如图 8-43 所示。

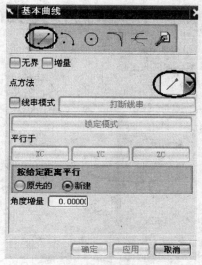

图　8-41

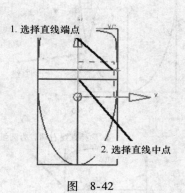

图　8-42

继续绘制直线，在 **点方法** 下拉框中选择 ⟨自动判断的点⟩ 选项，在图形中选择如图 8-44 所示直线的中点，再选择直线，然后选择如图 8-44 所示的右边界线，完成创建直线，如图 8-45 所示。

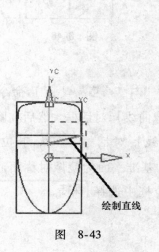

图　8-43

图　8-44

2. 绘制圆弧

选择菜单中的【 插入(S) 】/【 曲线(C) 】/【 基本曲线(B)... 】命令或在【曲线】工具条中选择 （基本曲线）图标，出现【基本曲线】对话框，选择 （圆弧）图标，取消线串模式，在 **点方法** 下拉框中选择 （端点）选项，如图 8-46 所示。在图形中选择如图 8-47 所示的直线端点为圆心，然后选择如图 8-47 所示的直线右端点为圆弧起点，直线左端点为圆弧终点，绘制圆弧，如图 8-48 所示。

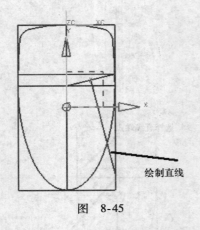

绘制直线

图 8-45

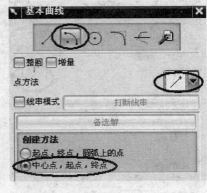

图 8-46

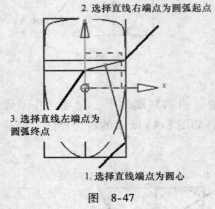

2. 选择直线右端点为圆弧起点

3. 选择直线左端点为圆弧终点

1. 选择直线端点为圆心

图 8-47

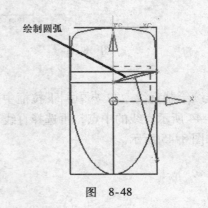

绘制圆弧

图 8-48

3. 创建镜像曲线

选择菜单中的【 插入(S) 】/【 来自曲线集的曲线(F) ▶ 】/【 镜像(M)... 】命令或在【曲线】工具条中选择 （镜像曲线）图标，出现【镜像曲线】对话框，然后在图形中选择如图 8-49 所示圆弧为要镜像的曲线，在【镜像曲线】对话框 平面 下拉框中选择 现有平面 选项，在图形中选择如图 8-49 所示的基准平面为镜像对称面，在【镜像曲线】对话框取消选中 关联 选项，在 输入曲线 下拉框中选择 保持 选项，点击 确定 按钮，完成创建镜像曲线，如图 8-50 所示。

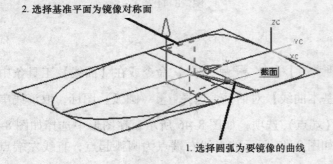

2. 选择基准平面为镜像对称面

截面

1. 选择圆弧为要镜像的曲线

图 8-49

镜像曲线

图 8-50

4. 复制鼠标分割线至 10 层

选择菜单中的【 格式(R) 】/【 ⛟ 复制至图层(O)... 】命令，出现【类选择】对话框，选择鼠标分割线将其复制至 10 层（步骤略）。

5. 将辅助曲线移至 255 层

选择菜单中的【 格式(R) 】/【 ⛟ 移动至图层(M)... 】命令，出现【类选择】对话框，选择辅助直线将其移动至 255 层（步骤略），图形更新如图 8-51 所示。

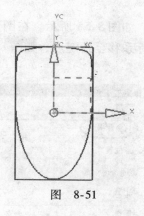

图 8-51

8.4 创建鼠标上盖零件毛坯

1. 创建拉伸特征

选择菜单中的【 插入(S) 】/【 设计特征(E) 】/【 ▥ 拉伸(E)... 】命令或在【特征】工具条中选择 ▥ （拉伸）图标，出现【拉伸】对话框，如图 8-52 所示。在曲线规则下拉框中选择 相连曲线 ▼ 选项，选择如图 8-53 所示鼠标轮廓曲线为拉伸对象。

然后在【拉伸】对话框中 指定矢量 下拉框内选择 ZC ▼ 选项，在【 开始 】\【 距离 】栏、【 结束 】\【 距离 】栏中输入【0】、【60】，在【布尔】下拉框中选择 ⬤ 无 ▼ 选项，如图 8-52 所示。点击 确定 按钮，完成创建拉伸特征，如图 8-54 所示。

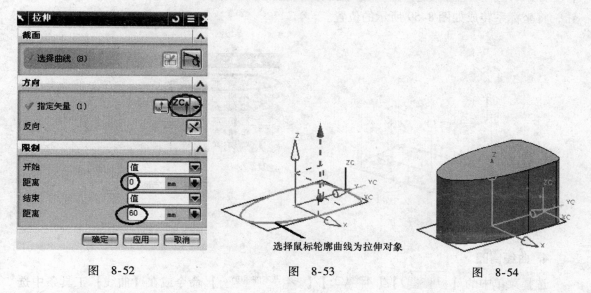

图 8-52

图 8-53

图 8-54

2. 移动工作坐标系

选择菜单中的【 格式(R) 】/【 WCS 】/【 ↳ 原点(O)... 】命令或在【实用工具】工具条中选择 ↳ （WCS 原点）图标，出现【点】构造器对话框，在 类型 下拉框中选择 ⬡ 象限点选项，如图 8-55 所示。在图形中选择如图 8-56 所示的实体边线，然后点击 **确定** 按钮，将坐标系移至指定点，如图 8-57 所示。

图 8-55

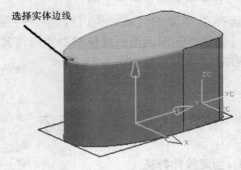

图 8-56

3. 旋转工作坐标系

选择菜单中的 【 **格式(R)** 】/【 **WCS** 】/【 **旋转(R)...** 】命令或在【实用工具】工具条中选择 （旋转 WCS）图标，出现【旋转 WCS】工作坐标系对话框，如图 8-58 所示。选中 **+ ZC 轴：XC --> YC** 选项，在旋转 **角度** 栏中输入【90】，点击 **应用** 按钮，继续旋转工作坐标系，选中 **+ XC 轴：YC --> ZC** 选项，在旋转 **角度** 栏中输入【90】，点击 **确定** 按钮，将坐标系转成如图 8-59 所示的位置。

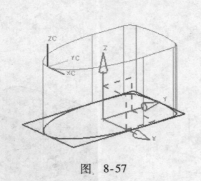

图 8-57

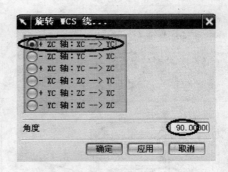

图 8-58

4. 曲线倒圆

选择菜单中的 【 **插入(S)** 】/【 **曲线(C)** 】/【 **基本曲线(B)...** 】命令或在【曲线】工具条中选择 （基本曲线）图标，出现【基本曲线】对话框，选择 （圆角）图标，如图 8-60 所示。出现【曲线倒圆】对话框，选择 （2 曲线倒圆）图标，并且在 **半径** 栏中输入 90，如图 8-61 所示。

图　8-60

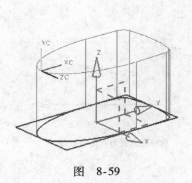

图　8-59

　　然后在【曲线倒圆】对话框中点击 **点构造器** 按钮，系统出现【点】构造器对话框，在【坐标】/【XC】、【YC】、【ZC】栏中输入【113】、【0】、【0】，如图 8-62 所示。然后点击 **确定** 按钮，接着系统提示选择圆角第 2 点，在【坐标】/【XC】、【YC】、【ZC】栏中输入【0】、【0】、【0】，如图 8-63 所示。然后点击 **确定** 按钮，接着系统提示选择圆角中心点，在如图 8-64 所示位置选择圆角中心点，创建圆角如图 8-65 所示。

图　8-61

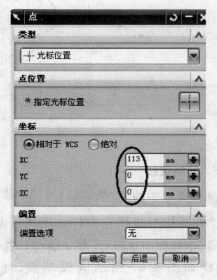

图　8-62

图 8-63

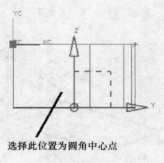

选择此位置为圆角中心点

图 8-64

继续曲线倒圆，在【曲线倒圆】对话框中 半径 栏中输入 72，点击 点构造器 按钮，系统出现【点构造器】对话框，在【坐标】/【XC】、【YC】、【ZC】栏中输入【109】、【0】、【0】，然后点击 确定 按钮，接着系统提示选择圆角第 2 点，在【坐标】/【XC】、【YC】、【ZC】栏中输入【20】、【0】、【0】，然后点击 确定 按钮，接着系统提示选择圆角中心点，在如图 8-65 所示位置选择圆角中心点，创建圆角如图 8-66 所示。

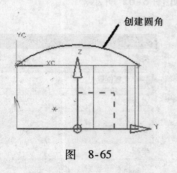

图 8-65

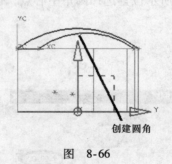

创建圆角

图 8-66

5. 绘制直线

选择菜单中的【 插入(S) 】/【 曲线(C) 】/【 基本曲线(B)... 】命令或在【曲线】工具栏中选择 （基本曲线）图标，出现【基本曲线】对话框，选择 （直线）图标，在 点方法 下拉框中选择 （端点）选项，取消选中 线串模式 选项，然后在图形中分别选择如图 8-67 所示圆弧端点，创建 2 条直线，如图 8-68 所示（隐藏鼠标毛坯实体）。

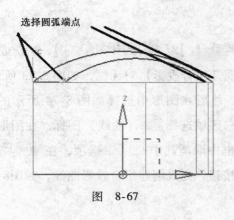

选择圆弧端点

图 8-67

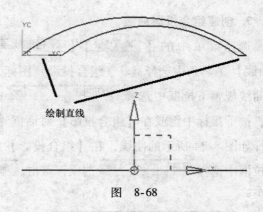

绘制直线

图 8-68

6. 创建曲线倒圆

选择菜单中的【　插入(S)　】/【　曲线(C)　】/【　基本曲线(B)...　】命令或在【曲线】工具条中选择　（基本曲线）图标，出现【基本曲线】对话框，选择　（圆角）图标，出现【曲线倒圆】对话框，选择　（2 曲线倒圆）图标，并且在　半径　栏中输入 50，然后在图形中依次选择如图 8-69 所示的曲线，最后在圆角圆心附近按下鼠标左键，完成倒圆角，如图 8-70 所示。

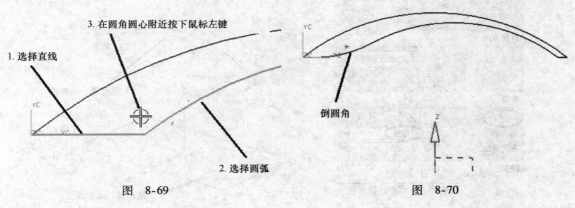

3. 在圆角圆心附近按下鼠标左键

1. 选择直线

2. 选择圆弧

图 8-69

倒圆角

图 8-70

继续曲线倒圆，在　半径　栏中输入 8，然后在图形中依次选择如图 8-71 所示的曲线，最后在圆角圆心附近按下鼠标左键，完成倒圆角，如图 8-72 所示。

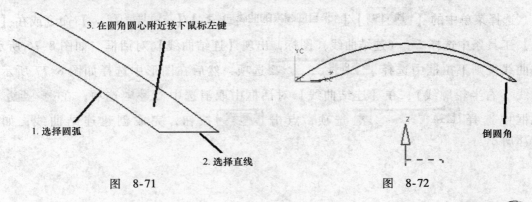

3. 在圆角圆心附近按下鼠标左键

1. 选择圆弧

2. 选择直线

图 8-71

倒圆角

图 8-72

271

7. 创建组合投影曲线

选择菜单中的【 插入(S) 】/【 来自曲线集的曲线(F) ▶ 】/【 组合投影(C)… 】命令或在【曲线】工具条中选择 （组合投影）图标，出现【组合投影】对话框，如图8-73 所示。在曲线规则下拉框中选择 相切曲线 选项，然后在图形中选择如图8-74 所示的曲线，按下鼠标中键或在【组合投影】对话框 曲线 2 区域选择 （曲线）图标，在图形中选择如图8-74 所示的曲线，在【组合投影】对话框中取消选中 关联 选项，在 输入曲线 下拉框中选择 保持 选项，点击 确定 按钮，完成创建组合投影曲线，如图8-75 所示。

图 8-73

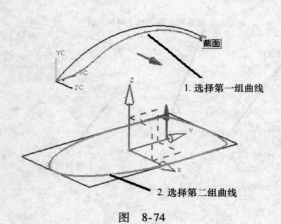

图 8-74

8. 创建连结曲线

选择菜单中的【 插入(S) 】/【 来自曲线集的曲线(F) ▶ 】/【 连结(J)… 】命令或在【曲线】工具条中选择 （连结曲线）图标，出现【连结曲线】对话框，如图8-76 所示。在曲线规则下拉框中选择 串条曲线 选项，然后在图形中选择如图8-77 所示的曲线（右半轮廓线），在【连结曲线】对话框中取消选中 关联 选项，在 输入曲线 下拉框中选择 替换 选项，点击 确定 按钮，完成创建连结曲线，如图8-78所示。

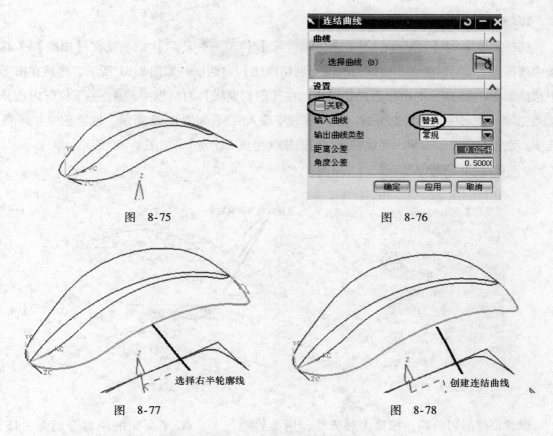

图 8-75   图 8-76

图 8-77   图 8-78

继续创建连结曲线，选择鼠标左半轮廓曲线，使其连结一条曲线。

9. 旋转工作坐标系

选择菜单中的【 格式(R) 】/【 WCS 】/【 旋转(R)... 】命令或在【实用工具】工具条中
选择 （旋转 WCS）图标，出现【旋 转 WCS】工 作 坐 标 系 对 话 框，选 中
- YC 轴：XC --> ZC 选项，在旋转 角度 栏中输入【90】，如图 8-79 所示。点击 确定
按钮，将坐标系转成如图 8-80 所示的位置。

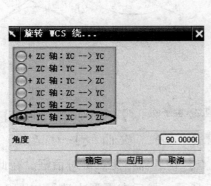

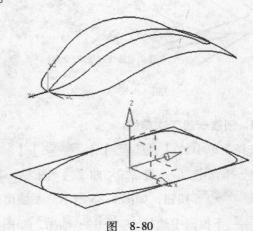

图 8-79   图 8-80

10. 创建剖切曲线

选择菜单中的【 插入(S) 】/【 来自体的曲线(U) 】/【 截面(S)... 】命令或在【曲线】工具条中选择 （剖切曲线）图标，出现【剖切曲线】对话框，如图 8-81 所示。然后在图形中选择如图 8-82 所示的曲线为剖切对象，在【剖切曲线】对话框中 指定平面 下拉框内选择 ZC 选项，图形中出现预览平面，在 距离 栏中输入 –5，如图 8-82 所示。取消选中 关联 选项，点击 应用 按钮，完成创建剖切曲线（生成 3 个点），如图 8-83 所示。

图 8-81

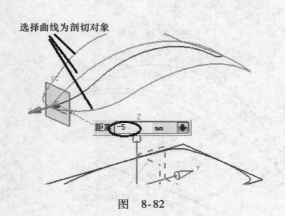

图 8-82

继续创建剖切曲线，按照上述方法，用与 ZC （XC-YC 平面）的距离分别为 –15、–25、–40、–55、–70、–85、–100 的来剖切上述三条曲线，完成创建剖切曲线（生成 21 个点），如图 8-84 所示。

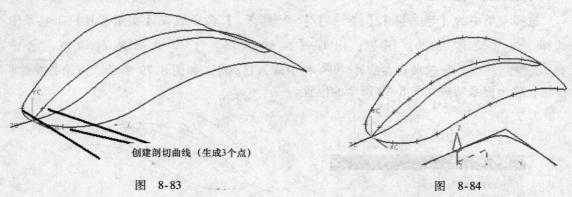

图 8-83

图 8-84

11. 创建一般二次曲线

选择菜单中的【 插入(S) 】/【 曲线(C) 】/【 一般二次曲线(G)... 】命令或在【曲线】工具栏中选择 （一般二次曲线）图标，出现【一般二次曲线】对话框，点击 3 点，2 个斜率 按钮，如图 8-85 所示。系统出现【点】构造器指定点 1 对话框，在此对话框中 类型 下拉框中选择 现有点 选项，如图 8-86 所示。然后在图形中选择如图 8-87 所示的点，出现【一般二次曲线】指定起始斜率对话框，点击 角度 按钮，如图 8-88 所示。出现【一般二次曲线】指定派生角度对话框，在 角度 栏中输入 30，如图 8-89 所示，点击 确定 按钮。

图　8-85

图　8-86

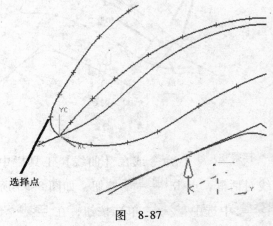

图　8-87

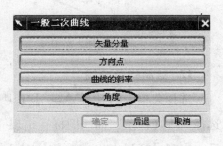

图　8-88

　　系统出现【点】构造器指定点 2 对话框，在图形中选择如图 8-90 所示的点，系统出现【点】构造器指定点 3 对话框，在图形中选择如图 8-90 所示的点，出现【一般二次曲线】指定起始斜率对话框，点击 角度 按钮，出现【一般二次曲线】指定派生角度对话框，在 角度 栏中输入 – 30，点击 确定 按钮，完成创建一般二次曲线，如图 8-91 所示。

　　继续创建一般二次曲线，在 Z = – 15 的平面，角度参数为 35 与 – 35，完成创建一般二次曲线，如图 8-92 所示。

　　继续创建一般二次曲线，在 Z = – 25 的平面，角度参数为 40 与 – 40，完成创建一般二次曲线，如图 8-92 所示。

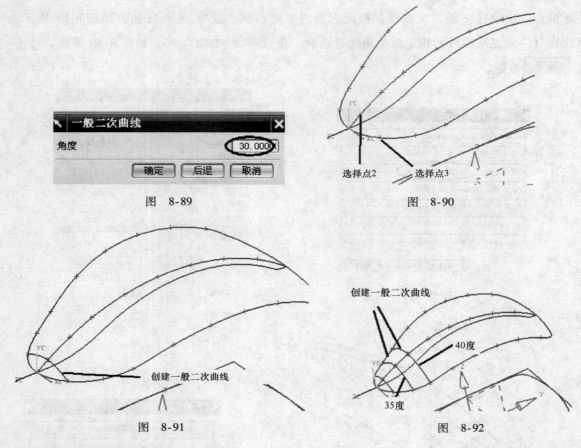

图 8-89

图 8-90

选择点2   选择点3

图 8-91

创建一般二次曲线

创建一般二次曲线

40度

35度

图 8-92

12. 绘制样条曲线

选择菜单中的【 插入(S) 】/【 曲线(C) 】/【 ～ 样条(S)... 】命令或在【曲线】工具栏中选择 ～（样条）曲线图标，出现【样条】曲线对话框，点击 通过点 按钮，如图8-93所示。出现【通过点生成样条】对话框，在 曲线类型 中选中 ⊙多段 单选按钮，在 曲线阶次 栏中输入3，如图8-94所示。点击 确定 按钮，出现【样条】点选项对话框，如图8-95所示，点击 点构造器 按钮。

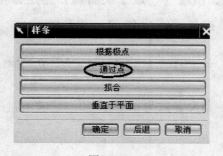

图 8-93

图 8-94

系统出现指定【点】对话框，在 **类型** 下拉框中选择 **╋现有点** 选项，如图 8-96 所示。然后在图形中依次选择如图 8-97 所示的点，点击 **确定** 按钮，出现指定【点】确认对话框，点击 **是** 按钮，如图 8-98 所示。系统返回【通过点生成样条】对话框，点击 **确定** 按钮，完成创建样条曲线，如图 8-99 所示。

继续创建样条曲线，按照上述方法，创建右侧四条样条曲线，完成如图 8-100 所示。

图　8-95

图　8-96

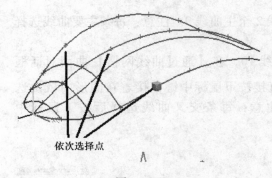

图　8-97

图　8-98

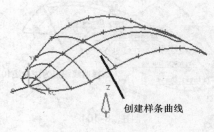

图　8-99

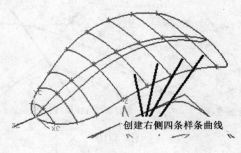

图　8-100

13. 创建通过曲线网格曲面

选择菜单中的【 **插入(S)** 】/【 **网格曲面(M)** ▶ 】/【 **通过曲线网格(M)...** 】命令

或在【曲面】工具条中选择 （通过曲线网格）曲面图标，出现【通过曲线网格】曲面对话框，如图 8-101 所示。在点捕捉工具栏中选择 ⧄（端点）选项，在图形中选择如图8-102所示的曲线端点为第一主曲线。注意：每条主要曲线选择后按下鼠标中键确认。

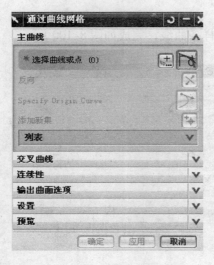

图 8-101

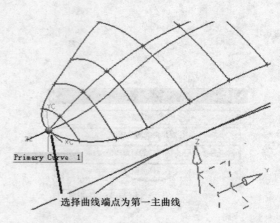

图 8-102

然后依次选择如图 8-103 所示的曲线为主曲线 2 至主曲线 9。注意：每条主要曲线选择后按下鼠标中键确认。

然后选择如图 8-104 所示的曲线端点为主曲线 10，在【通过曲线网格】曲面对话框中交叉曲线区选择 （交叉曲线）图标，或直接按下鼠标中键，接着在图形中依次选择如图 8-105 所示的 3 条曲线为交叉曲线。注意：每条交叉曲线选择后按下鼠标中键确认。

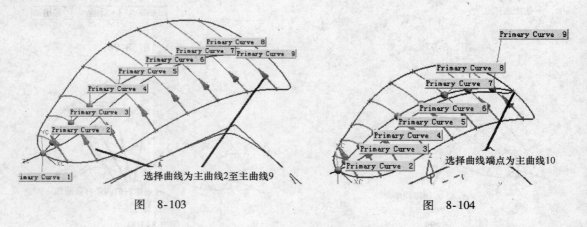

图 8-103

图 8-104

最后在【通过曲线网格】曲面对话框中点击 确定 按钮，完成创建通过曲线网格曲面，如图 8-106 所示。

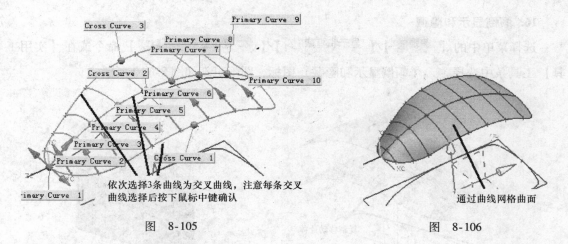

图 8-105

通过曲线网格曲面

图 8-106

14. 移动对象——复制移动片体

选择菜单中的【编辑(E)】/【 移动对象(O)... 】命令或在【标准】工具栏中选择 （移动对象）图标，出现【移动对象】对话框，如图 8-107 所示。然后在图形中选择如图 8-108 所示的片体。在【移动对象】对话框 运动 下拉框中选择 距离 选项，在 指定矢量 (1) 下拉框中选择 YC 选项，在 距离 栏中输入 25，在 结果 区域选中 复制原先的 选项，在 非关联副本数 栏中输入 1，如图 8-107 所示。点击 确定 按钮，完成效果如图 8-109 所示。

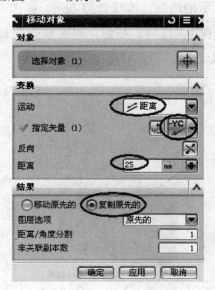

图 8-107

选择片体

图 8-108

15. 隐藏复制移动片体

选择菜单中的【编辑(E)】/【显示和隐藏(H)】/【 隐藏(H)... 】命令或在【实用工具】工具条中选择 （隐藏）图标，将复制移动片体隐藏（步骤略）。

16. 颠倒显示和隐藏

选择菜单中的【 编辑(E) 】/【 显示和隐藏(H) 】/【 颠倒显示和隐藏(I) 】命令或在【实用工具】工具条中选择 （颠倒显示和隐藏）图标，图形更新如图 8-110 所示。

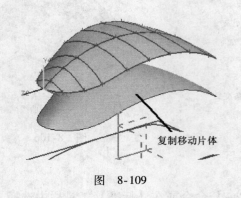

图 8-109

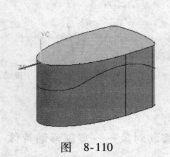

图 8-110

17. 创建修剪体特征

选择菜单中的【 插入(S) 】/【 修剪(T) 】/【 修剪体(T)... 命令或在【特征操作】工具栏中选择 （修剪体）图标，出现【修剪体】对话框，如图 8-111 所示。系统提示选择目标体，在图形中选择如图 8-112 所示的实体，然后在【修剪体】对话框中 工具选项 下拉框内选择 面或平面 选项，在图形中选择如图 8-112 所示的曲面，出现修剪方向，如图 8-112 所示。如方向不同，可在【修剪体】对话框，点击 （反向）按钮，切换修剪方向，点击 确定 按钮，创建修剪体特征，如图 8-113 所示。

图 8-111

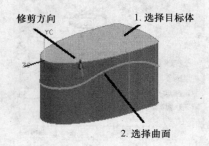

图 8-112

18. 将实体移至 11 层

选择菜单中的【 格式(R) 】/【 移动至图层(M)... 】命令，出现【类选择】对话框，选择实体将其移动至 11 层（步骤略），并设置 11 层不可见，图形更新如图 8-114 所示。

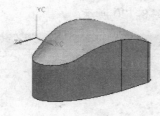

图　8-113

图　8-114

8.5　分割鼠标零件模型

1. 旋转工作坐标系

选择菜单中的【格式(R)】/【WCS】/【旋转(R)...】命令或在【实用工具】工具条中选择 (旋转 WCS) 图标，出现【旋转 WCS】工作坐标系对话框，如图 8-115 所示。选中 + YC 轴：ZC --> XC 选项，在旋转 角度 栏中输入【90】，点击 确定 按钮，将坐标系转成如图 8-116 所示的位置。

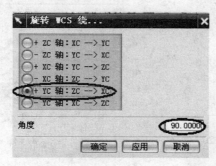

图　8-115

图　8-116

2. 隐藏片体（步骤略）

3. 绘制直线

选择菜单中的【插入(S)】/【曲线(C)】/【基本曲线(B)...】命令或在【曲线】工具条中选择 (基本曲线) 图标，出现【基本曲线】对话框，选择 (直线) 图标，取消线串模式，如图 8-117 所示。在下方的【跟踪条】里【XC】、【YC】、【ZC】栏中输入【0】、【-5】、【0】，如图 8-118 所示，按下回车键，继续在【跟踪条】里【XC】、【YC】、【ZC】栏中输入【48】、【-5】、【0】，按下回车键，绘制直线，如图8-119所示。

继续绘制直线，在下方的【跟踪条】里【XC】、【YC】、【ZC】栏中输入【103】、【-5】、【0】，按下回车键，继续在【跟踪条】里【XC】、【YC】、【ZC】栏中输入

图　8-117

【113】、【-5】、【0】，按下回车键，绘制直线，如图 8-120 所示。

图　8-118

4. 曲线倒圆

选择菜单中的【 插入(S) 】/【 曲线(C) 】/【 基本曲线(B)... 】命令或在【曲线】工具条中选择 （基本曲线）图标，出现【基本曲线】对话框，选择 （圆角）图标，出现【曲线倒圆】对话框，选择 （2 曲线倒圆）图标，并且在 半径 栏中输入 60，如图 8-121 所示。

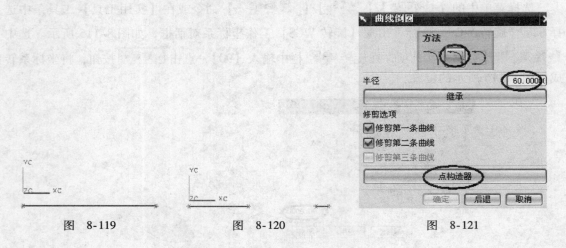

图　8-119　　　　　　　　　图　8-120　　　　　　　　　图　8-121

然后在【曲线倒圆】对话框中点击 点构造器 按钮，系统出现【点】构造器对话框，在 类型 下拉框中选择 终点 选项，如图 8-122 所示。然后在图形中依次选择如图 8-123 所示的直线端点，接着系统提示选择圆角中心点，在如图 8-123 所示位置选择圆角中心点，创建圆角如图 8-124 所示。

图　8-122

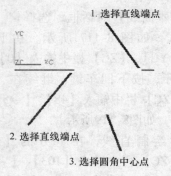

图　8-123

5. 创建曲线倒圆

选择菜单中的【 插入(S) 】/【 曲线(C) 】/【 ⚲ 基本曲线(B)... 】命令或在【曲线】工具条中选择 ⚲ （基本曲线）图标，出现【基本曲线】对话框，选择 ⌐ （圆角）图标，出现【曲线倒圆】对话框，选择 ⌐ （2 曲线倒圆）图标，并且在 半径 栏中输入 80，然后在图形中依次选择如图 8-125 所示的曲线，最后在圆角圆心附近按下鼠标左键，完成倒圆角，如图 8-126 所示。

继续曲线倒圆，在 半径 栏中输入 2.5，然后在图形中依次选择如图 8-127 所示的曲线，最后在圆角圆心附近按下鼠标左键，完成倒圆角，如图 8-128 所示。

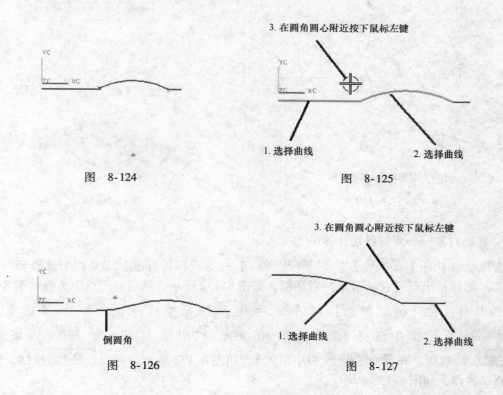

图　8-124

图　8-125

图　8-126

图　8-127

6. 创建拉伸片体

选择菜单中的【 插入(S) 】/【 设计特征(E) 】/【 ▥ 拉伸(E)... 】命令或在【特征】工具条中选择 ▥ （拉伸）图标，出现【拉伸】对话框，如图 8-129 所示。在曲线规则下拉框中选择 相切曲线 ▼ 选项，选择如图 8-130 所示鼠标分割曲线为拉伸对象。

然后在【拉伸】对话框中 指定矢量 下拉框内选择 ZC ▼ 选项，在【结束】下拉框中选择 对称值 选项，在【距离】栏中输入【35】，在【布尔】下拉框中选择 ⓣ 无 ▼ 选项，点击 确定 按钮，完成创建拉伸片体特征，如图 8-131 所示。

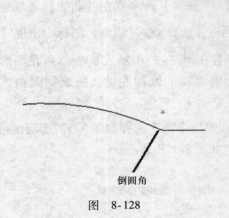

倒圆角

图 8-128

图 8-129

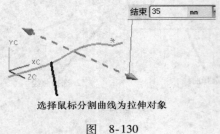

选择鼠标分割曲线为拉伸对象

图 8-130

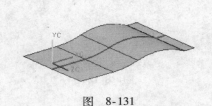

图 8-131

7. 移动对象——复制移动片体

选择菜单中的【 编辑(E) 】/【 移动对象(O)... 】命令或在【标准】工具栏中选择 （移动对象）图标，出现【移动对象】对话框，如图 8-132 所示。然后在图形中选择如图 8-131 所示的片体。在【移动对象】对话框 运动 下拉框中选择 距离 选项，在 指定矢量 (1) 下拉框中选择 YC 选项，在 距离 栏中输入 29，在 结果 区域选中 复制原先的 选项，在 非关联副本数 栏中输入 1，如图 8-132 所示。点击 确定 按钮，完成复制移动片体，如图 8-133 所示。

8. 图层设置

选择菜单中的【 格式(R) 】/【 图层设置(S)... 】命令，出现【图层设置】对话框，勾选 ☑ 11 层，将实体显示。

9. 创建拆分体特征

选择菜单中的【 插入(S) 】/【 修剪(T) 】/【 拆分体(P)... 】命令或在【特征操作】工具栏中选择 （拆分体）图标，出现【拆分体】对话框，如图 8-134 所示。

系统提示选择目标体，在图形中选择如图 8-135 所示的实体，然后在【拆分体】对话框中 工具选项 下拉框中选择 面或平面 选项，在图形中选择如图 8-135 所示的拆分工具曲面，点击 确定 按钮，创建拆分体特征，如图 8-136 所示。

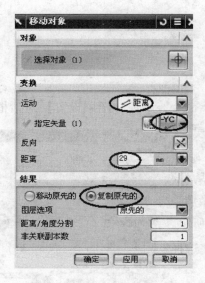

图　8-132

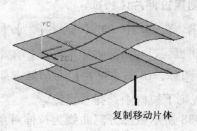

图　8-133

图　8-134

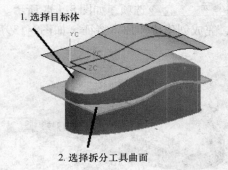

图　8-135

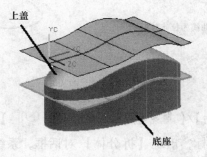

图　8-136

10. 复制鼠标上盖至 12 层，复制鼠标底座至 13 层

　　选择菜单中的【 格式(R) 】/【 复制至图层(O)... 】命令，出现【类选择】对话框，选择鼠标上盖将其复制至 12 层，复制鼠标底座至 13 层（步骤略）。

8.6　创建鼠标上盖前端零件模型

1. 图层设置

选择菜单中的【 格式(R) 】/【 图层设置(S) 】命令，出现【图层设置】对话框，设置 12 层为工作层，关闭 1、11、13 层，勾选 ☑10 层。

2. 创建拉伸片体特征

选择菜单中的【 插入(S) 】/【 设计特征(E) 】/【 拉伸(E)… 】命令或在【特征】工具条中选择 （拉伸）图标，出现【拉伸】对话框，如图 8-137 所示。在曲线规则下拉框中选择 相连曲线 选项，选择如图 8-138 所示鼠标分割曲线为拉伸对象。

然后在【拉伸】对话框中 指定矢量 下拉框中选择 YC 选项，在【 开始 】\【 距离 】栏、【 结束 】\【 距离 】栏内输入【0】、【60】，在【布尔】下拉框中选择 无 选项，如图 8-138 所示。点击 确定 按钮，完成创建拉伸片体特征，如图8-139所示。

图　8-137

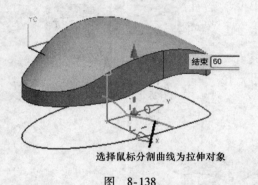

选择鼠标分割曲线为拉伸对象

图　8-138

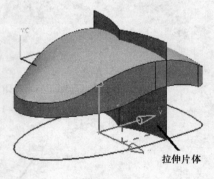

拉伸片体

图　8-139

3. 创建拆分体特征

选择菜单中的【 插入(S) 】/【 修剪(T) 】/【 拆分体(P)… 】命令或在【特征操作】工具栏中选择 （拆分体）图标，出现【拆分体】对话框，系统提示选择目标体，在图形中选择如图 8-140 所示的实体，然后在【拆分体】对话框中 工具选项 下拉框中选择 面或平面 选项，在图形中选择如图 8-140 所示的拆分工具曲面，点击 确定 按钮，创建拆分体特征，如图 8-141 所示。

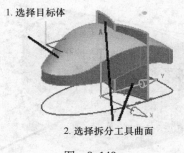

1. 选择目标体

2. 选择拆分工具曲面

图　8-140

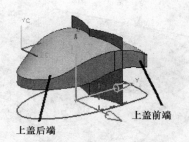

上盖后端　　上盖前端

图　8-141

4. 复制鼠标上盖前端至 14 层

选择菜单中的【 格式(R) 】/【 复制至图层 (0)... 】命令，出现【类选择】对话框，选择鼠标上盖前端将其复制至 14 层（步骤略），并设置 10、14 层不可见。隐藏鼠标上盖后端实体。

5. 移动工作坐标系

选择菜单中的【 格式(R) 】/【 WCS 】/【 原点(O)... 】命令或在【实用工具】工具条中选择 （WCS 原点）图标，出现【点】构造器对话框，在 类型 下拉框中选择 终点 选项，如图 8-142 所示。在图形中选择如图 8-143 所示的边线端点，然后点击 确定 按钮，将坐标系移至指定点，如图 8-143 所示。

图　8-142

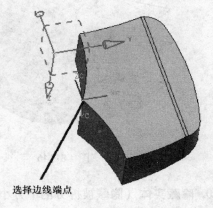

选择边线端点

图　8-143

6. 图层设置——显示 1 层

7. 移动对象——复制移动片体

选择菜单中的【 编辑(E) 】/【 移动对象(O)... 】命令或在【标准】工具栏中选择 （移动对象）图标，出现【移动对象】对话框，然后在图形中选择如图 8-144 所示的片体。在【移动对象】对话框 运动 下拉框中选择 距离 选项，在 指定矢量 (1) 下拉框中选择 YC 选项，在 距离 栏中输入 3，在 结果 区域选中 复制原先的 选项，在 非关联副本数 栏中输入 1，点击 确定 按钮，完成复制移动片体，如图 8-145 所示。

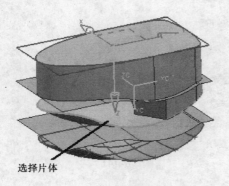

选择片体

图 8-144

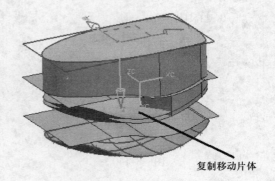

复制移动片体

图 8-145

8. 创建拆分体特征

选择菜单中的【 插入(S) 】/【 修剪(T) 】/【 拆分体(P)... 】命令或在【特征操作】工具栏中选择 （拆分体）图标，出现【拆分体】对话框，系统提示选择目标体，在图形中选择如图8-146所示的实体，然后在【拆分体】对话框中 工具选项 下拉框中选择 面或平面 选项，在图形中选择如图8-146所示的拆分工具曲面，点击 确定 按钮，创建拆分体特征。

9. 图层设置——关闭1层 （图形更新如图8-147所示）

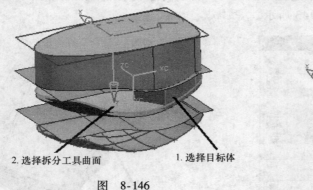

2. 选择拆分工具曲面　　1. 选择目标体

图 8-146

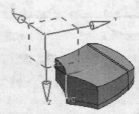

图 8-147

10. 隐藏实体 （隐藏被拆分的下方小实体，图形更新如图8-148所示）

11. 创建修剪体特征

选择菜单中的【 插入(S) 】/【 修剪(T) 】/【 修剪体(T)... 】命令或在【特征操作】工具栏中选择 （修剪体）图标，出现【修剪体】对话框，如图8-149所示。系统提示选择目标体，在图形中选择如图8-150所示的实体，然后在【修剪体】对话框中 工具选项 下拉框中选择 新平面 选项，在 指定平面 下拉框中选择 YC 选项，图形中出现预览平面，在 距离 栏中输入12，出现修剪方向，如图8-150所示。如方向不同，可在【修剪体】对话框，点击 （反向）按钮，切换修剪方向，点击 确定 按钮，创建修剪体特征，如图8-151所示。

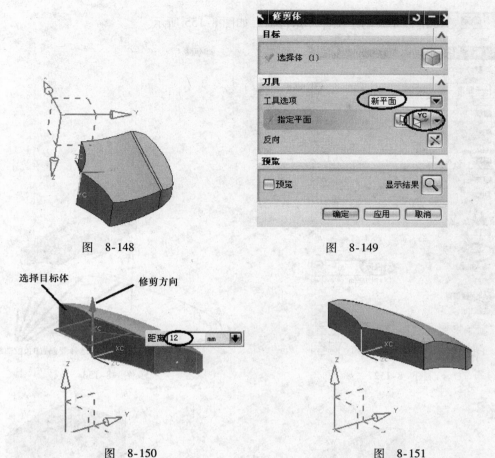

图　8-148　　　　　　　　　　　　　　　　图　8-149

图　8-150　　　　　　　　　　　　　　　　图　8-151

12. 图层设置——显示 10 层

13. 创建偏置曲线

选择菜单中的【 插入(S) 】/【 来自曲线集的曲线(F) ▶ 】/【 偏置(O)... 】命令或在【曲线】工具条中选择 （偏置曲线）图标，出现【偏置曲线】对话框，如图 8-152 所示。根据提示在图形中选择如图 8-153 所示的要偏置的 6 段曲线，图形中出现偏置方向箭头，然后在【偏置曲线】对话框中 距离 栏输入 – 2.5，取消选中 关联 前的勾，在 输入曲线 下拉框中选择 保持 选项，如图 8-152 所示。最后点击 确定 按钮，完成偏置曲线如图 8-154 所示。

14. 创建拉伸片体特征

选择菜单中的【 插入(S) 】/【 设计特征(E) 】/【 拉伸(E)... 】命令或在【特征】工具条中选择 （拉伸）图标，出现【拉伸】对话框，在曲线规则下拉框中选择 相连曲线 选项，选择如图 8-154 所示偏置曲线为拉伸对象。

然后在【拉伸】对话框中 指定矢量 下拉框内选择 YC 选项，在【 开始 】\【 距离 】栏、【 结束 】\【 距离 】栏中输入【0】、【60】，在【布尔】下拉框中选择 无 选项，

点击 确定 按钮，完成创建拉伸片体特征，如图 8-155 所示。

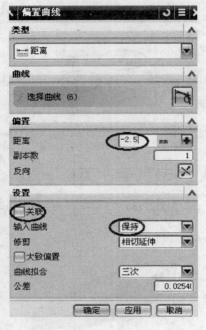

图 8-152

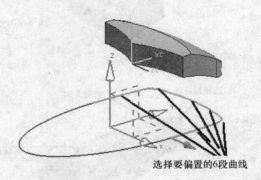

选择要偏置的6段曲线

图 8-153

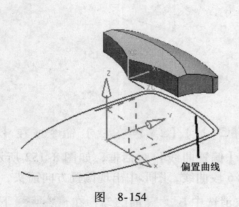

偏置曲线

图 8-154

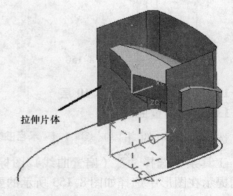

拉伸片体

图 8-155

15. 创建修剪体特征

选择菜单中的 【 插入(S) 】/【 修剪(T) 】/【 修剪体(T)... 】命令或在【特征操作】工具栏中选择 （修剪体）图标，出现【修剪体】对话框，如图 8-156 所示。系统提示选择目标体，在图形中选择如图 8-157 所示的实体，然后在【修剪体】对话框中 工具选项 下拉框中选择 面或平面 选项，在图形中选择如图 8-157 所示的曲面，出现修剪方向，如图 8-157 所示。如方向不同，可在【修剪体】对话框，点击 （反向）按钮，切换修剪方向，点击 确定 按钮，创建修剪体特征，如图 8-158 所示。

图　8-156

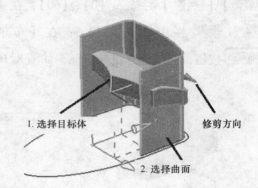

图　8-157

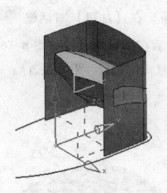

图　8-158

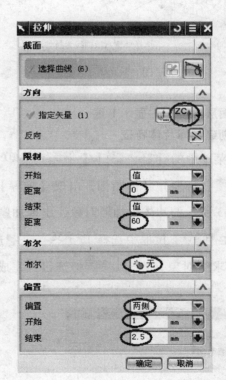

图　8-159

16. 隐藏片体

隐藏步骤 14 创建的拉伸片体（步骤略）。

17. 创建拉伸特征

选择菜单中的【 插入(S) 】/【 设计特征(E) 】/【 ▥ 拉伸(E)... 】命令或在【特征】工具条中选择 ▥ （拉伸）图标，出现【拉伸】对话框，在曲线规则下拉框中选择 单条曲线 ▼ 选项，选择如图 8-160 所示外侧六段曲线为拉伸对象。

然后在【拉伸】对话框中 指定矢量 下拉框中选择 YC ▼ 选项，在【 开始 】\【 距离 】栏、

【结束】\【距离】栏输入【0】、【60】，在 偏置 下拉框中选择 两侧 选项，在 开始 、结束 栏中输入 1、2.5，在【布尔】下拉框中选择 无 选项，点击 确定 按钮，完成创建拉伸特征，如图 8-161 所示。

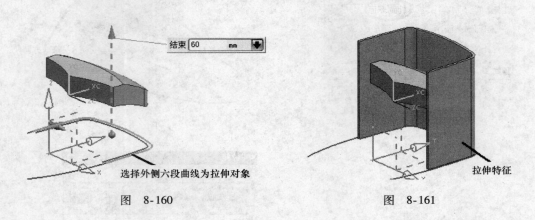

结束 60 mm

选择外侧六段曲线为拉伸对象

图 8-160

拉伸特征

图 8-161

18. 图层设置——显示 1 层

19. 创建加厚片体特征

选择菜单中的【 插入(S) 】/【 偏置/缩放(O) 】/【 加厚(T)... 】命令或在【特征】工具条中选择 （加厚）片体图标，出现【加厚】对话框，如图 8-162 所示。在图形中选择如图 8-163 所示的片体为加厚对象，出现加厚方向向下，在【加厚】对话框 偏置 1 中输入 −1，在 布尔 下拉框中选择 求交 选项，然后在图形中选择如图 8-163 所示的拉伸体为求交对象，点击 确定 按钮，完成创建加厚片体特征，如图 8-164 所示。

图 8-162

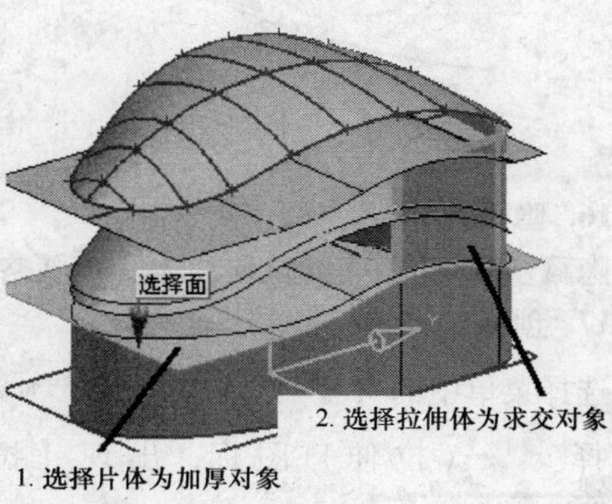

选择面

2. 选择拉伸体为求交对象

1. 选择片体为加厚对象

图 8-163

20. 图层设置——关闭 1 层（图形更新为如图 8-165 所示）

创建加厚片体特征

图　8-164

图　8-165

21. 显示片体

选择菜单中的【 编辑(E) 】/【 显示和隐藏(H) 】/【 显示(S).. 】命令或在【实用工具】工具条中选择 （显示）图标，将分割片体显示，图形更新如图 8-166 所示（步骤略）。

22. 创建修剪体特征

选择菜单中的【 插入(S) 】/【 修剪(T) 】/【 修剪体(T)... 】命令或在【特征操作】工具栏中选择 （修剪体）图标，出现【修剪体】对话框，系统提示选择目标体，在图形中选择如图 8-167 所示的实体，然后在【修剪体】对话框中 工具选项 下拉框中选择 面或平面 选项，在图形中选择如图 8-167 所示的曲面，出现修剪方向，如图 8-167 所示。如方向不同，可在【修剪体】对话框，点击 （反向）按钮，切换修剪方向，点击 确定 按钮，创建修剪体特征，如图 8-168 所示。

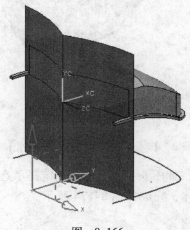

图　8-166

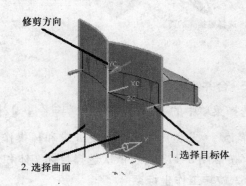

修剪方向

1. 选择目标体

2. 选择曲面

图　8-167

23. 隐藏片体及曲线

选择菜单中的【 编辑(E) 】/【 显示和隐藏(H) 】/【 隐藏(H)... 】命令或在【实用工具】工具条中选择 （隐藏）图标，将片体及曲线隐藏（步骤略）。

24. 创建抽壳特征

选择菜单中的【 插入(S) 】/【 偏置/缩放(O) 】/【 抽壳(H)… 】命令或在【特征】工具条中选择 （抽壳）图标，出现【壳】对话框，如图 8-169 所示。在图形中选择如图 8-170 所示的面为要抽壳的面，然后在【壳】对话框中 厚度 栏内输入 1.5，点击 确定 按钮，完成抽壳特征，如图 8-171 所示。

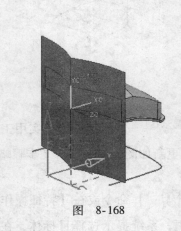

图 8-168

图 8-169

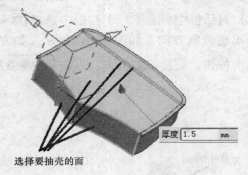

选择要抽壳的面

图 8-170

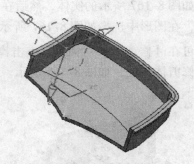

图 8-171

25. 合并实体

选择菜单中的【 插入(S) 】/【 组合体(B) 】/【 求和(U)… 】命令或在【特征操作】工具条中选择 （求和）图标，出现【求和】操作对话框，如图 8-172 所示。系统提示选择目标实体，按照图 8-173 所示依次选择目标实体和工具实体，完成如图 8-174 所示。

26. 旋转工作坐标系

选择菜单中的【 格式(R) 】/【 WCS 】/【 旋转(R)… 】命令或在【实用工具】工具条中选择 （旋转 WCS）图标，出现【旋转 WCS】工作坐标系对话框，如图 8-174 所示。选中 ⊙+ XC 轴: YC --> ZC 选项，在旋转 角度 栏中输入【90】，点击 确定 按钮，将坐标系转成如图 8-175 所示的位置。

图　8-172

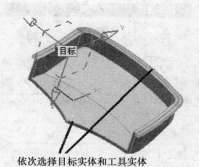

依次选择目标实体和工具实体

图　8-173

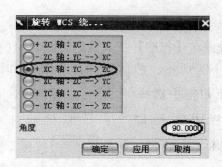

图　8-174

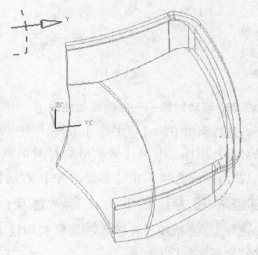

图　8-175

27. 绘制直线

选择菜单中的【 插入(S) 】/【 曲线(C) 】/【 ⚙ 基本曲线(B)... 】命令或在【曲线】工具条中选择 ⚙ （基本曲线）图标，出现【基本曲线】对话框，选择 ╱ （直线）图标，勾选 ☑线串模式 选项，如图8-176所示。在下方的【跟踪条】里【XC】、【YC】、【ZC】栏中输入【22.5】、【-3.5】、【0】，按下回车键，继续在【跟踪条】里【XC】、【YC】、【ZC】栏中输入【22.5】、【3.5】、【0】，按下回车键；

在【XC】、【YC】、【ZC】栏中输入【30.5】、【3.5】、【0】，按下回车键；

在【XC】、【YC】、【ZC】栏中输入【30.5】、【1.5】、【0】，按下回车键；

在【XC】、【YC】、【ZC】栏中输入【33】、【1.5】、【0】，按下回车键；

在【XC】、【YC】、【ZC】栏中输入【33】、【-1.5】、【0】，按下回车键；

在【XC】、【YC】、【ZC】栏中输入【30.5】、【-1.5】、【0】，按下回车键；

在【XC】、【YC】、【ZC】栏中输入【30.5】、【-3.5】、【0】，按下回车键；

在【XC】、【YC】、【ZC】栏中输入【22.5】、【-3.5】、【0】，按下回车键；绘制直线，如图8-177所示。

图 8-176

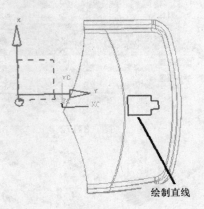

图 8-177

28. 移动对象——复制移动曲线

选择菜单中的【 编辑(E) 】/【 移动对象(O)... 】命令或在【标准】工具栏中选择 （移动对象）图标，出现【移动对象】对话框，如图 8-178 所示。然后在图形中选择如图 8-177所示的曲线。在【移动对象】对话框 运动 下拉框中选择 距离 选项，在 指定矢量 (1) 下拉框中选择 YC 选项，在 距离 栏中输入 17，在 结果 区域选中 复制原先的 选项，在 非关联副本数 栏中输入 1，如图 8-178 所示。点击 确定 按钮，完成效果如图8-179所示。

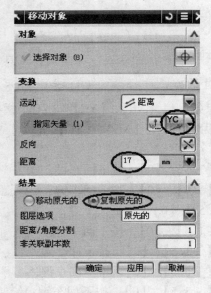

图 8-178

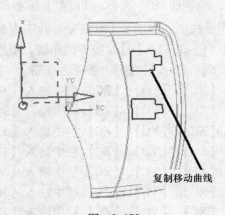

图 8-179

继续复制移动曲线，按照上述方法，向下即 方向，复制移动曲线，如图 8-180 所示。

29. 创建拉伸特征

选择菜单中的【 插入(S) 】/【 设计特征(E) 】/【 🕮 拉伸(E)… 】命令或在【特征】工具条中选择 🕮 （拉伸）图标，出现【拉伸】对话框，如图 8-181 所示。在曲线规则下拉框中选择 相连曲线 ▼ 选项，选择如图 8-182 所示曲线为拉伸对象。

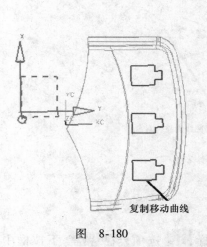

图　8-180

图　8-181

然后在【拉伸】对话框中 指定矢量 下拉框内选择 -ZC ▼ 选项，在【 开始 】\【 距离 】栏、栏中输入【0】，在【 结束 】下拉框中选择 贯通 选项，在【布尔】下拉框中选择 🗗 求差 ▼ 选项，然后在图形中选择如图 8-182 所示的实体，点击 确定 按钮，完成创建拉伸特征，如图 8-183 所示。

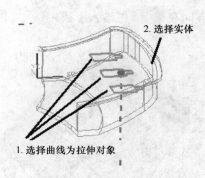

图　8-182

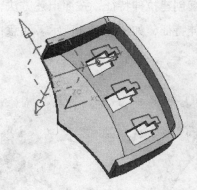

图　8-183

30. 创建拉伸特征

选择菜单中的【 插入(S) 】/【 设计特征(E) 】/【 🕮 拉伸(E)… 】命令或在【特征】工具条中选择 🕮 （拉伸）图标，出现【拉伸】对话框，如图 8-184 所示。在曲线规则下拉框中

选择 <u>单条曲线</u> ▼ 选项，选择如图 8-185 所示曲线为拉伸对象。

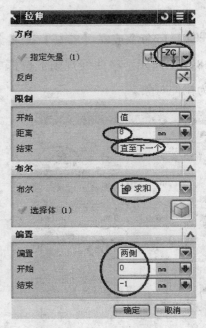

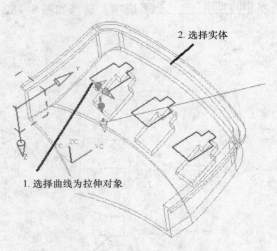

图　8-184

图　8-185

然后在【拉伸】对话框中 <u>指定矢量</u> 下拉框内选择 <u>ZC</u>▼ 选项，在 <u>偏置</u> 下拉框中选择 <u>两侧</u> ▼ 选项，在 <u>开始</u> 、<u>结束</u> 栏中输入 0、－1，在【<u>开始</u>】\【<u>距离</u>】栏中输入【8】，在【<u>结束</u>】下拉框中选择 <u>直至下一个</u> ▼ 选项，在【布尔】下拉框中选择 <u>求和</u> ▼ 选项，然后在图形中选择如图 8-185 所示的实体，点击 <u>确定</u> 按钮，完成创建拉伸特征，如图 8-186 所示。

继续创建拉伸特征，按照上述方法，分别选择内侧曲线，向－X 方向偏置 1 拉伸，完成创建拉伸特征，如图 8-187 所示。注意：根据偏置方向在 <u>结束</u> 栏输入 1 或－1。

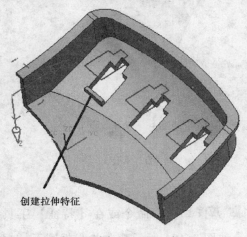

创建拉伸特征

图　8-186

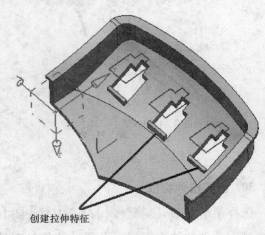

创建拉伸特征

图　8-187

31. 绘制圆

选择菜单中的【 插入(S) 】/【 曲线(C) 】/【 ⚲ 基本曲线(B)... 】命令或在【曲线】工具条中选择 ⚲ （基本曲线）图标，出现【基本曲线】对话框，选择 ⊙ （圆）图标，在下方的【跟踪条】里【XC】、【YC】、【ZC】栏中输入【23.75】、【23.5】、【0】，按回车键，在 ⟋ （半径）栏中输入【2.25】，然后按回车键，完成创建圆，如图8-188所示。

继续绘制圆，在下方的【跟踪条】里【XC】、【YC】、【ZC】栏中输入【23.75】、【-23.5】、【0】，按回车键，在 ⟋ （半径）栏中输入【2.25】，然后按回车键，完成创建圆，如图8-188所示。

32. 创建拉伸特征

选择菜单中的【 插入(S) 】/【 设计特征(E) 】/【 ▥ 拉伸(E)... 】命令或在【特征】工具条中选择 ▥ （拉伸）图标，出现【拉伸】对话框，如图8-189所示。在曲线规则下拉框中选择 单条曲线 ▼ 选项，选择如图8-190所示圆为拉伸对象。

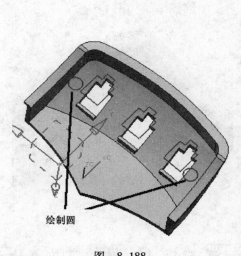

绘制圆

图 8-188

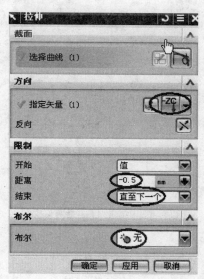

图 8-189

然后在【拉伸】对话框中 指定矢量 下拉框内选择 ZC↓▼ 选项，在【 开始 】\【 距离 】栏中输入【-0.5】，在【 结束 】下拉框中选择 直至下一个 ▼ 选项，在【布尔】下拉框中选择 ⚲无 选项，点击 确定 按钮，完成创建拉伸特征，如图8-191所示。

33. 创建孔特征

选择菜单中的【 插入(S) 】/【 设计特征(E) 】/【 ▣ 孔(H)... 】命令或在【特征】工具条中选择 ▣ （孔）图标，出现【孔】对话框，如图8-192所示。系统提示选择孔放置点，在捕捉点工具条中选择 ⊙ （圆弧中心）图标，然后在图形中选择如图8-193所示的实体圆弧边。

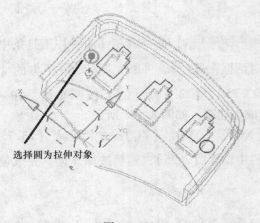

选择圆为拉伸对象

图 8-190

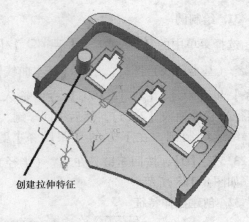

创建拉伸特征

图 8-191

孔

方向

孔方向　　　　　　　　垂直于面

形状和尺寸

成形　　　　　　　　　简单

尺寸

直径　　　　　　2　mm

深度限制　　　　直至下一个

布尔

布尔　　　　　　　　　求差

选择体 (1)

确定　应用　取消

图 8-192

选择实体圆弧边

图 8-193

在 孔方向 下拉框中选择 垂直于面 选项，在 成形 下拉框中选择 简单 选项，在 直径 栏中输入 2，在 深度限制 下拉框中选择 直至下一个 选项，在 布尔 下拉框中选择 求差 选项，最后点击 确定 按钮，完成孔的创建，如图 8-194 所示。

34. 创建右侧拉伸体、孔特征

按照步骤 32、步骤 33 方法，创建右侧拉伸体、孔特征，完成如图 8-195 所示。

35. 合并实体

选择菜单中的【插入(S)】/【组合体(B)】/【求和(U)...】命令或在【特征操作】工具条中选择 （求和）图标，出现【求和】操作对话框，系统提示选择目标实体，按照图 8-196所示依次选择目标实体和工具实体，完成如图 8-197 所示。

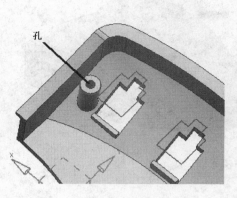

图　8-194

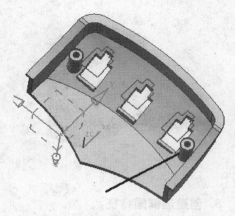

图　8-195

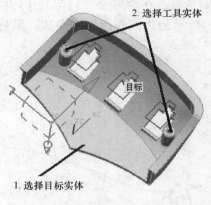

图　8-196

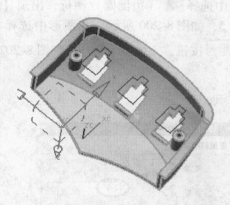

图　8-197

36. 移动鼠标上盖前端实体至 15 层

选择菜单中的【 格式(R) 】/【 移动至图层(M)... 】命令，出现【类选择】对话框，选择鼠标上盖前端实体将其移动至 15 层（步骤略），然后设置 15 层为不可见。

8.7　创建鼠标上盖后端零件模型

1. 颠倒显示和隐藏

选择菜单中的【 编辑(E) 】/【 显示和隐藏(H) 】/【 颠倒显示和隐藏(I) 】命令或在【实用工具】工具条中选择 （颠倒显示和隐藏）图标，图形更新如图 8-198 所示。

2. 将鼠标上盖后端实体移至 16 层

选择菜单中的【 格式(R) 】/【 移动至图层(M)... 】命令，出现【类选择】对话框，选择鼠标上盖后端实体将其移动至 16 层（步骤略），并设置 16 层为工作层，关闭 12 层，图形更新如图 8-199 所示。

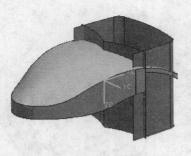

图 8-198

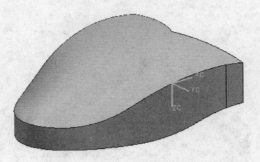

图 8-199

3. 创建边倒圆特征

选择菜单中的【 插入(S) 】/【 细节特征(L) 】/【 边倒圆(E)... 】命令或在【特征操作】工具条中选择 （边倒圆）图标，出现【边倒圆】对话框，在 'Radius 1 （半径1）栏中输入3.5，如图8-200所示。在图形中选择如图8-201所示的边线作为倒圆角边，最后点击 确定 按钮，完成圆角特征，如图8-202所示。

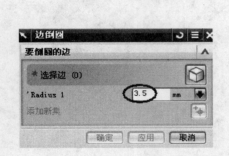

图 8-200

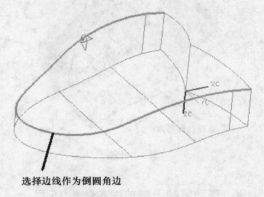

选择边线作为倒圆角边

图 8-201

4. 创建抽壳特征

选择菜单中的【 插入(S) 】/【 偏置/缩放(O) 】/【 抽壳(H)... 】命令或在【特征】工具条中选择 （抽壳）图标，出现【壳】对话框，如图8-203所示。在图形中选择如图8-204所示的面为要抽壳的面，然后在【壳】对话框中 厚度 栏内输入2.5，然后在 备选厚度 区域选择 （选择面）图标，在图形中选择如图8-205所示的面为要抽壳的面，然后在【壳】对话框中 厚度 1 栏内输入2，点击 确定 按钮，完成抽壳特征，如图8-206所示。

5. 绘制圆

选择菜单中的【 插入(S) 】/【 曲线(C) 】/【 基本曲线(B)... 】命令或在【曲线】工具条中选择 （基本曲线）图标，出现【基本曲线】对话框，选择 （圆）图标，在下方的【跟踪条】里【XC】、【YC】、【ZC】栏中输入【-25】、【0】、【0】，按回车键，在 （半径）栏中输入【13】，然后按回车键，完成创建圆，如图8-188所示。

继续绘制圆，在下方的【跟踪条】里【XC】、【YC】、【ZC】栏中输入【–25】、【0】、【–7】，按回车键，在  （半径）栏中输入【7.5】，然后按回车键，完成创建圆，如图 8-207 所示。

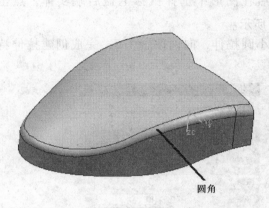

图　8-202

图　8-203

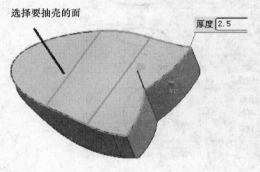

图　8-204

图　8-205

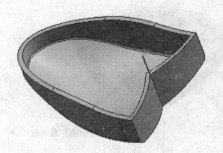

图　8-206

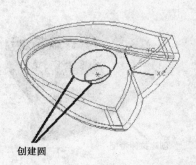

图　8-207

6. 创建拉伸特征

选择菜单中的【 插入(S) 】/【 设计特征(E) 】/【 拉伸(E)... 】命令或在【特征】工具条中选择 （拉伸）图标，出现【拉伸】对话框，在曲线规则下拉框中选择 单条曲线 选项，选择如图 8-208 所示圆为拉伸对象。

然后在【拉伸】对话框中 指定矢量 下拉框内选择 ZC 选项，在【开始】\【距离】栏中输入【0】，在【结束】下拉框中选择 直至下一个 选项，在 偏置 下拉框中选择 两侧 选项，在 开始 、 结束 栏中输入 0、−1，向内偏置 1，在【布尔】下拉框中选择 求和 选项，如图 8-209 所示。然后在图形中选择鼠标上盖后端实体，点击 确定 按钮，完成创建拉伸特征，如图 8-210 所示。

继续创建拉伸特征，按照上述方法，选择小圆拉伸，向内偏置 1.5，完成创建拉伸特征，如图 8-211 所示。

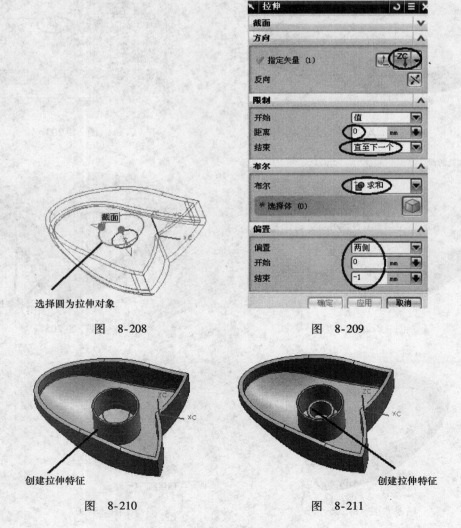

选择圆为拉伸对象

图 8-208

图 8-209

创建拉伸特征

图 8-210

创建拉伸特征

图 8-211

7. 移动工作坐标系

选择菜单中的【格式(R)】/【WCS】/【原点(O)...】命令或在【实用工具】工具条中选择（WCS 原点）图标，出现【点】构造器对话框，在【XC】、【YC】、【ZC】栏中输入【-18】、【0】、【-6】，如图 8-212 所示。然后点击【确定】按钮，将坐标系移至指定点，如图 8-213 所示。

图　8-212

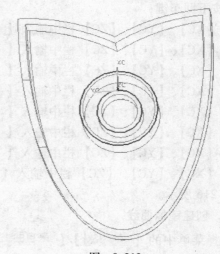

图　8-213

8. 旋转工作坐标系

选择菜单中的【格式(R)】/【WCS】/【旋转(R)...】命令或在【实用工具】工具条中选择（旋转 WCS）图标，出现【旋转 WCS】工作坐标系对话框，如图 8-214 所示。选中【- ZC 轴：YC --> XC】选项，在旋转角度栏中输入【90】，点击【确定】按钮，将坐标系转成如图 8-215 所示的位置。

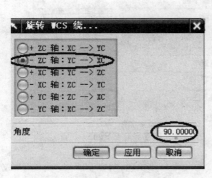

图　8-214

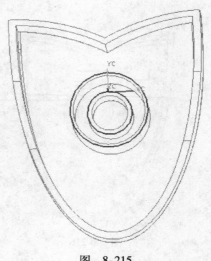

图　8-215

9. 绘制直线

选择菜单中的【 插入(S) 】/【 曲线(C) 】/【 ⊘ 基本曲线(B)... 】命令或在【曲线】工具条中选择 ⊘ （基本曲线）图标，出现【基本曲线】对话框，选择 ╱ （直线）图标，取消勾选 ☐线串模式 选项，在下方的【跟踪条】里【XC】、【YC】、【ZC】栏中输入【-35】、【0】、【0】，按下回车键，继续在【跟踪条】里【XC】、【YC】、【ZC】栏中输入【35】、【0】、【0】，按下回车键；

在【XC】、【YC】、【ZC】栏中输入【-16.5】、【1】、【0】，按下回车键；

在【XC】、【YC】、【ZC】栏中输入【-16.5】、【7.5】、【0】，按下回车键；

在【XC】、【YC】、【ZC】栏中输入【-22.2】、【7.5】、【0】，按下回车键；

在【XC】、【YC】、【ZC】栏中输入【-12】、【7.5】、【0】，按下回车键；

在【XC】、【YC】、【ZC】栏中输入【-22.2】、【7.5】、【0】，按下回车键；

在【XC】、【YC】、【ZC】栏中输入【-22.2】、【12】、【0】，按下回车键；

在【XC】、【YC】、【ZC】栏中输入【-8.5】、【10.8】、【0】，按下回车键；

在【XC】、【YC】、【ZC】栏中输入【8.5】、【10.8】、【0】，按下回车键；绘制直线，如图 8-216 所示。

10. 创建镜像曲线

选择菜单中的【 插入(S) 】/【 来自曲线集的曲线(F) ▶ 】/【 镜像(M)... 】命令或在【曲线】工具条中选择 （镜像曲线）图标，出现【镜像曲线】对话框，如图 8-217 所示。然后在图形中选择如图 8-218 所示要镜像的曲线，在【镜像曲线】对话框 平面 下拉框中选择 现有平面 选项，在图形中选择如图 8-218 所示的基准平面为镜像对称面，在【镜像曲线】对话框取消选中 ☐关联 选项，在 输入曲线 下拉框中选择 保持 选项，点击 确定 按钮，完成创建镜像曲线，如图 8-219 所示。

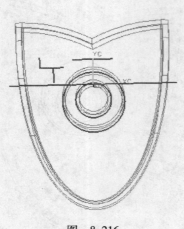

图 8-216

图 8-217

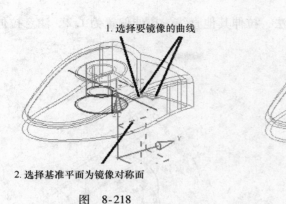

图　8-218　　　　　　　　　　图　8-219

11. 创建拉伸特征

选择菜单中的【 插入(S) 】/【 设计特征(E) 】/【 ⬛ 拉伸(E)… 】命令或在【特征】工具条中选择 ⬛ （拉伸）图标，出现【拉伸】对话框，在曲线规则下拉框中选择 单条曲线 ▼ 选项，选择如图 8-220 所示直线为拉伸对象。

然后在【拉伸】对话框中 指定矢量 下拉框中选择 ZC ▼ 选项，在 偏置 下拉框中选择 两侧 ▼ 选项，在 开始 、 结束 栏中输入 0、－1.2，向 YC 方向偏置 1.2，在【 开始 】\【 距离 】栏中输入【0】，在【 结束 】下拉框中选择 直至下一个 ▼ 选项，在【布尔】下拉框中选择 ● 无 选项，如图 8-221 所示。点击 确定 按钮，完成创建拉伸特征，如图 8-222 所示。

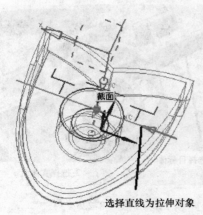

选择直线为拉伸对象

图　8-220

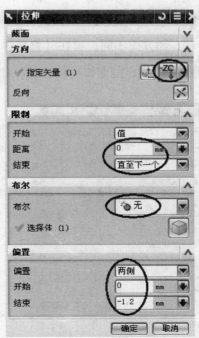

图　8-221

继续创建拉伸特征，按照上述方法，拉伸其他直线，拉伸偏置为 1.2。注意拉伸偏置方向，完成拉伸如图 8-223 所示。

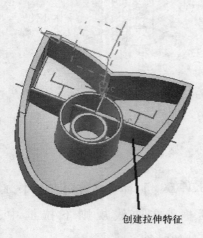

创建拉伸特征

图　8-222

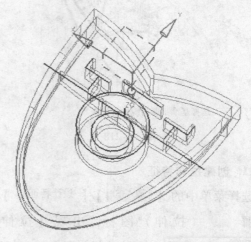

图　8-223

12. 创建修剪体特征

选择菜单中的【 插入(S) 】/【 修剪(T) 】/【 修剪体(T)... 】命令或在【特征操作】工具栏中选择 （修剪体）图标，出现【修剪体】对话框，如图 8-224 所示。系统提示选择目标体，在图形中选择如图 8-225 所示的实体，然后在【修剪体】对话框中 工具选项 下拉框中选择 面或平面 选项，在图形中选择如图 8-225 所示的实体面，出现修剪方向，如图 8-225 所示。如方向不同，可在【修剪体】对话框，点击 （反向）按钮，切换修剪方向，点击 确定 按钮，创建修剪体特征，如图 8-226 所示。

图　8-224

1. 选择目标体

2. 选择实体面

图　8-225

13. 合并实体

选择菜单中的【 插入(S) 】/【 组合体(B) 】/【 求和(U)... 】命令或在【特征操作】工具条中选择 （求和）图标，出现【求和】操作对话框，系统提示选择目标实体，按照图 8-227 所示依次选择目标实体和工具实体，完成合并实体。

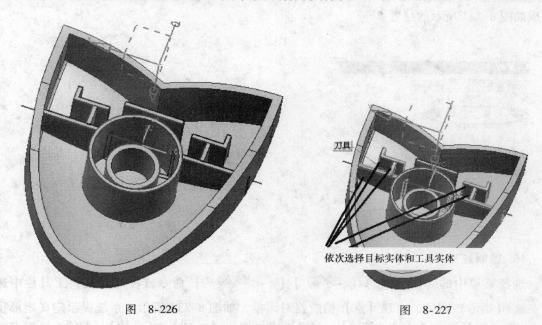

图　8-226

图　8-227

14. 移动工作坐标系

选择菜单中的【 格式(R) 】/【 WCS 】/【 原点(O) 】命令或在【实用工具】工具条中选择 （WCS 原点）图标，出现【点】构造器对话框，在 类型 下拉框中选择 控制点 选项，如图 8-228 所示。然后在图形中选择如图 8-229 所示的边线中点，点击 确定 按钮，将坐标系移至指定点，如图 8-229 所示。

图　8-228

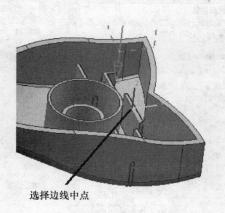

图　8-229

15. 旋转工作坐标系

选择菜单中的【 格式(R) 】/【 WCS 】/【 旋转(R)... 】命令或在【实用工具】工具条中选择 （旋转 WCS）图标，出现【旋转 WCS】工作坐标系对话框，如图 8-230 所示。选中 + XC 轴：YC --> ZC 选项，在旋转 角度 栏中输入【90】，点击 确定 按钮，将坐标系转成如图 8-231 所示的位置。

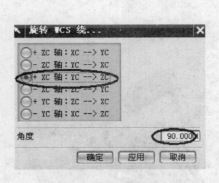

图 8-230

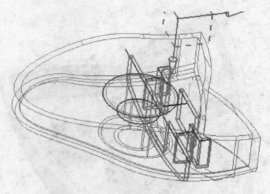

图 8-231

16. 绘制矩形

选择菜单中的【 插入(S) 】/【 曲线(C) 】/【 矩形(R)... 】命令或在【曲线】工具栏中选择 （矩形）图标，出现【点】构造器对话框，如图 8-232 所示。系统提示定义矩形顶点 1，在此对话框中【XC】、【YC】、【ZC】栏中输入【-19】、【-10】、【0】，然后点击 确定 按钮，系统提示定义矩形顶点 2，在此对话框中【XC】、【YC】、【ZC】栏内输入【19】、【16】、【0】，如图 8-233 所示。然后点击 确定 按钮，最后在【点构造器】对话框点击 取消 按钮，完成绘制矩形，如图 8-234 所示。

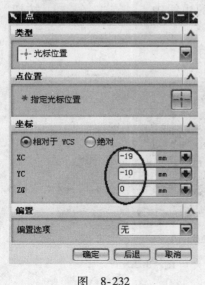

图 8-232

图 8-233

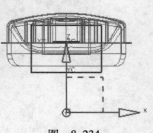

图 8-234

17. 创建拉伸特征

选择菜单中的【 插入(S) 】/【 设计特征(E) 】/【 ▥ 拉伸(E)... 】命令或在【特征】工具条中选择 ▥ （拉伸）图标，出现【拉伸】对话框，如图 8-235 所示。在曲线规则下拉框中选择 单条曲线 ▾ 选项，选择如图 8-236 所示矩形为拉伸对象。

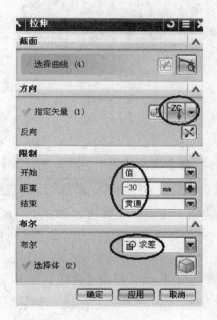

图　8-235

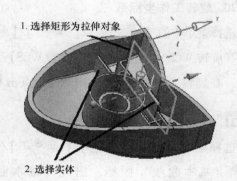

1. 选择矩形为拉伸对象

2. 选择实体

图　8-236

然后在【拉伸】对话框中 指定矢量 下拉框内选择 ZC ▾ 选项，在【 开始 】\【 距离 】栏中输入【-30】，在【 结束 】下拉框中选择 贯通 ▾ 选项，在【布尔】下拉框中选择 ⊕ 求差 ▾ 选项，如图 8-225 所示。然后在图形中选择如图 8-236 所示的实体，点击 确定 按钮，完成创建拉伸特征，如图 8-237 所示。

18. 隐藏所有曲线

选择菜单中的【 编辑(E) 】/【 显示和隐藏(H) 】/【 ◈ 隐藏(H)... 】命令或在【实用工具】工具条中选择 ◈ （隐藏）图标，将所有曲线隐藏（步骤略）。

19. 移动工作坐标系

选择菜单中的【 格式(R) 】/【 WCS 】/【 ∠ 原点(O)... 】命令或在【实用工具】工具条中选择 ∠ （WCS 原点）图标，出现【点】构造器对话框，在 类型 下拉框中选择 ⊙ 圆弧中心/椭圆中心/球心 选项，在图形中选择如图 8-238 所示的实体圆弧边，然后点击 确定 按钮，将坐标系移至指定点，如图 8-238 所示。

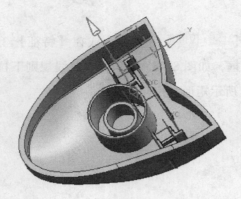

图 8-237

选择实体圆弧边

图 8-238

20. 旋转工作坐标系

选择菜单中的【 格式(R) 】/【 WCS 】/【 旋转(R)... 】命令或在【实用工具】工具条中选择 （旋转 WCS）图标，出现【旋转 WCS】工作坐标系对话框，选中 - XC 轴：ZC --> YC 选项，在旋转 角度 栏中输入【90】，点击 确定 按钮，将坐标系转成如图 8-239 所示的位置。

21. 绘制直线

选择菜单中的【 插入(S) 】/【 曲线(C) 】/【 基本曲线(B)... 】命令或在【曲线】工具条中选择 （基本曲线）图标，出现【基本曲线】对话框，选择 （直线）图标，勾选 线串模式 选项，在下方的【跟踪条】里【XC】、【YC】、【ZC】栏中输入【-0.6】、【10】、【0】，按下回车键，继续在【跟踪条】里【XC】、【YC】、【ZC】栏中输入【-0.6】、【18】、【0】，按下回车键；

在【XC】、【YC】、【ZC】栏中输入【0.6】、【18】、【0】，按下回车键；

在【XC】、【YC】、【ZC】栏中输入【0.6】、【10】、【0】，按下回车键；

在【XC】、【YC】、【ZC】栏中输入【-0.6】、【10】、【0】，按下回车键；在【基本曲线】对话框点击 打断线串 按钮。

在【XC】、【YC】、【ZC】栏中输入【-0.6】、【14.2】、【0】，按下回车键；

在【XC】、【YC】、【ZC】栏中输入【0.6】、【14.2】、【0】，按下回车键；在【基本曲线】对话框点击 打断线串 按钮。

在【XC】、【YC】、【ZC】栏中输入【10】、【-0.6】、【0】，按下回车键；

在【XC】、【YC】、【ZC】栏中输入【10】、【0.6】、【0】，按下回车键；

在【XC】、【YC】、【ZC】栏中输入【14.2】、【0.6】、【0】，按下回车键；

在【XC】、【YC】、【ZC】栏中输入【14.2】、【-0.6】、【0】，按下回车键；

在【XC】、【YC】、【ZC】栏中输入【10】、【-0.6】、【0】，按下回车键；

绘制直线，如图 8-240 所示。

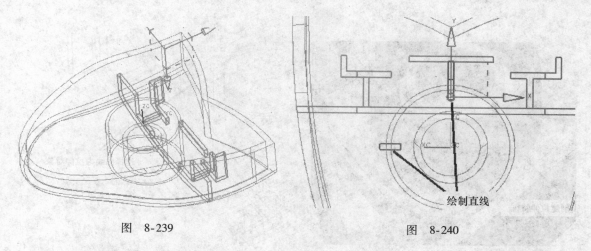

图　8-239　　　　　　　　　　　图　8-240

22. 创建拉伸特征

选择菜单中的【 插入(S) 】/【 设计特征(E) 】/【 拉伸(E)... 】命令或在【特征】工具条中选择 （拉伸）图标，出现【拉伸】对话框，如图 8-241 所示。在曲线规则下拉框中选择 相连曲线 （在相交处停止）选项，选择如图 8-242 所示曲线为拉伸对象。

然后在【拉伸】对话框中 指定矢量 下拉框内选择 ZC 选项，在【 开始 】\【 距离 】栏中输入【−2.5】，在【 结束 】下拉框中选择 直至下一个 选项，在【布尔】下拉框中选择 求和 选项，如图 8-241 所示。然后在图形中选择如图 8-242 所示的实体，点击 确定 按钮，完成创建拉伸特征，如图 8-243 所示。

继续创建拉伸特征，按照上述方法，选择如图 8-245 所示曲线为拉伸对象，完成创建拉伸特征，如图 8-246 所示。

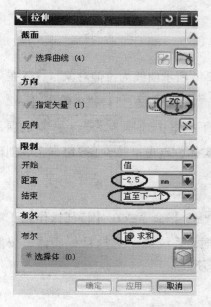

图　8-241

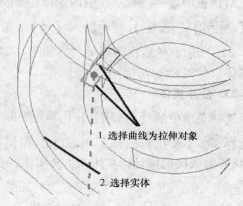

1. 选择曲线为拉伸对象

2. 选择实体

图　8-242

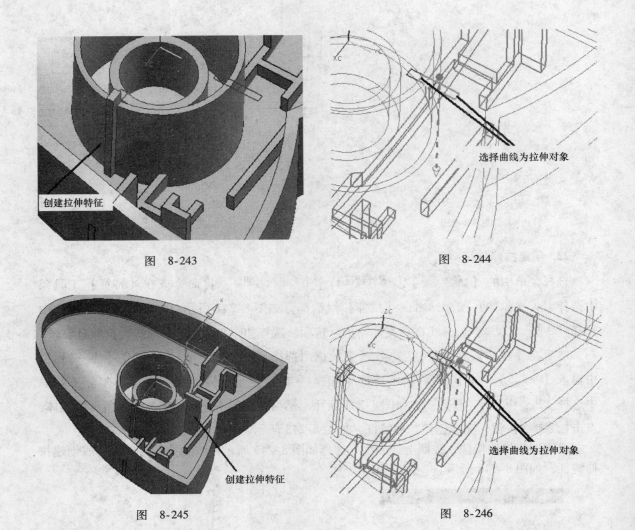

图　8-243

图　8-244

图　8-245

图　8-246

继续创建拉伸特征，按照上述方法，选择如图 8-246 所示曲线为拉伸对象，然后在【拉伸】对话框中 指定矢量 下拉框内选择 ⌃ZC 选项，在【开始】\【距离】栏中输入【-2.5】，在【结束】\【距离】栏中输入【16】，在【布尔】下拉框中选择 求差 选项，如图 8-241 所示。然后在图形中选择如图 8-242 所示的实体，点击 确定 按钮，完成创建拉伸特征，如图 8-247 所示。

23. 合并实体

选择菜单中的【 插入(S) 】/【 组合体(B) 】/【 求和(U) 】命令或在【特征操作】工具条中选择 （求和）图标，出现【求和】操作对话框，系统提示选择目标实体，按照图 8-248 所示依次选择目标实体和工具实体，完成合并实体。

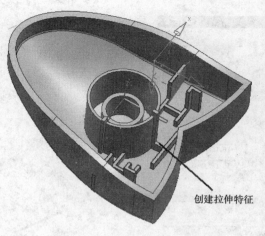

创建拉伸特征

图 8-247

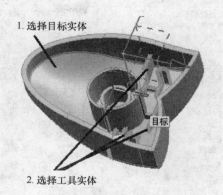

1. 选择目标实体

目标

2. 选择工具实体

图 8-248

24. 旋转工作坐标系

选择菜单中的【 格式(R) 】/【 WCS 】/【 旋转(R)... 】命令或在【实用工具】工具条中选择 （旋转 WCS）图标，出现【旋转 WCS】工作坐标系对话框，如图 8-249 所示。选中 + XC 轴：YC --> ZC 选项，在旋转 角度 栏中输入【90】，点击 确定 按钮，将坐标系转成如图 8-250 所示的位置。

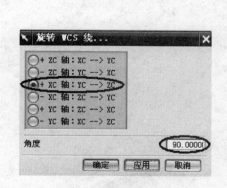

图 8-249

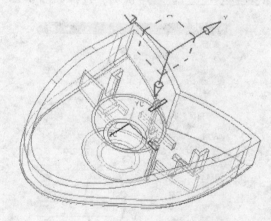

图 8-250

25. 绘制矩形

选择菜单中的【 插入(S) 】/【 曲线(C) 】/【 矩形(R)... 】命令或在【曲线】工具栏中选择 （矩形）图标，出现【点】构造器对话框，如图 8-251 所示。系统提示定义矩形顶点 1，在此对话框中【XC】、【YC】、【ZC】栏中输入【21.5】、【16】、【-19】，然后点击 确定 按钮，系统提示定义矩形顶点 2，在此对话框中【XC】、【YC】、【ZC】栏中输入【-21.5】、【-16】、【-19】，如图 8-252 所示。然后点击 确定 按钮，最后在【点构造器】对话框中点击 取消 按钮，完成绘制矩形，如图 8-253 所示。

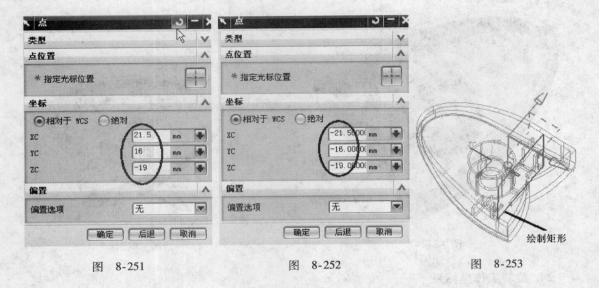

图 8-251　　　　　　　图 8-252　　　　　　　图 8-253

26. 创建拉伸特征

选择菜单中的【 插入(S) 】/【 设计特征(E) 】/【 拉伸(E)… 】命令或在【特征】工具条中选择 （拉伸）图标，出现【拉伸】对话框，如图 8-254 所示。在曲线规则下拉框中选择 相连曲线 选项，选择如图 8-255 所示曲线为拉伸对象。

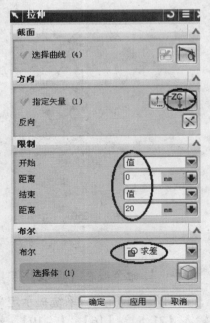

图 8-254

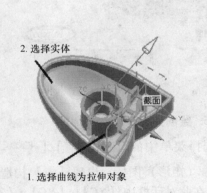

2. 选择实体

截面

1. 选择曲线为拉伸对象

图 8-255

然后在【拉伸】对话框中 指定矢量 下拉框选择 ZC 选项，在【 开始 】\【 距离 】栏中输入【0】，在【 结束 】\【 距离 】栏中输入【20】，在【布尔】下拉框中选择 求差选项，如图 8-254 所示。然后在图形中选择如图 8-255 所示的实体，点击 确定 按钮，完成创建拉伸特征，如图 8-256 所示。

27. 隐藏所有曲线

选择菜单中的 【 编辑(E) 】/【 显示和隐藏(H) 】/【 隐藏(H)… 】命令或在【实用工具】工具条中选择 （隐藏）图标，将所有曲线隐藏（步骤略）。

28. 创建偏置面特征

选择菜单中的 【 插入(S) 】/【 偏置/缩放(O) 】/【 偏置面(F)… 】命令或在【特征】工具条中选择 （偏置面）图标，出现【偏置面】对话框，如图 8-257 所示。在图形中选择如图 8-258 所示的面为要偏置的面，出现偏置方向，如图 8-258 所示。然后在【偏置面】对话框中 厚度 栏内输入 –6.5，点击 确定 按钮，完成偏置面特征，如图 8-259 所示。

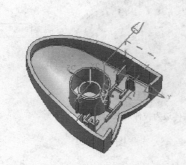

图 8-256

图 8-257

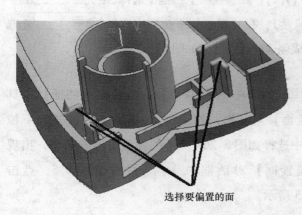

选择要偏置的面

图 8-258

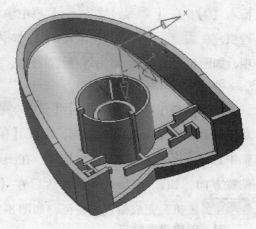

图 8-259

29. 创建拉伸特征

选择菜单中的 【 插入(S) 】/【 设计特征(E) 】/【 拉伸(E)… 】命令或在【特征】工具条中选择 （拉伸）图标，出现【拉伸】对话框，如图 8-260 所示。在曲线规则下拉框中

选择 相切曲线 ▼ 选项，选择如图 8-261 所示实体边为拉伸对象。

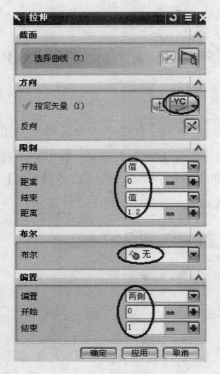

图 8-260

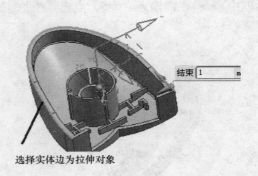

选择实体边为拉伸对象

图 8-261

　　然后在【拉伸】对话框中 指定矢量 下拉框内选择 ZC▼ 选项，在【开始】\【距离】栏中
输入【0】，在【结束】\【距离】栏中输入【1.2】，在 偏置 下拉框中选择 两侧 ▼
选项，在 开始 、结束 栏中输入 0、1，向内偏置 1，在【布尔】下拉框中选择 无 ▼ 选
项，如图 8-260 所示。点击 确定 按钮，完成创建拉伸特征，如图 8-262 所示。

　　30. 创建偏置面特征

　　选择菜单中的【 插入(S) 】/【 偏置/缩放(O) 】/【 偏置面(F)… 】命令或在【特征】工具
条中选择 （偏置面）图标，出现【偏置面】对话框，如图 8-263 所示。在面规则下拉
框中选择 相切面 ▼ 选项，在图形中选择如图 8-264 所示的面为要偏置的面，出现
偏置方向，如图 8-264 所示。然后在【偏置面】对话框中 偏置 栏内输入 0.5，点击
确定 按钮，完成偏置面特征，如图 8-265 所示。

　　31. 创建求差特征

　　选择菜单中的【 插入(S) 】/【 组合体(B) 】/【 求差(S)… 】命令或在【特征操作】工具
栏中选择 （求差）图标，出现【求差】对话框，如图 8-266 所示。在图形中选择如图
8-267 所示的目标体，选择如图 8-267 所示的工具体，点击 确定 按钮，完成实体求差操
作，如图 8-268 所示。

创建拉伸特征

图　8-262

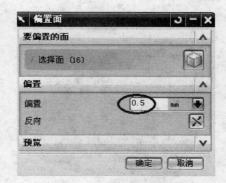

图　8-263

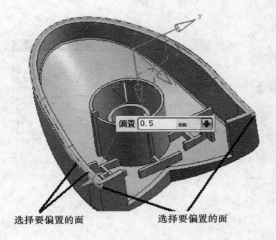

选择要偏置的面　　　选择要偏置的面

图　8-264

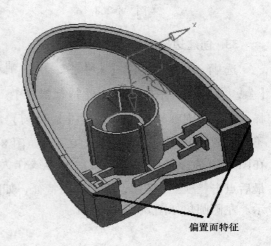

偏置面特征

图　8-265

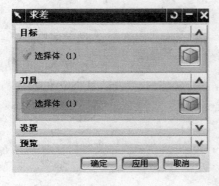

图　8-266

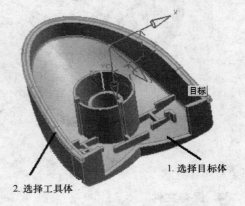

目标

1. 选择目标体

2. 选择工具体

图　8-267

32. 图层设置——关闭 61 层，显示 15 层（图形更新如图 8-269 所示）

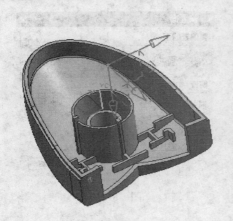

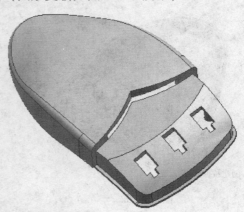

图 8-268　　　　　　　　　图 8-269

33. 创建边倒圆特征

选择菜单中的 【 插入(S) 】/【 细节特征(L) 】/

【 边倒圆(E)... 】命令或在【特征操作】工具条中选

择 （边倒圆）图标，出现【边倒圆】对话框，在

'Radius 1 （半径 1）栏中输入 0.5，如图 8-270 所示。

在图形中选择如图 8-271 所示的边线作为倒圆角边，

最后点击 确定 按钮，完成圆角特征，如图 8-272 所

示。左侧圆角如图 8-274 所示。

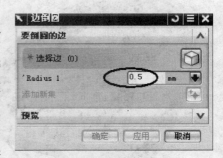

图 8-270

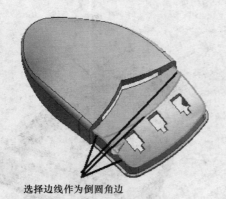

选择边线作为倒圆角边

图 8-271

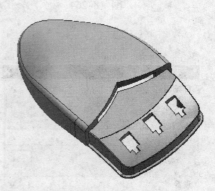

图 8-272

34. 保存文件

选择菜单中的 【 文件(F) 】/【 保存(S) 】命令或在【标准】工具条中选择 （保

存）图标。

8.8　创建鼠标上盖后端模腔

1. 打开 shubiaog. prt 文件，另存 shubiaogq. prt

2. 复制鼠标上盖模型至 17 层

选择菜单中的【 格式(R) 】/【 🦝 复制至图层(D)... 】命令，出现【类选择】对话框，选择鼠标上盖模型将其复制至 17 层（步骤略）。

3. 图层设置

选择菜单中的【 格式(R) 】/【 🗂 图层设置(S)... 】命令，出现【图层设置】对话框，设置 17 层为工作层，关闭 15、16 层，打开 1、12 层。

4. 复制鼠标分割面等至 17 层

选择菜单中的【 格式(R) 】/【 🦝 复制至图层(D)... 】命令，出现【类选择】对话框，选择如图 8-273 所示的分割面及矩形，将其复制至 17 层（步骤略），然后关闭 1、12 层，图形更新如图 8-274 所示。

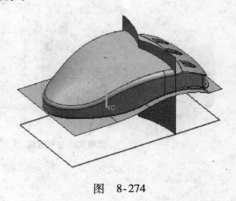

选择分割面及矩形

图　8-273

5. 创建拉伸特征

选择菜单中的【 插入(S) 】/【 设计特征(E) 】/【 🔳 拉伸(E)... 】命令或在【特征】工具条中选择 🔳 （拉伸）图标，出现【拉伸】对话框，在曲线规则下拉框中选择 相连曲线 ▾ 选项，选择如图 8-275 所示矩形为拉伸对象。

图　8-274

结束 60

选择矩形为拉伸对象

图　8-275

然后在【拉伸】对话框中 指定矢量 下拉框内选择 ZC▾ 选项，在【 开始 】\【 距离 】栏、【 结束 】\【 距离 】栏中输入【0】、【60】，在【布尔】下拉框中选择 🔘无 ▾ 选项，点击 确定 按钮，完成创建拉伸特征，如图 8-276 所示。

6. 创建拆分体特征

选择菜单中的【 插入(S) 】/【 修剪(T) 】/【 🔲 拆分体(P)... 】命令或在【特征操作】工具

栏中选择 ▭ （拆分体）图标，出现【拆分体】对话框，如图 8-277 所示。

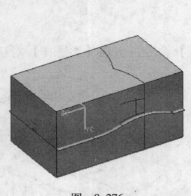

图 8-276　　　　　　　　　　　　　　　图 8-277

系统提示选择目标体，在图形中选择如图 8-278 所示的实体，然后在【拆分体】对话框中 工具选项 下拉框内选择 面或平面 选项，在图形中选择如图 8-278 所示的拆分工具曲面，点击 确定 按钮，创建拆分体特征。

7. 隐藏实体与分割面

选择菜单中的 【 编辑(E) 】/【 显示和隐藏(H) 】/【 🔧 隐藏(H)... 】命令或在【实用工具】工具条中选择 ◈ （隐藏）图标，选择如图 8-279 所示实体与分割面隐藏（步骤略）。

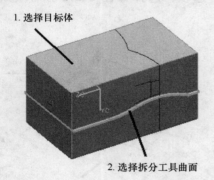

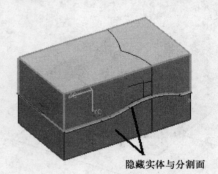

图 8-278　　　　　　　　　　　　　　　图 8-279

8. 创建拆分体特征

选择菜单中的 【 插入(S) 】/【 修剪(T) 】/【 ▭ 拆分体(P)... 】命令或在【特征操作】工具栏中选择 ▭ （拆分体）图标，出现【拆分体】对话框。

系统提示选择目标体，在图形中选择如图 8-280 所示的实体，然后在【拆分体】对话框中 工具选项 下拉框内选择 面或平面 选项，在图形中选择如图 8-280 所示的拆分工具曲面，点击 确定 按钮，创建拆分体特征。

9. 隐藏矩形、实体与分割面

选择菜单中的【 编辑(E) 】/【 显示和隐藏(H) 】/【 隐藏(H)... 】命令或在【实用工具】工具条中选择 （隐藏）图标，选择如图 8-281 所示矩形、实体、鼠标上盖前端实体与分割面隐藏（步骤略）。

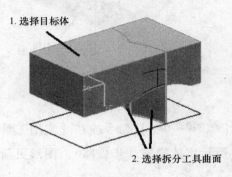

1. 选择目标体

2. 选择拆分工具曲面

图　8-280

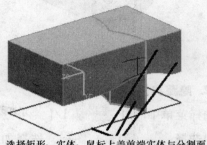

选择矩形、实体、鼠标上盖前端实体与分割面

图　8-281

10. 创建偏置面特征

选择菜单中的【 插入(S) 】/【 偏置/缩放(O) 】/【 偏置面(F)... 】命令或在【特征】工具条中选择 （偏置面）图标，出现【偏置面】对话框，如图 8-282 所示。在图形中选择如图 8-283 所示的长方体竖直面为要偏置的面，出现偏置方向，如图 8-283 所示。然后在【偏置面】对话框中 偏置 栏内输入 10，点击 确定 按钮，完成偏置面特征，如图 8-284 所示。

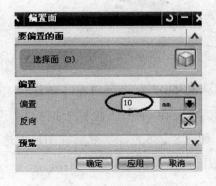

图　8-282

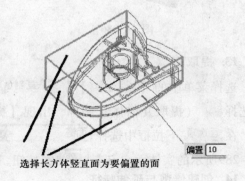

选择长方体竖直面为要偏置的面

偏置 10

图　8-283

11. 创建求差特征

选择菜单中的【 插入(S) 】/【 组合体(B) 】/【 求差(S)... 】命令或在【特征操作】工具栏中选择 （求差）图标，出现【求差】对话框，在图形中选择如图 8-285 所示的目标体，选择如图 8-285 所示的工具体，点击 确定 按钮，完成实体求差操作，如图 8-286所示。

图 8-284

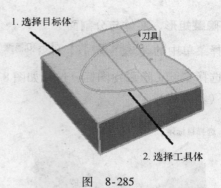

图 8-285

12. 隐藏实体

选择菜单中的【 编辑(E) 】/【 显示和隐藏(H) 】/【 🔸 隐藏(H)... 】命令或在【实用工具】工具条中选择 🔸 （隐藏）图标，选择如图 8-286 所示实体隐藏（步骤略）。图形更新如图 8-287所示。

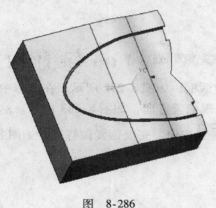

图 8-286

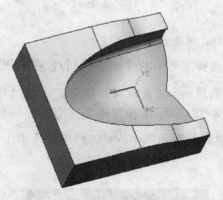

图 8-287

13. 提取面

选择菜单中的【 插入(S) 】/【 关联复制(A) 】/【 🔧 抽取(E)... 】命令或在【特征】工具条中选择 🔧 （提取几何体）图标，出现【提取】对话框，在 类型 下拉框中选择 🔲面 选项，在 面选项 下拉框中选择 面链 选项，如图 8-288 所示。然后在图形中选择如图8-289所示的实体面，点击 确定 按钮，完成提取面操作，如图 8-290 所示。

14. 创建修剪与延伸特征

选择菜单中的【 插入(S) 】/【 修剪(T) 】/【 🔧 修剪与延伸(N)... 】命令或在【曲面】工具条中选择 🔧 （修剪与延伸）图标，出现【修剪和延伸】特征对话框，如图 8-291 所示。在图形中选择如图 8-292 所示的片体边缘，在类型下拉框中选择 🔧 按距离 选项，在距离栏中输入 5，在延伸方法下拉框中选择 自然曲率 选项，点击 确定 按钮，完成创建修剪和延伸曲面，如图 8-293 所示。

图　8-288

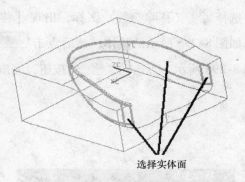

选择实体面

图　8-289

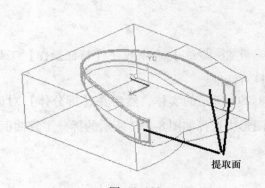

提取面

图　8-290

图　8-291

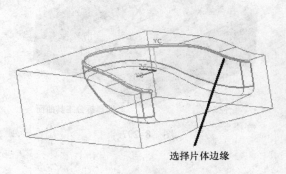

选择片体边缘

图　8-292

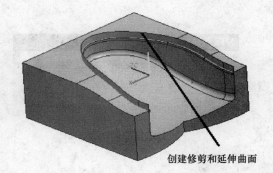

创建修剪和延伸曲面

图　8-293

15. 移除参数

选择菜单中的【编辑(E)】/【特征(F)】/【移除参数(V)...】命令或在【编辑特征】工具

条中选择 图标，出现【移除参数】对话框，如图 8-294 所示。在图形中选择如图 8-295 所示的片体，然后点击 按钮，系统出现【移除参数】确认对话框，如图 8-296 所示。点击 按钮，完成移除参数操作。

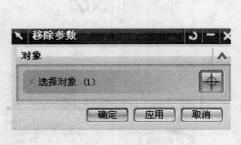

图 8-294

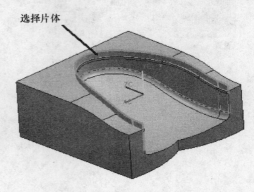

图 8-295

16. 创建拆分体特征

选择菜单中的【插入(S)】/【修剪(T)】/【拆分体(P)...】命令或在【特征操作】工具栏中选择 （拆分体）图标，出现【拆分体】对话框。

系统提示选择目标体，在图形中选择如图 8-297 所示的实体，然后在【拆分体】对话框中 工具选项 下拉框内选择 面或平面 选项，在图形中选择如图 8-297 所示的拆分工具曲面，点击 确定 按钮，创建拆分体特征。

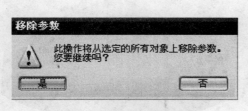

图 8-296

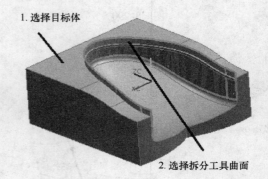

图 8-297

17. 隐藏实体与分割面

选择菜单中的【编辑(E)】/【显示和隐藏(H)】/【隐藏(H)...】命令或在【实用工具】工具条中选择 （隐藏）图标，选择如图 8-298 所示实体与分割面隐藏（步骤略）。图形更新如图 8-299 所示。

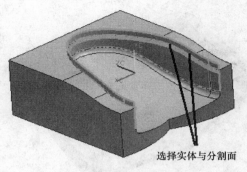

选择实体与分割面

图　8-298

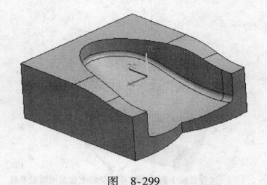

图　8-299

8.9　创建鼠标上盖前端模腔

1. 图层设置

选择菜单中的【 格式(R) 】/【 图层设置(S)... 】命令，出现【图层设置】对话框，设置 18 层为工作层。

2. 全部显示

选择菜单中的【 编辑(E) 】/【 显示和隐藏(H) 】/【 全部显示(A) 】命令或在【实用工具】工具条中选择 （全部显示）图标（步骤略）。

3. 复制鼠标上盖后端模腔及鼠标上盖前端模腔毛坯至 18 层

选择菜单中的【 格式(R) 】/【 复制至图层(O)... 】命令，出现【类选择】对话框，选择如图 8-300 所示鼠标上盖后端模腔及鼠标上盖前端模腔毛坯，将其复制至 18 层（步骤略），然后设置 17 层为不可见。

4. 隐藏鼠标上盖后端模腔及鼠标上盖前端模腔毛坯

选择菜单中的【 编辑(E) 】/【 显示和隐藏(H) 】/【 隐藏(H)... 】命令或在【实用工具】工具条中选择 （隐藏）图标，选择如图 8-300 所示鼠标上盖后端模腔及鼠标上盖前端模腔毛坯隐藏（步骤略）。

5. 图层设置

选择菜单中的【 格式(R) 】/【 图层设置(S)... 】命令，出现【图层设置】对话框，勾选 ☑ 15 层，将鼠标上盖前端零件实体显示，图形更新如图 8-301 所示。

6. 抑制特征

选择菜单中的【 编辑(E) 】/【 特征(F) 】/【 抑制(S)... 】命令或在【编辑特征】工具条中选择 （抑制特征）图标，出现【抑制特征】对话框，如图 8-302 所示。在 过滤器 列表中选择 6 个特征（特征号分别为 24、28、29、30、31、32，注意：读者的特征号可能与此不同），然后点击 确定 按钮，完成抑制特征操作，如图 8-303 所示。

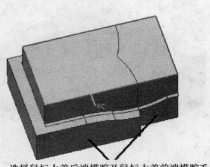

选择鼠标上盖后端模腔及鼠标上盖前端模腔毛坯

图 8-300

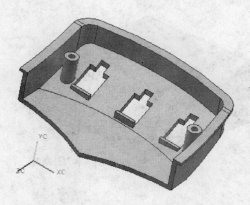

图 8-301

图 8-302

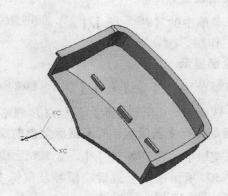

图 8-303

注意：可以直接在【部件导航器】栏中取消勾选 24、28、29、30、31、32 特征号即可。

7. 复制抑制后的鼠标上盖前端零件至 18 层

选择菜单中的【 格式(R) 】/【 复制至图层(D)... 】命令，出现【类选择】对话框，选择鼠标上盖前端零件，将其复制至 18 层（步骤略），然后关闭 15 层。

8. 显示鼠标上盖前端模腔毛坯

选择菜单中的【 编辑(E) 】/【 显示和隐藏(H) 】/【 显示(S)... 】命令或在【实用工具】工具条中选择 （显示）图标，将鼠标上盖前端模腔毛坯显示，图形更新如图 8-304 所示（步骤略）。

9. 创建求差特征

选择菜单中的【 插入(S) 】/【 组合体(B) 】/【 求差(S)... 】命令或在【特征操作】工具栏中选择 （求差）图标，出现【求差】对话框，在图形中选择如图 8-305 所示的目标体，选择如图 8-305 所示的工具体，点击 确定 按钮，完成实体求差操作，如图 8-306 所示。

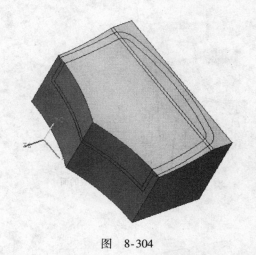

图　8-304

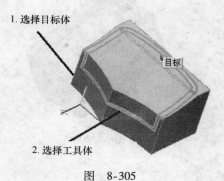

1. 选择目标体

目标

2. 选择工具体

图　8-305

10. 隐藏实体

选择菜单中的【 编辑(E) 】/【 显示和隐藏(H) 】/【 隐藏(H)... 】命令或在【实用工具】工具条中选择 （隐藏）图标，选择如图 8-307 所示实体隐藏（步骤略），图形更新如图 8-308 所示。

图　8-306

选择实体

图　8-307

11. 创建偏置面特征

选择菜单中的【 插入(S) 】/【 偏置/缩放(O) 】/【 偏置面(F)... 】命令或在【特征】工具条中选择 （偏置面）图标，出现【偏置面】对话框，在图形中选择如图 8-309 所示的长方体竖直面为要偏置的面，出现偏置方向，后在【偏置面】对话框中 厚度 栏中输入 10，点击 确定 按钮，完成偏置面特征，如图 8-310 所示。

12. 显示鼠标上盖后端模腔 （图形更新如图 8-311 所示）（步骤略）

13. 创建偏置面特征

选择菜单中的【 插入(S) 】/【 偏置/缩放(O) 】/【 偏置面(F)... 】命令或在【特征】工具条中选择 （偏置面）图标，出现【偏置面】对话框，在图形中选择如图 8-312 所示的要偏置的面，出现偏置方向，后在【偏置面】对话框中 厚度 栏中输入 10，点击 确定 按钮，完成偏置面特征，如图 8-313 所示。

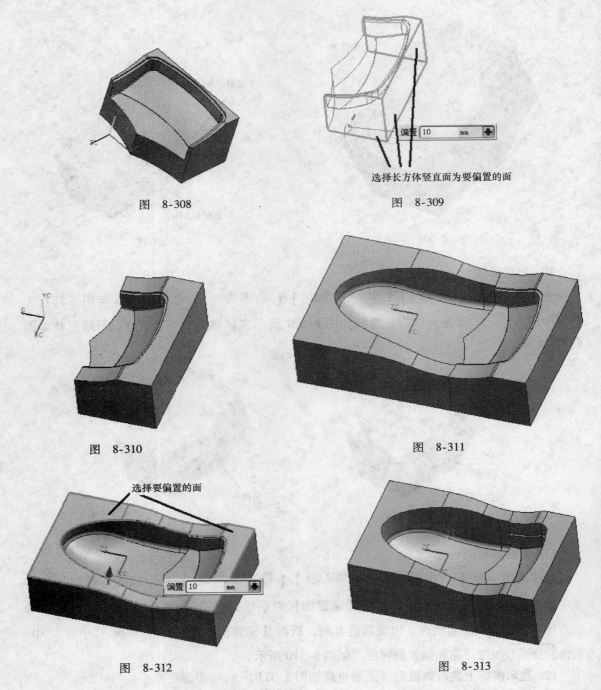

图 8-308

选择长方体竖直面为要偏置的面

图 8-309

图 8-310

图 8-311

选择要偏置的面

偏置 10 mm

图 8-312

图 8-313

14. 保存文件

选择菜单中的【 文件(F) 】/【 保存(S) 】命令或在【标准】工具条中选择 （保存）图标。

15. 另存为 shubiaogx. prt

8.10　创建鼠标上盖前端模芯

1. 图层设置

选择菜单中的【 格式(R) 】/【 图层设置(S)... 】命令，出现【图层设置】对话框，设置 19 层为工作层。

2. 图层设置，关闭 18 层

3. 图层设置

选择菜单中的【 格式(R) 】/【 图层设置(S)... 】命令，出现【图层设置】对话框，勾选 ☑ 15 层，将鼠标上盖前端零件实体显示，图形更新如图 8-314 所示。

4. 取消抑制特征

选择菜单中的【 编辑(E) 】/【 特征(F) 】/【 取消抑制(U)... 】命令或在【编辑特征】工具条中选择 （取消抑制特征）图标，出现【取消抑制特征】对话框，如图 8-315 所示。在 过滤器 列表中选择 6 个特征（特征号分别为 24、28、29、30、31、32，注意：读者的特征号可能与此不同），然后点击 确定 按钮，完成取消抑制特征操作，如图 8-316 所示。

图　8-314

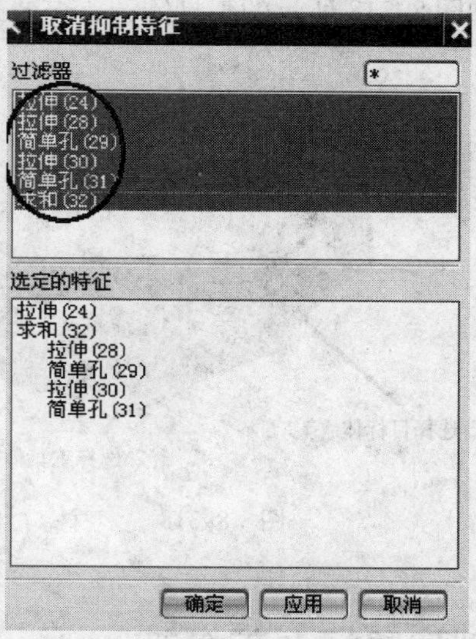

图　8-315

注意：可以直接在【部件导航器】栏中勾选 24、28、29、30、31、32 特征号即可。

5. 图层设置

选择菜单中的【 格式(R) 】/【 图层设置(S)... 】命令，出现【图层设置】对话框，勾选 ☑ 17 层、☑ 18 层。

6. 复制鼠标上盖前端零件实体、鼠标上盖前端毛坯及鼠标上盖前端模腔至 19 层

选择菜单中的 【 格式(R) 】/【 复制至图层(D)... 】命令，出现【类选择】对话框，选择鼠标上盖前端零件实体、鼠标上盖前端毛坯及鼠标上盖前端模腔，将其复制至 19 层（步骤略），然后设置 15、17、18 层为不可见，图形更新如图 8-317 所示。

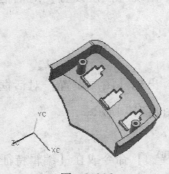

图 8-316

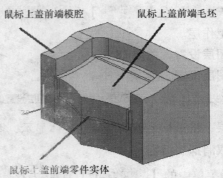

鼠标上盖前端模腔　　鼠标上盖前端毛坯

鼠标上盖前端零件实体

图 8-317

7. 创建求差特征

选择菜单中的 【 插入(S) 】/【 组合体(B) 】/【 求差(S) 】命令或在【特征操作】工具栏中选择 （求差）图标，出现【求差】对话框，在图形中选择如图 8-318 所示的目标体，选择如图 8-318 所示的工具体，点击 确定 按钮，完成实体求差操作，如图 8-319 所示。

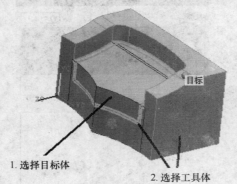

目标

1. 选择目标体

2. 选择工具体

图 8-318

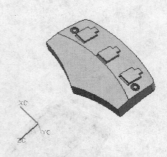

图 8-319

8.11　创建鼠标上盖模芯

1. 图层设置

选择菜单中的 【 格式(R) 】/【 图层设置(S)... 】命令，出现【图层设置】对话框，勾选 ☑ 16 层、☑ 17 层。

2. 全部显示

选择菜单中的 【 编辑(E) 】/【 显示和隐藏(H) 】/【 全部显示(A) 】命令或在【实用工具】

工具条中选择 [图标] （全部显示）图标（步骤略）。

3. 复制鼠标上盖后端模芯、模芯底座、唇边及圆至 19 层

选择菜单中的【格式(R)】/【 [图标] 复制至图层(O)...】命令，出现【类选择】对话框，选择鼠标上盖后端模芯、模芯底座、唇边及圆，将其复制至 19 层（步骤略），然后设置 16、17 层为不可见，图形更新如图 8-320 所示。

4. 创建偏置面特征

选择菜单中的【 插入(S) 】/【 偏置/缩放(O) 】/【 [图标] 偏置面(F)...】命令或在【特征】工具条中选择 [图标] （偏置面）图标，出现【偏置面】对话框，在图形中选择如图 8-321 所示的模芯底座四个竖直面为要偏置的面，向外偏置，随后在【偏置面】对话框中 **厚度** 栏中输入 10，点击 [确定] 按钮，完成偏置面特征，如图 8-322 所示。

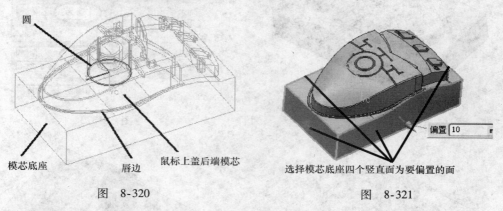

图 8-320   图 8-321

5. 创建拉伸特征

选择菜单中的【 插入(S) 】/【 设计特征(E) 】/【 [图标] 拉伸(E)...】命令或在【特征】工具条中选择 [图标] （拉伸）图标，出现【拉伸】对话框，如图 8-323 所示。在曲线规则下拉框中选择 相连曲线 选项，选择如图 8-324 所示圆为拉伸对象。

然后在【拉伸】对话框中 指定矢量 下拉框内选择 YC 选项，在【 开始 】\【 距离 】栏、【 结束 】\【 距离 】栏中输入【-40】、【30】，在【布尔】下拉框中选择 无 选项，在【 体类型 】下拉框中选择 片体 选项，如图 8-323 所示。点击 [确定] 按钮，完成创建拉伸特征，如图 8-325 所示。

6. 创建拆分体特征

选择菜单中的【 插入(S) 】/【 修剪(T) 】/【 [图标] 拆分体(P)...】命令或在【特征操作】工具栏中选择 [图标] （拆分体）图标，出现【拆分体】对话框。

系统提示选择目标体，在图形中选择如图 8-326 所示的实体，然后在【拆分体】对话框中 工具选项 下拉框内选择 面或平面 选项，在图形中选择如图 8-326 所示的拆分工具曲面，点击 [确定] 按钮，创建拆分体特征。

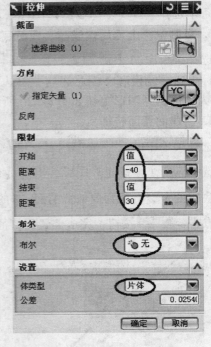

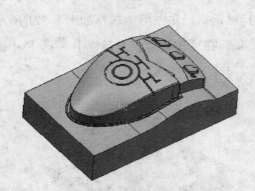

图 8-322

图 8-323

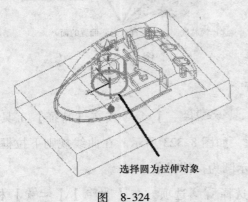

选择圆为拉伸对象

图 8-324

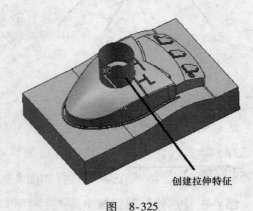

创建拉伸特征

图 8-325

7. 将圆及曲面移至 255 层

选择菜单中的【 格式(R) 】/【 移动至图层(M)... 】命令，出现【类选择】对话框，选择圆及曲面将其移动至 255 层（步骤略），图形更新如图 8-327 所示。

8. 移除参数

选择菜单中的【 编辑(E) 】/【 特征(F) 】/【 移除参数(V)... 】命令或在【编辑特征】工具条中选择 （移除参数）图标，出现【移除参数】对话框，在图形中选择如图 8-328 所示的实体，然后点击 确定 按钮，系统出现【移除参数】确认对话框，点击 是 按钮，完成移除参数操作。

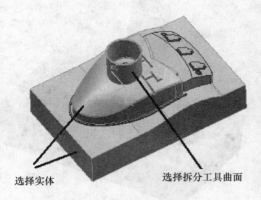

选择实体　　　　　　　选择拆分工具曲面

图　8-326

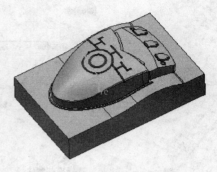

图　8-327

9. 移动对象——移动模芯镶件

选择菜单中的【编辑(E)】/【移动对象(O)...】命令或在【标准】工具栏中选择（移动对象）图标，出现【移动对象】对话框，如图 8-329 所示。然后在图形中选择如图 8-330 所示的模芯镶件。在【移动对象】对话框 运动 下拉框中选择 距离 选项，在 指定矢量 (1) 下拉框中选择 YC 选项，在 距离 栏中输入 60，在 结果 区域选中 移动原先的 选项，如图 8-329 所示。点击 确定 按钮，完成效果如图 8-331 所示。

选择实体

图　8-328

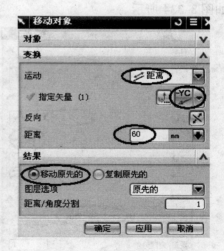

图　8-329

10. 隐藏模芯镶件

选择菜单中的【编辑(E)】/【显示和隐藏(H)】/【隐藏(H)...】命令或在【实用工具】工具条中选择（隐藏）图标，将模芯镶件隐藏（步骤略）。

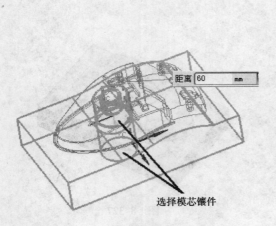

选择模芯镶件

图 8-330

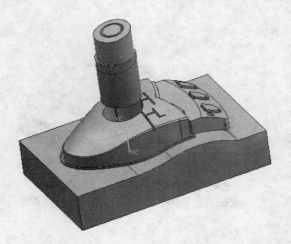

图 8-331

11. 移动对象——复制移动模芯底座

选择菜单中的【编辑(E)】/【 移动对象(O)... 】命令或在【标准】工具栏中选择 （移动对象）图标，出现【移动对象】对话框，如图 8-332 所示。然后在图形中选择如图 8-333 所示的模芯底座。在【移动对象】对话框 运动 下拉框中选择 距离 选项，在 指定矢量 (1) 下拉框中选择 YC 选项，在 距离 栏中输入 10，在 结果 区域选中 复制原先的 选项，在 非关联副本数 栏中输入 1，如图 8-332 所示。点击 确定 按钮，完成效果如图 8-334 所示。

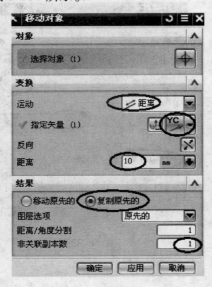

图 8-332

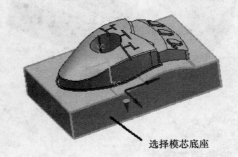
选择模芯底座

图 8-333

12. 图层设置——显示 1 层

13. 创建拉伸特征

选择菜单中的【插入(S)】/【设计特征(E)】/【 拉伸(E)... 】命令或在【特征】工具条

中选择 （拉伸）图标，出现【拉伸】对话框，在曲线规则下拉框中选择 相连曲线 选项，选择如图 8-335 所示鼠标轮廓曲线为拉伸对象。

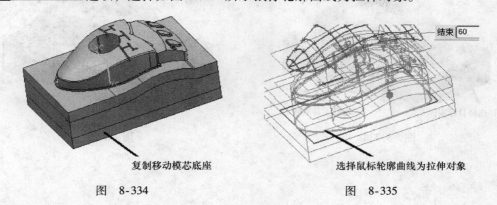

复制移动模芯底座   选择鼠标轮廓曲线为拉伸对象

图 8-334   图 8-335

然后在【拉伸】对话框中 指定矢量 下拉框内选择 YC 选项，在【开始】\【距离】栏、【结束】\【距离】栏中输入【0】、【60】，在【布尔】下拉框中选择 求交 选项，如图 8-336 所示。然后在图形中选择原始底座实体，点击 确定 按钮，完成创建拉伸特征，如图 8-337 所示（关闭 1 层）。

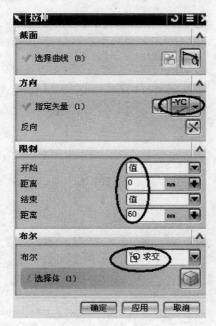

图 8-336

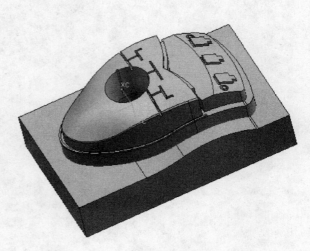

图 8-337

14. 合并实体

选择菜单中的【插入(S)】/【组合体(B)】/【求和(U)...】命令或在【特征操作】工具条中选择 （求和）图标，出现【求和】操作对话框，系统提示选择目标实体，按照图

8-338所示依次选择目标实体和工具实体，完成合并实体，如图8-339 所示。

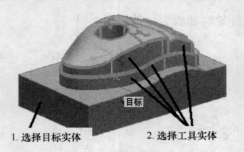

1. 选择目标实体　　　　2. 选择工具实体

图　8-338

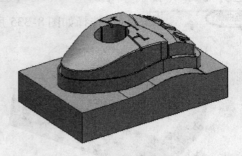

图　8-339

第9章 习　　题

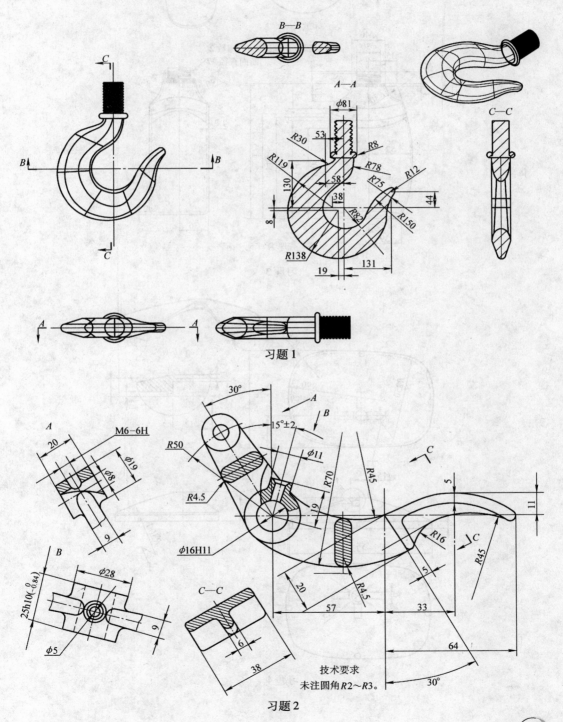

B—B

A—A

$\phi 81$
53
R30
R8
R119
R78
130
58
R75
R12
8
38
R82
R150
44
R138
19
131

C—C

习题 1

习题 2

M6—6H
20
$\phi 19$
$\phi 8$
9

A
R50
R4.5
$\phi 16H11$
$\phi 11$
30°
15°±2
R70
R45
19
R16
5
11
R45
20
R4.5
5
57
33
64
30°

B
25h10($^{0}_{-0.84}$)
$\phi 28$
9
$\phi 5$
38

C—C
6

技术要求
未注圆角R2~R3。

习题 2

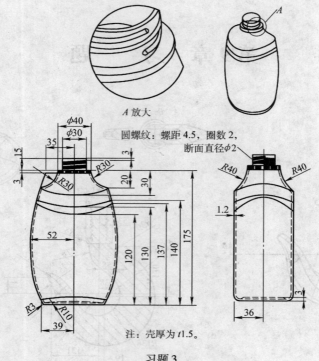

A 放大

圆螺纹：螺距 4.5，圈数 2，
断面直径 $\phi2$

注：壳厚为 t1.5。

习题 3

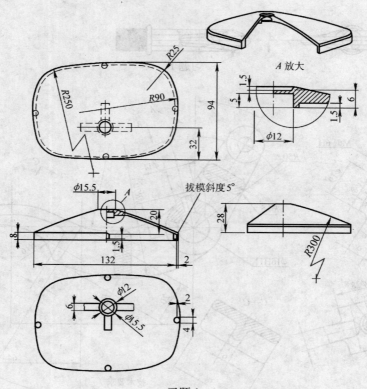

A 放大

拔模斜度 5°

习题 4

M30×4，螺纹高度30

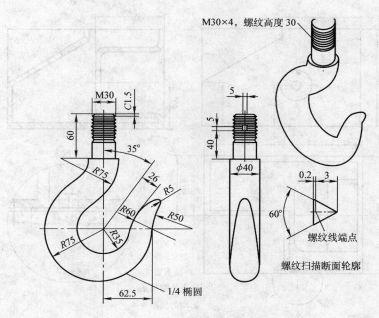

C1.5

M30

60

35°

R75

26

R5

R60

R50

R75

R35

62.5

1/4 椭圆

5

5

40

φ40

0.2

3

60°

螺纹线端点

螺纹扫描断面轮廓

习题 5

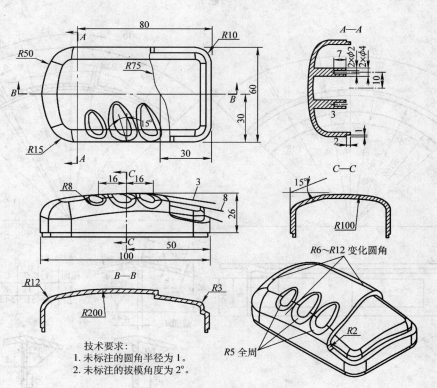

80

R10

A

R50

R75

A—A

7

2×φ2

2×φ4

10

B

B

60

30

R15

A

A

30

3

2

C—C

15°

16

C

16

R8

3

8

26

R100

C

50

100

R6~R12 变化圆角

B—B

R12

R3

R200

R2

R5 全周

技术要求：
1. 未标注的圆角半径为 1。
2. 未标注的拔模角度为 2°。

习题 6

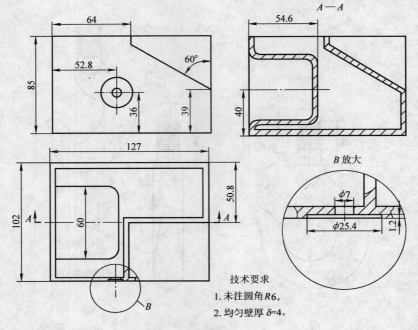

技术要求

1. 未注圆角 $R6$。

2. 均匀壁厚 $\delta=4$。

习题 7

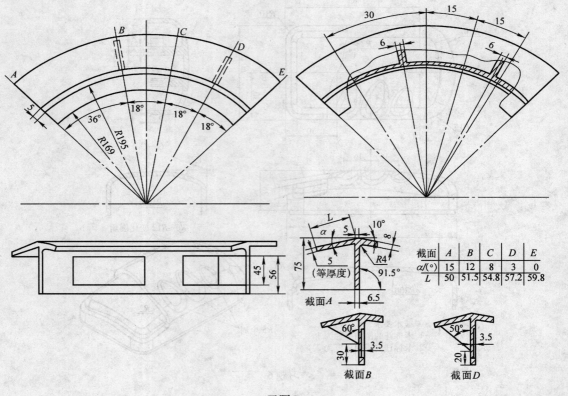

截面	A	B	C	D	E
$\alpha/(°)$	15	12	8	3	0
L	50	51.5	54.8	57.2	59.8

截面 B

截面 D

习题 8

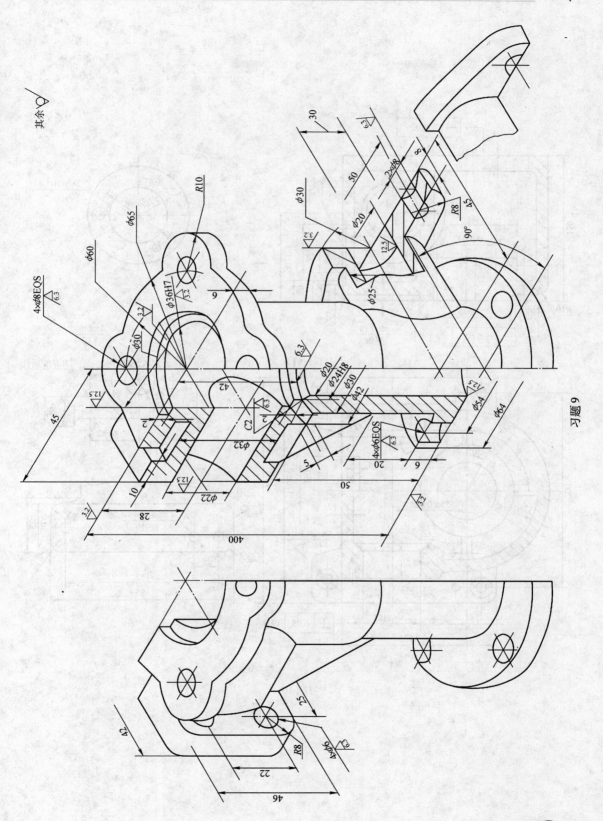

习题 9

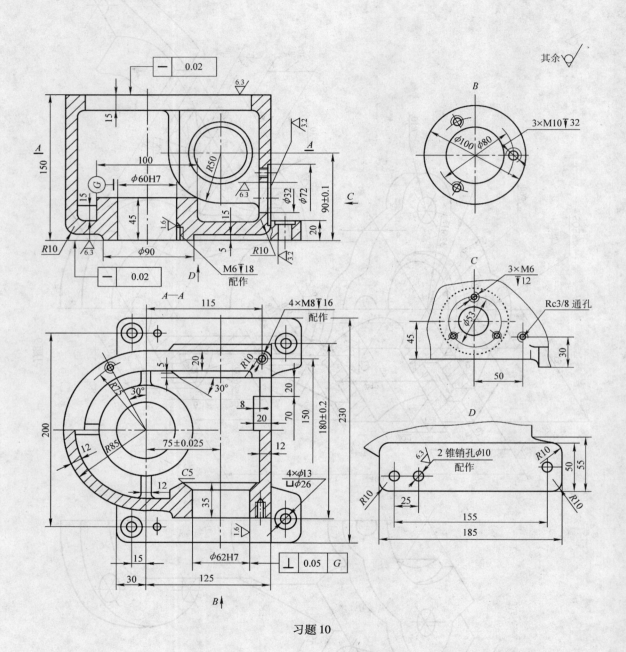

习题 10

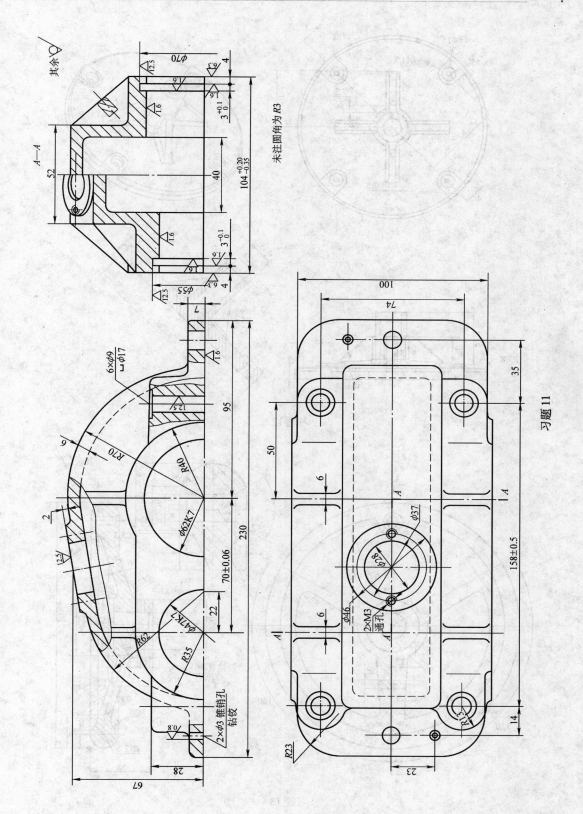

其余 ▽

A—A

φ70

52

40

104 +0.20 −0.35

未注圆角为 R3

3 +0.1 0

3 +0.1 0

4

4

φ55

6.3

12.5

1.6

1.6

1.6

1.6

6.3

12.5

7

6×φ9
⌴φ17

1.6

95

R70

R40

6

12.5

2

φ62K7

230

70±0.06

22

φ47K7

R35

R62

12.5

0.8 0

28

67

2×φ3 锥销孔
钻铰

100

74

35

50

6

6

A

A

A

A

158±0.5

φ37

φ28

φ46

2×M3
通孔

14

23

R23

R13

习题 11

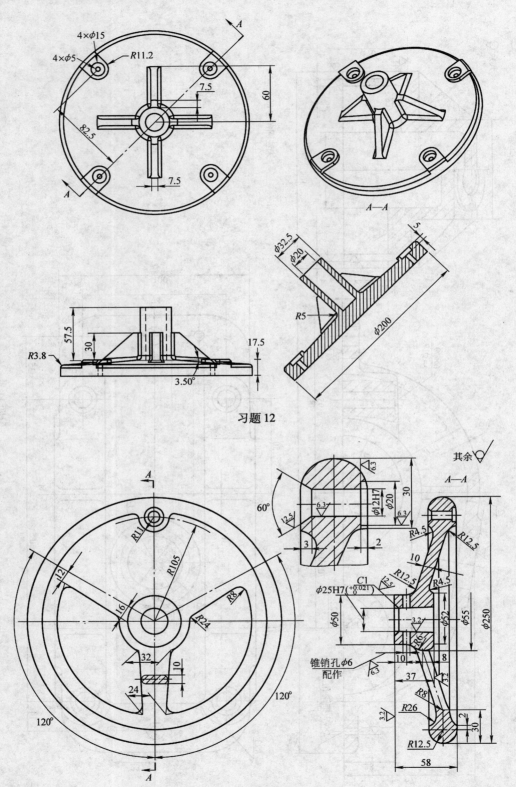

习题12

习题13

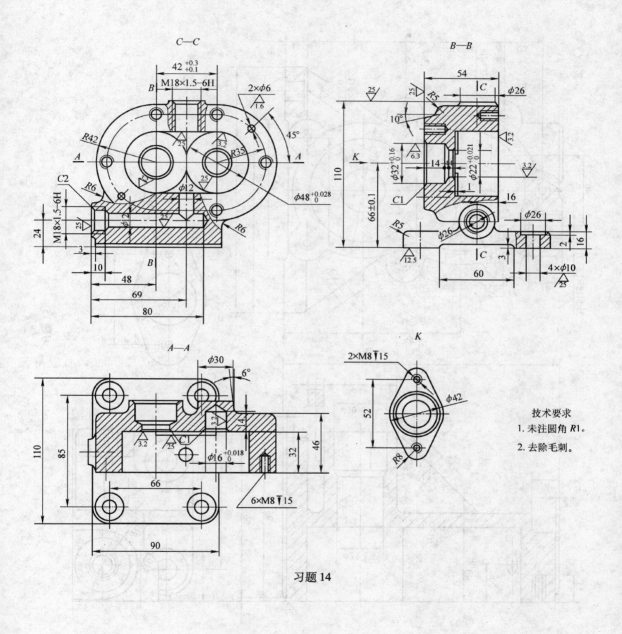

习题 14

技术要求
1. 未注圆角 R1。
2. 去除毛刺。

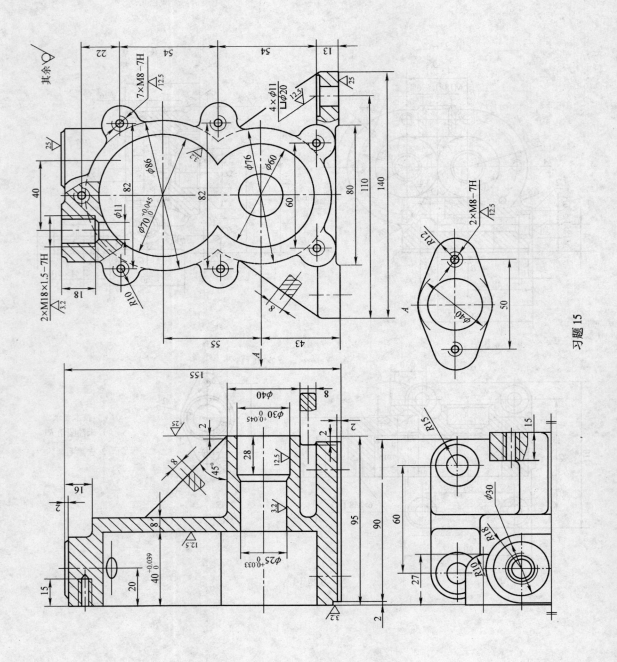

习题 15

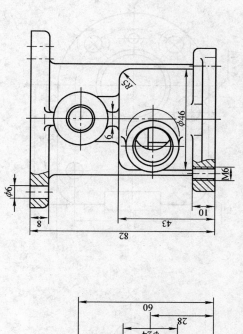

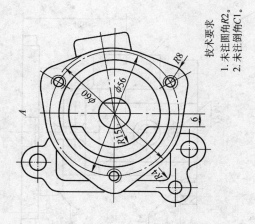

技术要求
1. 未注圆角R2。
2. 未注倒角C1。

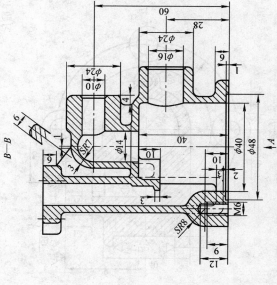

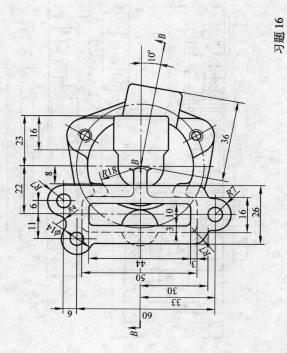

习题 16

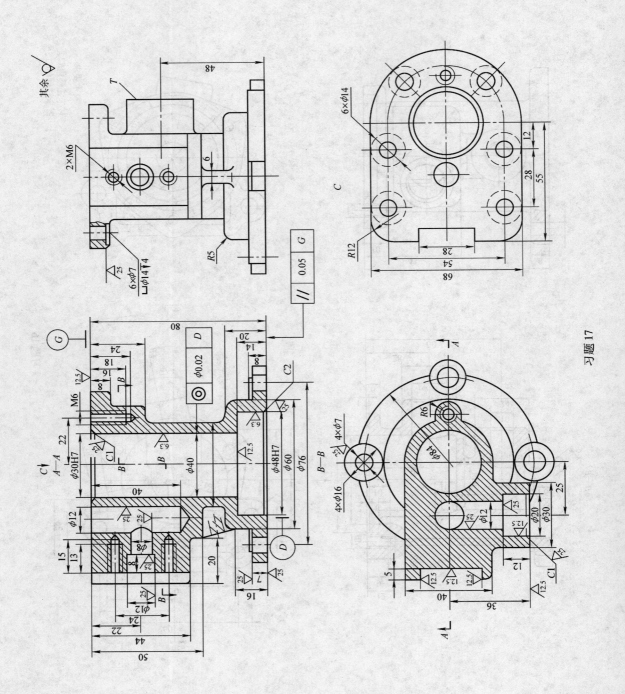

习题 17

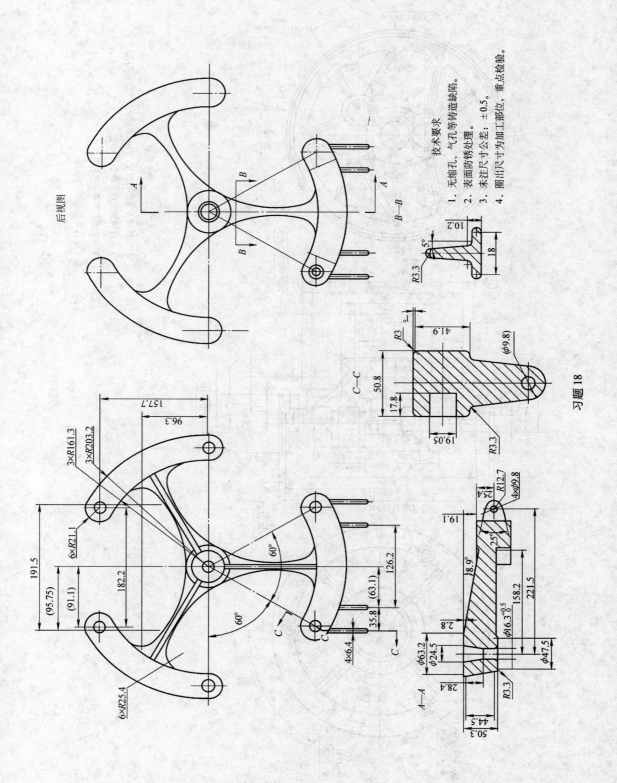

后视图

技术要求
1. 无缩孔、气孔等铸造缺陷。
2. 表面防锈处理。
3. 未注尺寸公差：±0.5。
4. 圈出尺寸为加工部位，重点检验。

习题 18

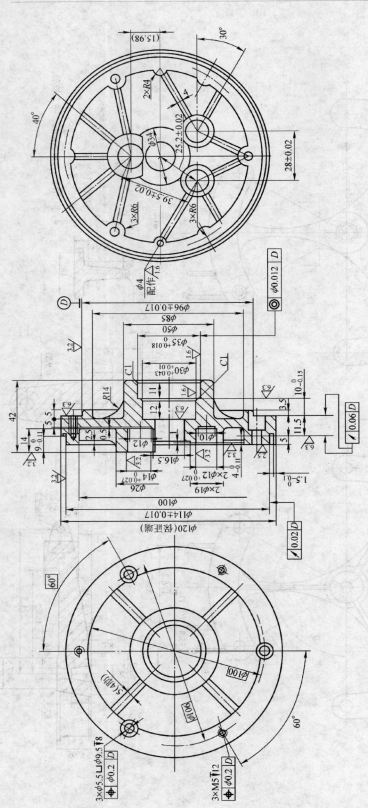

技术要求

1. 压铸件不允许有缩孔、气孔疏松、冷夹等缺陷。
2. 未注转圆角角处半径小于 R3。
3. 保证端尺寸必须与箱体尺寸一致。
4. 未注金加工倒角 C0.5。

习题 19

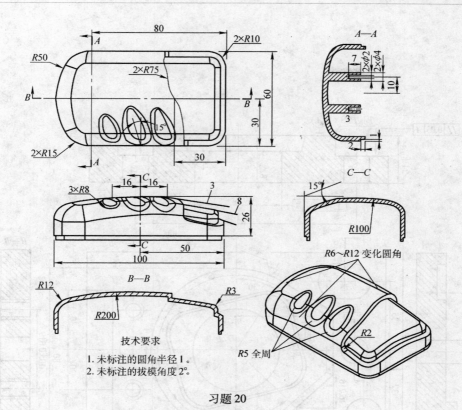

技术要求

1. 未标注的圆角半径 1。
2. 未标注的拔模角度 2°。

习题 20

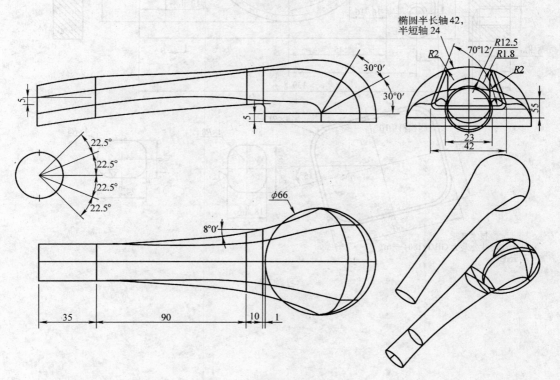

习题 21

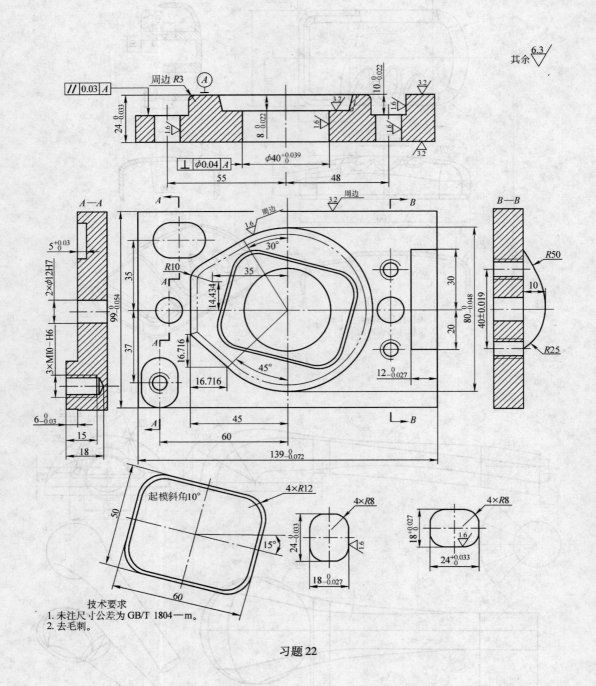

技术要求
1. 未注尺寸公差为 GB/T 1804—m。
2. 去毛刺。

习题 22

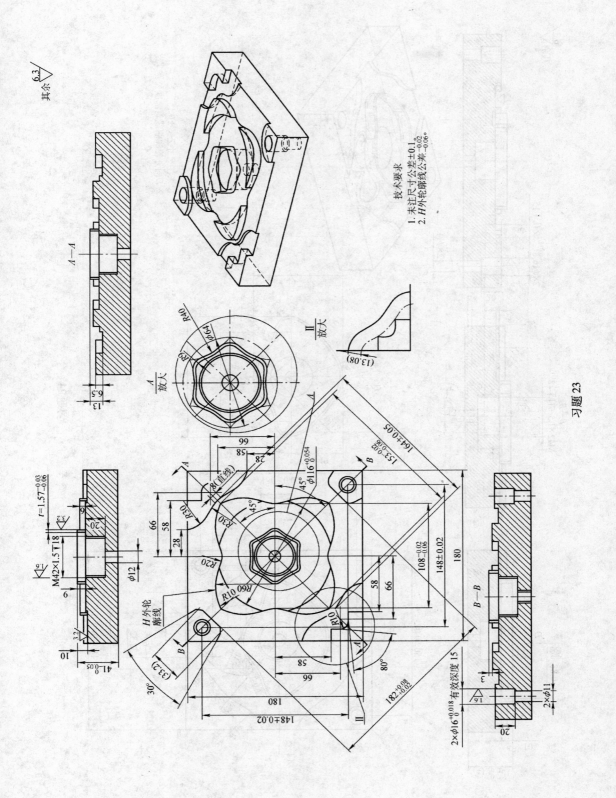

技术要求
1. 未注尺寸公差±0.1。
2. H外轮廓线公差-0.06。

其余 6.3

习题 23

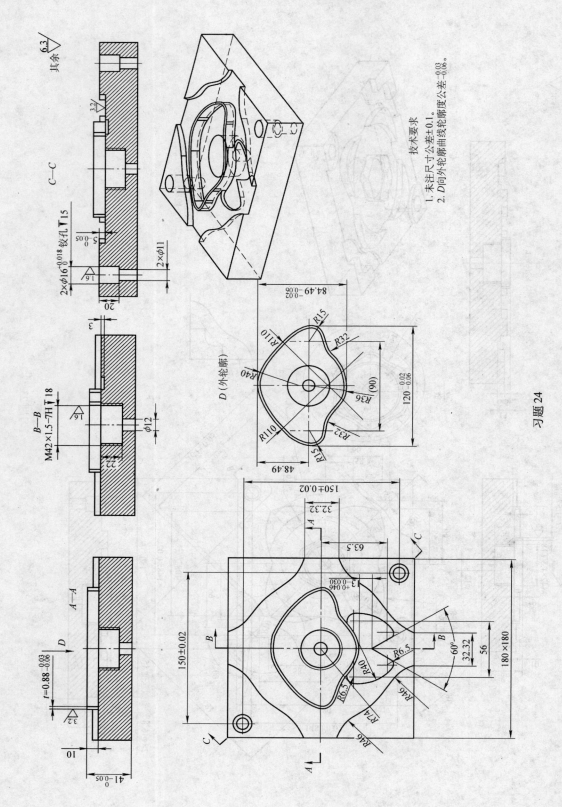

技术要求

1. 未注尺寸公差±0.1。
2. D向外轮廓曲线轮廓度公差$^{-0.03}_{-0.06}$。

习题 24

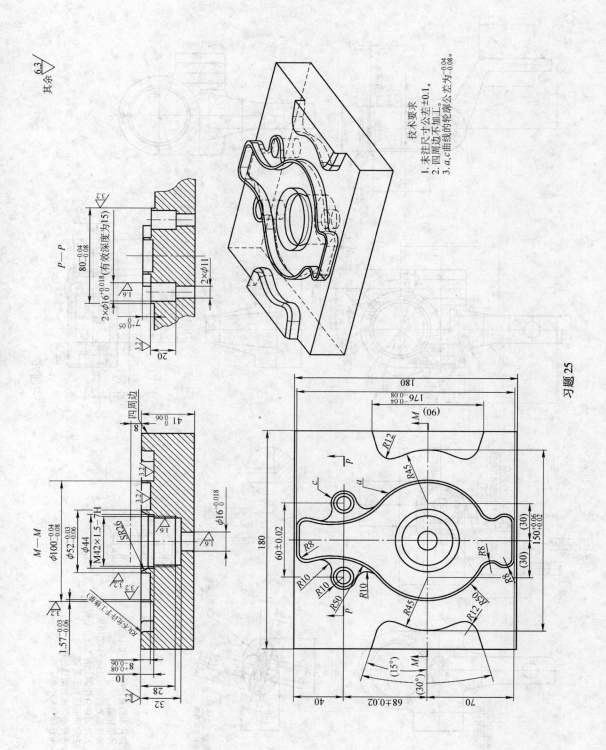

其余 $\sqrt{6.3}$

$P-P$

$80^{-0.04}_{-0.08}$

$2\times\phi16^{+0.018}_{0}$（有效深度为15）

$2\times\phi11$

$7^{0}_{-0.05}$

20

$M-M$

$\phi100^{-0.04}_{-0.08}$

$\phi52^{-0.03}_{-0.06}$

$\phi44$

SR29

$M42\times1.5-7H$

$\phi16^{+0.018}_{0}$

凹周边

$41^{0}_{-0.06}$

8

$1.57^{-0.03}_{-0.06}$

凸不允许手工修整

$90^{-0.04}_{-0.06}$

$8^{+0.08}_{0}$

10

28

32

180

60 ± 0.02

$R8$

$R10$

$R10$

$R10$

$R50$

$R45$

P

a

c

P

$R8$

$R8$

$R45$

$R12$

$R30$

180

$176^{-0.04}_{-0.08}$

(90)

M

$R12$

(30)

(30)

$150^{+0.06}_{+0.02}$

M

$(15°)$

$(30°)$

40

68 ± 0.02

70

技术要求
1. 未注尺寸公差±0.1。
2. 凹周边不加工。
3. a,c 曲线的轮廓公差为 $^{-0.04}_{-0.08}$。

习题 25

357

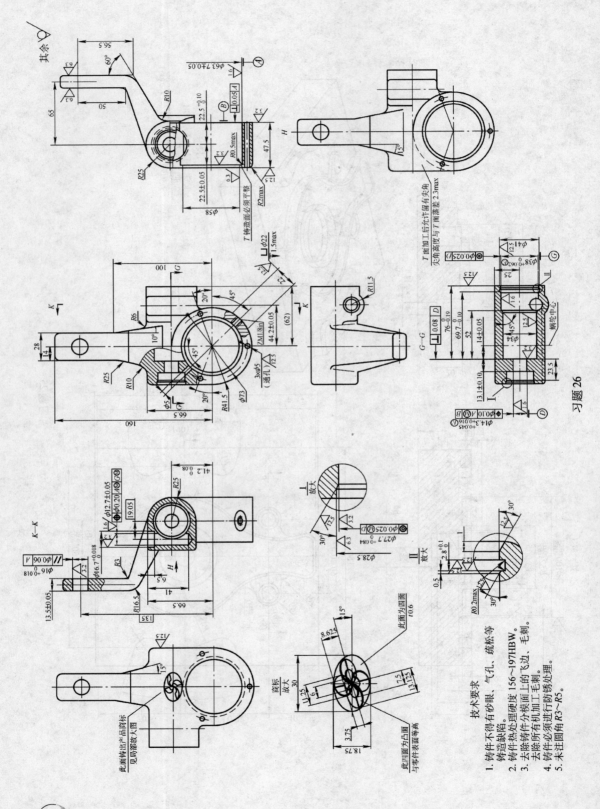

习题 26

参 考 文 献

［1］黄贵东，韦志林，范建文. UG 范例教程［M］. 北京：清华大学出版社，2002.

［2］夸克工作室. Unigraphics V16 实体域组合应用［M］. 北京：科学出版社，2001.

［3］夸克工作室. Unigraphics V16 曲面设计应用［M］. 北京：科学出版社，2001.

［4］黄俊明，吴运明，詹永裕. Unigraphics II 模型设计［M］. 北京：中国铁道出版社，2002.

［5］林清安. 零件设计基础篇（上、下）［M］. 北京：清华大学出版社，2001.

［6］林清安. 零件设计高级篇（上、下）［M］. 北京：清华大学出版社，2001.

［7］技工学校机械类教材编审委员会. 机械制图题集［M］. 北京：机械工业出版社，1987.

［8］冯秋官. 机械制图与计算机绘图习题集［M］. 北京：机械工业出版社，1999.

［9］董国耀. 机械制图习题集［M］. 北京：北京理工大学出版社，1998.

［10］刘申立. 机械工程设计图学习题集［M］. 北京：机械工业出版社，2000.

［11］刘小年. 机械制图习题集［M］. 北京：机械工业出版社，1999.

［12］老虎工作室. 机械设计习题精解［M］. 北京：人民邮电出版社，2003.

［13］陈小燕. UG 项目式实训教程［M］. 北京：电子工业出版社，2005.

［14］单岩. UG 三维造型应用实例［M］. 北京：清华大学出版社，2005.

［15］姜勇. AutoCAD 机械制图习题精解［M］. 北京：人民邮电出版社，2002.

［16］姜勇，刘小杰. 从零开始 AutoCAD 机械制图典型实例［M］. 北京：人民邮电出版社，2002.

［17］黄小龙，高宏. 机械制图实战演练［M］. 北京：人民邮电出版社，2006.

［18］吴立军，周瑜. UG 三维造型应用实例［M］. 北京：清华大学出版社，2005.

［19］姜俊杰等. Pro/Engineer Wildfire 高级实例教程［M］. 北京：中国水利水电出版社，2004.

［20］殷国富，成尔京. UG NX2 产品设计实例精解［M］. 北京：机械工业出版社，2005.

［21］葛正浩，樊小蒲. UG NX5.0 典型机械零件设计实训教程［M］. 北京：化学工业出版社，2005.

［22］金清肃. 机械设计课程设计［M］. 武汉：华中科技大学出版社，2007.

［23］贺斌，管殿柱. UG NX4.0 三维机械零件设计［M］. 北京：机械工业出版社，2008.